Irenäus Eibl-Eibesfeldt

Der Mensch – das riskierte Wesen

Zu diesem Buch

Haben wir noch eine Zukunft? Was hindert die Menschen daran, vernünftig zu handeln? Diesen Fragen stellt sich der Biologe Irenäus Eibl-Eibesfeldt, der seit Jahrzehnten menschliches Verhalten erforscht. In seinem Buch zur Naturgeschichte menschlicher Unvernunft setzt er sich damit temperamentvoll auseinander und gibt allgemeinverständliche Antworten aus der Sicht des Biologen und Humanethologen. Der Mensch kann – das ist neu in der Geschichte der Evolution – Fehler aus Einsicht heraus korrigieren. Der Alltag lehrt jedoch, daß wir nur sehr begrenzt aus Fehlern lernen. Manche der uns angeborenen Programme – sie steuern unser Verhalten – erweisen sich als der heutigen Situation nicht gewachsen, sie werden zu Fallstricken, die unsere Existenz gefährden. Solche Zusammenhänge aufzuzeigen und damit auch Voraussetzungen für notwendige Kurskorrekturen deutlich werden zu lassen – das hat sich der Autor zur Aufgabe gestellt.

Irenäus Eibl-Eibesfeldt, 1928 in Wien geboren, studierte dort Zoologie. Ab 1949 wissenschaftlicher Mitarbeiter am Institut für Vergleichende Verhaltensforschung, ab 1951 am Max-Planck-Institut für Verhaltensphysiologie in Buldern und später Seewiesen. Von 1975 bis 1996 Leiter der Forschungsstelle für Humanethologie in der Max-Planck-Gesellschaft. Seit 1991 Leiter des Ludwig-Boltzmann-Instituts für Stadtethologie in Wien. Außerdem Professor an der Universität München. Zahlreiche Forschungsreisen. Veröffentlichungen im Piper Verlag – darunter »Grundriß der vergleichenden Verhaltensforschung«, »Die Biologie des menschlichen Verhaltens«, »Die Malediven«, »Im Banne der Angst« (mit Christa Sütterlin).

Irenäus Eibl-Eibesfeldt

Der Mensch – das riskierte Wesen

Zur Naturgeschichte menschlicher Unvernunft

Mit 31 Abbildungen

Piper München Zürich

Von Irenäus Eibl-Eibesfeldt liegen in der Serie Piper
außerdem vor:
Liebe und Haß (113)
Krieg und Frieden aus der Sicht der Verhaltensforschung (329)
Galápagos (1232)
Wider die Mißtrauensgesellschaft (2173)

Ungekürzte Taschenbuchausgabe
1. Auflage März 1991
4. Auflage Januar 2000

Umschlag: Büro Hamburg
Simone Leitenberger, Susanne Schmitt, Andrea Lühr
Umschlagabbildung: Richard Lindner
(»The Street«, 1963. © VG Bild-Kunst, Bonn 2000)
Foto Umschlagrückseite: Christa Sütterlin
Satz: Kösel, Kempten
Druck und Bindung: Clausen & Bosse, Leck
Printed in Germany ISBN 3-492-20585-2

»Die Menschheit erzeugt Bibeln und Gewehre, Tuberkulose und Tuberkulin. Sie ist demokratisch mit Königen und Adel; baut Kirchen und gegen die Kirchen wieder Universitäten; macht Klöster zu Kasernen, aber teilt den Kasernen Feldgeistliche zu.«

Robert Musil: *Der Mann ohne Eigenschaften, S. 27*

»Kann die nach Ursachen forschende Naturwissenschaft etwas dazu beitragen, die Menschheit aus den schweren Gefahren zu retten, in denen sie heute so offensichtlich schwebt? Man wirft der Wissenschaft vor, dem Menschen kein Glück, sondern nur Unglück gebracht zu haben. Scheinbar mit Recht, denn sie war es ja zweifellos, die ihn lehrte, das Atom zu spalten. In Wirklichkeit aber liegt das Übel nicht daran, daß uns die Naturforschung zu viel Macht über unsere äußere Umwelt verliehen hat, sondern daran, daß sie uns – wenigstens bisher – zu wenig Macht über uns selbst gegeben hat.«

Konrad Lorenz (1963): *Die Hoffnung auf Einsicht in das Wirken der Natur, S. 143*

Inhalt

1 Einführung

»Wer sich der Wirklichkeit verweigert, indem er sie nicht erforschen und verstehen will, ist schon an ihr gescheitert.«
Hubert Markl (1986): *Evolution, Genetik und menschliches Verhalten,* S. 37

Auf meinem Schreibtisch liegt eine faustgroße, grob zugehauene Quarzkugel. Ich brachte sie vor Jahren aus der Olduvai-Schlucht Ostafrikas heim. Ein Affenmensch *(Australopithecus)* verwendete sie einst als Hammerstein, um Knochen und Nüsse zu knacken. Ich nehme diesen Stein oft in die Hand, um mir zu vergegenwärtigen, welch eine erstaunliche Entwicklung unsere Werkzeugkultur seither durchlaufen hat. Vom Klopfstein zum Düsenflugzeug oder auch nur zu meiner Schreibmaschine hier, die mein Werkzeug zum Problemelösen ist – mein Hammerstein zum Nüsseknacken.

In einem Zeitraum von nur zwei Millionen Jahren entwickelte sich aus den bescheidenen Ansätzen eines noch recht affenähnlichen Geschöpfes ein Wesen, das Sonden ins Weltall schickt, die Nahaufnahmen von den Jupitermonden zur Erde zurücksenden. Unserem erfinderischen Geist scheinen kaum noch Grenzen gesetzt. Wir beherrschen, so scheint es, die Natur.

Aber haben wir uns selbst unter Kontrolle? Daran möchte man angesichts der ungelösten sozialen Konflikte, der Kriege und der fortschreitenden Umweltzerstörung zweifeln. Zwischen unseren geistigen und emotionellen Fähigkeiten besteht eine klar erkennbare Unausgewogenheit.

Wollte man fünf Techniker verschiedener Rasse und unterschiedlichen Bekenntnisses mit der Aufgabe betrauen, Pläne für eine Raumfähre zu erarbeiten, dann würde sich die Gruppe durchaus mit sachlichen Argumenten auf die technisch und ökonomisch beste Lösung einigen können. Sollten dieselben Personen dagegen versuchen, gemeinsam Probleme sozialer Gerechtigkeit zu lösen oder die beste Regierungsform zu erarbeiten, dann wird ihr soziales Engagement zu einer partiellen Blockade der Fähigkeit führen, sachlich zu denken. Die an sich intelligenten Personen werden sich voraussichtlich zerstreiten.

Der Mensch der technisch zivilisierten Massengesellschaft sieht sich mit Anpassungsschwierigkeiten konfrontiert, die sich aus der Tatsache ergeben, daß er als biologisches Erbe auch archaische Merkmale aufweist, die er als Anpassungen in jener langen Zeit entwickelte, in der er als Jäger und Sammler in kleinen, abgegrenzten Verbänden lebte. Diese Lebensweise prägte uns. Alle uns angeborenen verhaltenssteuernden Programmierungen entwickelten sich in dieser Zeit, die etwa 98% unserer Geschichte ausmachte. In der im Verhältnis dazu nur kurzen Zeitspanne der letzten zehntausend Jahre haben wir uns biologisch nicht mehr geändert. Wir haben zwar eine enorme kulturelle Entwicklung durchgemacht, aber in unseren Emotionen, Antrieben und Denkweisen blieben wir die alten. Wir unterscheiden uns darin nicht von unseren als Rentierjäger lebenden eiszeitlichen Ahnen. Das heißt im Klartext, daß Menschen mit steinzeitlicher Emotionalität heute als Präsidenten Superstaaten leiten, ihre Wettrennen auf den Autobahnen abhalten oder auch Düsenbomber steuern, was ja nicht immer gerade amüsant ist. Wir finden uns mit einer Steinzeitmentalität recht unvermittelt in die moderne Gesellschaft versetzt. Wir schufen uns diese neue Umwelt selbst und haben uns ihr kulturell auch leidlich angepaßt, schleppen aber Verhaltensmerkmale mit, die dazu führen, daß wir uns in bestimmten Situationen fehlangepaßt und damit unvernünftig verhalten, zwanghaft, oft gegen bessere Einsicht. Unerkannt erweisen sich manche der als biologisches Erbe überkommenen Verhaltensprogramme als Fall-

2 Überleben als Richtwert

All die vielen Organismen, die heute unseren Planeten bevölkern, sind direkte Nachkommen gemeinsamer Vorfahren, die vor über drei Milliarden Jahren auf der Erde entstanden. Adler, Fichte, Muschel und Mensch, so verschieden sie auch aussehen und leben, sind daher entfernte Vettern. Das belegen unter anderem die vielen Gemeinsamkeiten, die sie aufweisen, wie ihr zellulärer Aufbau, der genetische Code, die Geschlechtlichkeit und viele Übereinstimmungen der Zellphysiologie.

Alle Organismen sind in der Lage, Nachkommen zu erzeugen, die ihren Eltern ähnlicher sind als anderen Mitgliedern einer Population. Dazu verfügen sie über Erbanlagen (Gene), in denen die Entwicklungsanweisungen für die Ausbildung von Merkmalen codiert sind. Von diesen Genen können die Organismen identische Kopien herstellen und an ihre Nachkommen weitergeben. In den Genen werden Entwicklungsrezepte vererbt, die die Ausbildung der Merkmale der heranwachsenden Tochterorganismen steuern.

Allerdings gleichen die Nachkommen eines Organismus nie völlig der Elterngeneration. Mutationen ändern Erbanlagen, und bei geschlechtlicher Fortpflanzung wird die Variation zusätzlich bei der Keimzellenbildung durch den Austausch homologer Gene erhöht. Das bedingt eine unterschiedliche Ausbildung der Nachkommen. Die Kinder weichen voneinander und von ihren Eltern in einigen Merkmalen ihres Erscheinungsbildes (Phänotypus) ab. Das wirkt sich in ihrer »Eignung« – gemessen an der Anzahl ihrer Nachkommen – aus. Die Konkurrenz der Organismen bewirkt nun, daß die weniger gut angepaßten

Individuen einen geringeren Fortpflanzungserfolg haben. Sie werden von den Nachkommen der besser geeigneten verdrängt, deren Gene in der Population zunehmen. Die natürliche Auslese (Selektion) brachte die Vielfalt der Organismen hervor. Ihr Wirken liest Gene aus, sie setzt jedoch an den durch unterschiedliche Merkmalsausbildung ausgezeichneten Individuen als den Trägern der Gene an. Merkmale, die das Überleben in Nachkommen und damit das genetische Überleben fördern, nennen wir Anpassungen.

Einrichtungen wie eine begrenzte Lebensdauer und die Zweigeschlechtlichkeit beschleunigen die Evolution. Durch den vorprogrammierten Tod lösen die Konstruktionen einander rascher ab. Die Zweigeschlechtlichkeit erhöht die Möglichkeit genetischer Neukombinationen und bewirkt damit eine größere genetische Variation.

Wichtig für den Weiterbestand des Lebensstroms ist, daß die Mutationsrate nicht zu groß, aber auch nicht zu klein ist. Da die meisten Mutationen schädlich sind, darf es derer nicht zu viele geben. Das Erbgut darf nicht zu mutationsanfällig sein, es darf aber auch nicht zu konservativ sein, sonst geht der Organismus bei Umweltänderungen mangels Anpassungsfähigkeit zugrunde.

Daß der Zufall in der Evolution eine so entscheidende Rolle spielt, hat viele Geister gestört. Es widerspricht unserer Mentalität zu akzeptieren, daß all die wunderbaren organismischen Strukturen wie Augen, Blüten oder unsere Hände kein Ergebnis planender Vernunft sein sollten. Erst wenn wir die stammesgeschichtliche Entwicklung solcher Strukturen verfolgen, merken wir, auf welchen Umwegen sie zustande kamen und wie viel als historische Belastung mitgeschleppt wurde (siehe dazu auch Hass 1979). Man denke nur an die Entwicklung von Landwirbeltieren aus Fischen oder an die Folgelasten des aufrechten Ganges bei uns Menschen. Auch unsere Art zu gebären scheint nicht gerade die von der Konstruktion her beste aller möglichen Lösungen.

Die Evolution ist eine Geschichte vieler Irrwege, da sich das

Leben mit unvorhersagbaren Umweltänderungen auseinanderzusetzen hat. Und nur, wenn es mit seinen Varianten richtungslos alle Möglichkeiten abtastet, ist es auch auf alle Eventualitäten vorbereitet. Es muß, wie Richard B. Goldschmidt (1940) sagte, immer wieder »hoffnungsvolle Monster« in die Welt setzen. Sie werden meist sogleich wieder ausgemerzt, aber manchmal bekommen sie auch ihre Chance. So gehen flügellose Fliegenmutanten in der Regel schnell zugrunde. Sie sind »Ausfallsmutanten«. Auf den sturmumbrausten Kerguelen-Inseln allerdings konnten sich nur die Nachkommen solcher Mutanten halten, die geflügelten Insekten wurden von den Stürmen verblasen.

Der Zufall liefert das Neue. Und über die Auslese werden die Produkte des Zufallspiels bewertet. Hubert Markl (1980) brachte es auf die Kurzformel: »Zufall schafft nichts von Wert ohne Auslese, aber Auslese hat nichts zu schaffen ohne Zufall.«

Daß die Vielzahl der Organismen dem Mutations-Selektions-Prinzip ihren Ursprung verdanken, hat man oft auch im Hinblick auf die zur Verfügung stehenden Zeiträume bezweifelt*.

* Interessant ist die Entdeckung, daß viele Gene der Organismen stumm sind, d. h. nichts mit der Merkmalsausbildung zu tun haben. Beim Menschen machen die stummen Gene 80 bis 90% der Gene aus. Bei manchen handelt es sich wahrscheinlich um fremde Gene, die sich einnisten und nun auf eigene Merkmalsbildung verzichten können, da sie gewissermaßen als Parasiten mitgeschleppt werden. Andere mögen zufälligen Genänderungen ohne selektionistische Bedeutung ihren Ursprung verdanken. Sie sind, wie gesagt, an der Merkmalsausbildung nicht beteiligt. Aber sind sie deshalb ohne Bedeutung? Könnte es sich hier nicht um ruhende Möglichkeiten handeln? Die Pflanzengallen lehren uns, daß die Pflanzen auf das chemische Kommando der sie anstechenden Insekten Bildungen komplizierter Art mit Nährgewebe und Öffnungseinrichtungen hervorbringen, die sie sonst nie produzieren. Gewiß handelt es sich hier nicht durchwegs um schlummernde Gene, die aktiviert wurden. Die Nährgewebe der Gallen erinnern an Fruchtgewebe. Aber die ganze Konstruktion der Galle mit den oft komplizierten Zusatzeinrichtungen, die dem fertigen Insekt das Ausschlüpfen ermöglichen, ist neu. Könnte es nicht sein, daß hier unter anderem auch Potentialitäten bis dahin neutraler Gene aktiviert werden? Und wäre es nicht möglich, daß auch die bei rascher Umweltänderung erzwungenen Neuanpassungen zum Teil mit Hilfe jener stillen genetischen Reserven bewirkt werden? Die evolutive Potenz könnte durch eine solche stille Reserve durchaus erhöht sein.

Man übersah dabei, daß über die Selektion die Entwicklungsmöglichkeiten eingeengt werden und damit die Entwicklung ausgerichtet wird. Das Würfelspiel des Zufalls folgt, wie Manfred Eigen (1985) klarstellt, bestimmten Regeln.

Mit dem Begriff »Evolution« bezeichnet man häufig unterschiedslos das kosmische Werden vom Urknall über die Bildung der Atome und Moleküle bis zur Entwicklung der Organismen einschließlich der Kulturleistungen des Menschen. Man drückt damit das Kontinuum eines Werdens aus. Darüber sollte man aber nicht den gewaltigen qualitativen Sprung von der chemischen zur organismischen Evolution übersehen. Bei den Organismen handelt es sich um Systeme, die so konstruiert sind, daß sie in aktiver Auseinandersetzung mit ihrer Umwelt eine positive Energiebilanz erwirtschaften (Hass 1970). In jede Bilanz gehen als Belastung die Kosten für den Aufbau, für den Erwerb der Energie, für die Abwehr von störenden Faktoren, für Abstimmung und Koordination der Teile, für die Erhaltung und anderes mehr ein. Ferner drängt die Konkurrenz auf zunehmende Präzision und Schnelligkeit des Erwerbsaktes und schließlich auf die Erschließung neuer Energiequellen oder Märkte. Das hat in der langen Stammesgeschichte zu einer Fülle von Innovationen geführt, die uns heute zunächst als Artenfülle entgegentritt. Mit dem Menschen wurde diese Entwicklung in der kulturellen Evolution auf einer neuen Ebene weitergeführt. Alle Organismen sind durch eine von der Selektion erzwungene Organisation ausgezeichnet (Bischof 1981), ein Ordnungszustand, der unter dem Diktat bestimmter Funktionen im Dienste des Überlebens dieser energieerwerbenden Systeme steht. Die Merkmale der Organismen erfüllen in diesem Sinne bestimmte Aufgaben, und man spricht daher von »Anpassungen«. Das unterscheidet Organismen von Planeten, Gestirnen und anderen anorganischen Systemen.

Über die Selektion erfährt die Evolution eine Ausrichtung, des weiteren bis zu einem gewissen Grade auch über das Verhalten. Ernst Mayr (1970) betonte, daß Verhaltensweisen, wie neue mutativ erworbene Gewohnheiten, zu Schrittmachern der Evolution werden können. Karl Popper (1973) entwickelte ganz ähnliche Gedanken in seiner »Speerspitzentheorie des Verhaltens«. Ich möchte hinzufügen, daß gleiches natürlich für die kulturelle Evolution gilt. Auch sie kann durch neue Zielsetzungen ausgerichtet werden und so letztlich die biologische Evolution nachziehen (weiteres dazu bei Eibl-Eibesfeldt 1967, 1970).

Anpassungen spiegeln immer für die Überlebenstüchtigkeit (Eignung) relevante Gegebenheiten der Umwelt wider. Es handelt sich, wie Konrad Lorenz (1973), Karl Popper (1973) und neuerdings Rupert Riedl (1980) ausführten, um Abbildungen einer außersubjektiven Wirklichkeit. Die Fischflosse, die ein Fisch schon im Ei entwickelt, nimmt die Tatsache vorweg, daß sich dieser Fisch im Wasser fortbewegen wird. Sie stellt also eine Annahme über das Milieu dar, in dem der Fisch nach dem Schlüpfen lebt. Und diese Annahme hat sich an der Selektion bewährt. Analog bildet der bereits im Mutterleib ausgebildete Pferdehuf vorwegnehmend bestimmte, für die Lokomotion relevante Eigenschaften des Steppenbodens ab (Lorenz 1973).

In ähnlicher Weise wie die Organe passen natürlich auch die Verhaltensprogramme, mit denen die Organismen ausgerüstet sind, auf ihre Umwelt. Wir werden darauf noch eingehen. Für jene, die an der Wirklichkeitsnähe der abbildenden Funktion unserer Anpassungen zweifeln, schrieb Ernst Mayr (1970), daß jener Affe, der sich von dem Ast, auf den er springen wollte, keine richtige Vorstellung machte, bald ein toter Affe war, der nicht zu unserer Ahnenreihe gehörte.

Die Wirklichkeit stellt sich in diesem Sinne also nicht als Hirngespinst dar, dem keine Realität in der Außenwelt entspricht. Es handelt sich zwar um ein Werk unseres Hirns, aber eben um eine abbildende Leistung unseres Zentralnervensystems, das aus den punktförmigen, eindimensionalen Eingängen der Nervenimpulse ein Bild der Welt rekonstruiert. Der Leistung liegen an der Selektion geprüfte Hypothesen über diese Welt zugrunde.

Allerdings können wir Menschen mit unserem Hirn auch Wirklichkeiten aufbauen, die insofern Hirngespinste sind, als ihnen keinerlei Realität in der Außenwelt entspricht, z. B. Vorstellungen der Auserwähltheit. Solche Glaubensvorstellungen können motivieren und von Ängsten erlösen und sich so auch an der Selektion bewähren, d. h. zur Eignung dessen beitragen, der sie ersann oder tradiert bekam. Sie reflektieren keine außersubjektive Wirklichkeit, haben aber insofern ihren realen Hintergrund, als sie Ausdruck unserer Ängste und Wünsche sind. Sie spiegeln Facetten unseres Innenlebens, eine subjektive und doch allen Menschen zukommende Innenwelt, denn viele unserer Neigungen und Begierden gehören zu den anthropologischen Konstanten. Dementsprechend bewegen sich die Phantasien der meisten Menschen in ähnlichen Bahnen, und sie führen uns gelegentlich in ähnlicher Weise in die Irre.

Im Prozeß der Anpassung informieren sich die Organismen gewissermaßen über ihre Umwelt, und sie speichern bei stammesgeschichtlicher Anpassung eignungsrelevante Information im Erbgut. Über Mutation und Selektion findet ein Erfahrungssammeln, ein Informationserwerb analog dem Lernen aus Versuch–und–Irrtum statt. Beim Menschen kommt zu dieser genetisch-stammesgeschichtlichen Anpassung noch die Fähigkeit zur kulturellen Anpassung. Erfahrungen einzelner können beim Menschen anderen Individuen weitergereicht werden. Damit wird außerhalb des Zeugungszusammenhanges tradiert. Informationsspeicher sind in diesem Falle nicht die Gene, sondern die Zentralnervensysteme der Personen sowie mit der Erfindung der Schrift auch Bücher und neuerdings elektronische Geräte. Da man Erfahrungen rasch weitergeben und in Datenspeichern dauerhaft und gut abrufbar aufbewahren kann, ist rasche Anpassung an neue Anforderungen möglich, und es kommt zu einer raschen Akkumulation des Wissens. Die Entwicklung der menschlichen Werkzeugkultur legt davon beredtes Zeugnis ab.

Die Einfälle und Entdeckungen einzelner sind funktionell

Mutationen gleichzusetzen. Sie können auf Einsicht basieren, sind aber oft auch Produkte des Zufalls und der Phantasie. Auch bei der kulturellen Entwicklung entscheidet letzten Endes die natürliche Auslese über den Fortbestand: Kulturelle Erfindungen und Verhaltensmuster müssen sich an der Auslese bewähren. Die kulturelle Evolution vollzieht sich dabei in vielen Bereichen weitgehend uneinsichtig (von Hayek 1983). Mindert ein Brauch oder eine individuelle Gewohnheit den Fortpflanzungserfolg eines Individuums oder einer Gruppe, dann wird sich dieses Merkmal auf die Dauer nicht durchsetzen, da die Merkmalsträger aussterben.

Da die siebenden Auslesebedingungen einander für die biologische und kulturelle Evolution oft ähneln, phänokopiert die kulturelle Evolution die biologische in weiten Bereichen. Und hier wie dort kommt es auf das ausgewogene Zusammenspiel von verändernden und bewahrenden Kräften an. Ein Zuviel an Änderungen gefährdet über einen Traditionsabriß den Weiterbestand einer Kultur, da es ja ganz unwahrscheinlich ist, daß der Gesamtschatz überkommenen kulturellen Wissens seine Angepaßtheit von einer Generation zur nächsten einbüßt. Ist eine Kultur dagegen zu konservativ, dann vermag sie sich an Änderungen der Lebensbedingungen nicht anzupassen und geht unter Umständen daran zugrunde. In allen Kulturen, besonders aber in jenen, die sich durch eine starke Dynamik auszeichnen – und dazu gehören gewiß in besonderer Weise die europäischen Kulturen –, gibt es einen sogenannten Generationenkonflikt. Die jungen Menschen sind bereit, neue Ideen aufzugreifen und Traditionen zu verwerfen. Die Älteren geben sich dagegen eher konservativ. Der Schatz des überlieferten Brauchtums hat sie geprägt, und er gibt ihnen Sicherheit. Man spricht nicht umsonst von lieben Gewohnheiten und Bräuchen. Man hängt an ihnen, sie sind in gewisser Weise vertrauter geistiger Besitz. Abweichen vom gewohnten Pfad macht auch ängstlich. Aus dem ausgewogenen Zusammenspiel der Kräfte resultiert kultureller Fortschritt ohne Traditionsabriß.

Organismen sind Wunderwerke der Schöpfung. Keines der je von Menschen ersonnenen Werke erreicht auch nur entfernt den Komplikationsgrad eines Virus oder eines Einzellers, geschweige denn den eines Insekts. Aber all diese Konstruktionen, mit denen Organismen ihr Überleben meistern, sind dennoch nicht perfekt, denn die Umwelt, in der sie leben, ändert sich ständig, und die Anpassungen der Organismen hinken diesen Änderungen immer etwas nach. Nur in einer ganz stabilen Umwelt könnte es zur perfekten Anpassung der Organismen kommen – zu einer Harmonie –, die allerdings auch Stillstand und Stagnation bedeuten würde. Da überdies der »Zufall« Fehler in den genetischen Code einbringt, ist tödliche Perfektion und damit ein Ende weiterer Evolution nicht zu erwarten. Organismen ändern sich und schaffen damit neue Bedingungen, denen sich im Anpassungswettlauf andere anpassen müssen. So treibt sich das Leben auch selbst voran. Es bleibt dynamisch in seiner Unvollkommenheit, die Spannung im Werden oder Untergehen bedeutet. Es erliegt keinem Wärmetod. In der Unvollkommenheit liegt die Chance für das Bessere begründet, für uns auch als die Möglichkeit, über uns selbst hinauszuwachsen.

Anpassungsmängel ergeben sich ferner aus Funktionskonflikten, die Kompromisse erzwingen. So setzt Kommunikation mit Artgenossen die Entwicklung von Signalen voraus, die auffällig, einfach und unverwechselbar sein müssen, damit sie ihre Funktion optimal erfüllen. Vor Freßfeinden dagegen muß man möglichst unauffällig erscheinen. Die Lösung dieses offensichtlichen Konfliktes kann verschieden ausfallen. Manche Fische zum Beispiel entwickelten die Fähigkeit zum Farbwechsel. Sie können während des Werbens in bunten Farben erstrahlen, aber schnell ein unauffälliges Tarnkleid anlegen, wenn Gefahr droht. Andere tragen ihre auffälligen Arterkennungszeichen auf zusammenlegbaren Flossen, die sie beim Werben entfalten, und nur jene, die sich schnell zwischen Korallen verstecken können oder die giftig sind, riskieren es, dauernd Farbe zu bekennen.

Von besonderem Interesse für den Zoologen sind die sogenannten »Exzessivbildungen«. Die sexuelle Auslese führte oft zu übertriebener Ausgestaltung sekundärer Geschlechtsmerkmale. Beispiele sind die zu Schauorganen der Balz umgewandelten Schwingen des Argusfasans, die diesen Vogel ernsthaft am Fliegen hindern. Die Präferenz der Weibchen – gewissermaßen ihr Geschmack – zog jene Männchen vor, die längere Schwingen entwickelten, und diese Selektion führte zu extremen Bildungen. Ganz allgemein bewerten Weibchen jene Eigenschaften im Verhalten und Aussehen des potentiellen Geschlechtspartners hoch, die Indikatoren für Kraft und Vitalität sind, was außer körperlichen Exzessivbildungen der besprochenen Art auch kraftaufwendiges Imponiergehabe förderte, ebenfalls oft bis zum Exzeß. Bei uns Menschen entwickelte sich das Auto zu einem Exzessivorgan (S. 234).

Es gibt nun vieles, was uns Menschen weit über das Tier erhebt. Unsere Sprache, unsere Fähigkeit zur Kultur und die Fähigkeit, uns Ziele zu setzen, selbst solche, die unseren angeborenen Neigungen entgegentreten (Eibl-Eibesfeldt 1984). Wir müssen unsere biologische Natur oft überwinden, denn manche der verhaltenssteuernden Programme, die sich im Laufe der Stammesgeschichte entwickelten, erweisen sich heute als fehlangepaßt. Als Kulturwesen leben wir geradezu von der Beherrschung unserer biologischen Natur. Wir zügeln unsere sexuellen Impulse und unsere aggressiven Neigungen, und wir tun dies in verschiedenen Kulturen auf verschiedene Weise. Heroische Kulturen fördern durch Erziehung aggressive Tugenden wie Kampfesmut und richten sie gleichzeitig gegen Gruppenfremde aus. Andere erziehen zum Ideal eines friedlichen Miteinanders. Die einen sind für ethnische Abgrenzung und Pluralität, die anderen für eine Verschmelzung der Rassen und Kulturen.

Die Fähigkeit zur Zielsetzung und zur Überwindung unserer biologischen Natur heißt jedoch nicht, daß wir damit auch aus ihr heraussteigen. Wir bleiben nach wie vor der Selektion unterworfen; und führen Zielsetzungen dazu, daß ihre Verfechter weniger Nachkommen in die Welt setzen als Personen oder

Personengruppen mit anderen Idealen, dann haben ihre Leitvorstellungen sich nicht bewährt, denn sie führten zum Aussterben. Alles, was wir tun, wird letztlich an der Elle der Eignung gemessen.

Beim Menschen gibt es, wie gesagt, neben dem biologischen Erbgang noch einen kulturellen. Kulturelle Errungenschaften können losgelöst von ihren biologischen Schöpfern überleben. Ein Volk kann die Sprache eines anderen übernehmen und dessen technische und künstlerische Errungenschaften. Über Eroberung oder Einwanderung kam es in der Menschengeschichte oft zur biologischen Verdrängung der ursprünglich in dem Gebiet Beheimateten, deren kulturelles Erbe die Neuankömmlinge übernahmen.

Die Tatsache, daß Kultur auf diese Weise überleben kann, darf jedoch nicht darüber hinwegtäuschen, daß in einem solchen Fall ihre biologischen Schöpfer ausstarben. Kulturelle Errungenschaften sind Instrumente, die im Dienste des biologischen Überlebens entwickelt wurden. Sie können natürlich über Tausch oder Raub von anderen erworben werden. Aber wenn ein Eroberer die Erfindungen einer Kultur übernimmt und diese als Waffen gegen die Erfinder einsetzt, dann kann ein solches Überleben des Kulturgutes dem Besiegten wohl kaum zur Beruhigung gereichen. Nur ein Zyniker kann die Ausrottung der meisten nord- und mittelamerikanischen Indianervölker mit dem Hinweis abtun, es sei nicht weiter schlimm, da wir ja deren kulturelle Errungenschaften wie Mais, Kartoffeln, Tomate und Kakao weiter kultivieren und ihre Kunstwerke in Museen pflegen würden.

Die Tatsache, daß eine Schaufel von vielen Leuten verwendet werden kann, auch von solchen, die nicht der Population ihrer Erfinder angehören, sollte nicht dazu verführen, ihr ein mystisches kulturelles Eigenleben anzudichten, dessen Überleben einen Vorrang vor dem biologischen Überleben haben könne. Die Fähigkeit, in Nachkommen zu überleben, d. h. sein Erbgut zu tradieren, bleibt nach wie vor das Kriterium, an dem sich

Eignung mißt. Die Vertreter der verschiedenen Menschengruppen handeln demnach richtig und vernünftig, wenn sie jeweils ihr Überleben in eigenen Nachkommen anstreben. Das muß keineswegs wie bisher in einem rücksichtslosen Gegeneinander geschehen. Das Überleben stellt uns zunehmend vor Probleme, die besser im partnerschaftlichen Miteinander gelöst werden. Trägt jeder für sein Überleben Sorge und nimmt er dabei zugleich Rücksicht auf andere, dann hat die Menschheit eine Zukunft.

Wenn die Problematik des Überlebens angesprochen wird, hören wir oft die Aussage: »Wir sitzen alle in einem Boot.« Diese Aussage kann mißverstanden werden. Sie soll bewußtmachen, daß wir alle auf einem Planeten leben, dem wir auf Gedeih und Verderb verbunden sind. Vergiften wir die Atmosphäre, die Gewässer und das Erdreich, dann schädigen wir uns als Kollektiv. Auch wenn die Winde die Abgase der Industrie dem Nachbarn zuführen und unsere Abwässer dem Meere zufließen, schlägt es letztlich auf uns zurück. In einem geschlossenen System kommt keiner davon, der allgemeine Güter schädigt. Darüber hinaus befahren wir jedoch diesen Planeten auf verschiedenen Booten, die wir jeweils selbstverantwortlich durch das klippenreiche Meer der Geschichte zu steuern haben. Und das ist sicher gut so, denn säßen wir wirklich in *einem* Boot, das Risiko gemeinsamen Unterganges wäre zu groß. Wir sollten uns daher auch hüten, in ein gemeinsames Boot umzusteigen.

Neu in der Geschichte der Organismen ist unsere Fähigkeit, durch Zielsetzung den Gang unserer Weiterentwicklung mitzubestimmen. Daraus wird gelegentlich gefolgert, der Mensch sei damit nicht mehr Objekt, sondern Subjekt der Evolution. Aber die Konsequenzen unseres Handelns messen sich am Fortpflanzungserfolg. Insofern entziehen wir uns also nicht der Natur, sondern bleiben ihr und den Gesetzen der natürlichen Auslese unterworfen. Wir können in freier Entscheidung sicher auch unser Aussterben herbeiführen, aber solche Entscheidungen wären unvernünftig, so wie jede andere Art von Selbstmord.

3 Facetten des Daseinskampfes

Alle Organismen, die heute leben, verdanken dies der Tatsache, daß ihre Eltern und deren Vorfahren sich so verhielten, daß sie ihr Erbgut weitergaben. Sie verhielten sich angepaßt und damit wohl richtig. Aber gilt das wirklich stets und für alles? Ist wirklich alles, was einer tut, richtig, wenn er damit nur Nachkommen produziert, und zwar möglichst viele?

Eine Gruppe von Biologen, die sich als Soziobiologen bezeichnen, meinen, man müsse das so sehen. Individuen würden nur dann richtig handeln, wenn sie die Verbreitung der eigenen Gene maximierten. Rücksicht sollten sie bestenfalls auf Blutsverwandte nehmen, denn in den Verwandten würden ihre Gene ja ebenfalls stecken. Gegenüber den Nicht-Blutsverwandten könne Rücksichtslosigkeit jedoch durchaus die richtige Strategie sein, wenn dies für den Handelnden – gemessen am Fortpflanzungserfolg – Vorteile bringe.

In Kosten-Nutzen-Rechnungen zeigten die Soziobiologen, daß sich einseitig altruistisches Verhalten nur gegenüber genetisch nahen Verwandten lohnt, und zwar abgestuft nach dem Grad der Verwandtschaft. Ein Mensch müßte solchen Berechnungen zufolge mindestens zwei seiner Kinder retten oder vier seiner Enkel, damit die Rechnung aufginge, denn in jedem seiner Kinder stecken 50%, in den Enkeln 25% seiner Gene oder genauer jene, die ihn als Individuum auszeichnen. Altruismus verursacht Kosten, und die müssen sich lohnen. Ist der Retter alt, so daß die Wahrscheinlichkeit, Kinder zu gebären oder zu zeugen, gering ist, dann kann es sich für ihn auch lohnen, sich für ein Kind oder einen Enkel aufzuopfern. Grundsätzlich gelte das Prinzip »Eigennutz« (Wickler und Seibt 1981). Diesem entsprechend würden Tiere selbst gegenüber Artgenossen ohne Rücksicht auftreten, wenn dies ihnen, gemessen am Fortpflanzungserfolg, Vorteile einbringe.

Als Beispiel werden oft die indischen Languren genannt. Diese Schlankaffen bilden Haremsgruppen, die stets von einem Männchen beherrscht werden. Männchen rivalisieren um den Besitz dieser Harems. Findet ein Besitzwechsel statt, dann hat man in einigen Populationen beobachtet, daß die Männchen nach der Übernahme des Harems kleine Jungtiere töten. Die Mütter dieser Opfer werden dann schnell wieder brünstig und können von dem neuen Haremsbesitzer begattet werden. Das Jungetöten wird von einigen Soziobiologen als »Strategie« der Männchen im Dienste der Fortpflanzung gedeutet (Hausfater und Hrdy 1984; Vogel 1984), denn sie bringen ja so ihr Erbgut durch.

Die Rechnung dürfte allerdings nur dann für die Kindstöter aufgehen, wenn nicht alle Männchen einer Population so handeln, denn sonst würde der Vorteil dadurch ausgeglichen, daß nach dem Abtreten des Kindstöters nun dessen Junge durch den Nachfolger getötet werden. Außerdem dürfen die Kindstöter nicht näher mit den getöteten Jungen verwandt sein. Angenommen, diese Voraussetzungen wären gegeben, so daß sich Jungetöter bis zu einem gewissen Prozentsatz in der Population halten könnten, wäre dies dann als überlebensfördernde Anpassung der betreffenden Männchen zu werten?

Das hängt von der Einheit ab, an der die Selektion in diesem Falle angreift. Sind nur Individuen Einheiten, an denen die Selektion ansetzt, dann wäre in der Tat auch das mörderische Verhalten eine für diese Individuen überlebensfördernde Strategie. Wir müssen aber auch die Möglichkeit ins Auge fassen, daß es Selektion auf Gruppenebene gibt, die dadurch zustande kommt, daß Populationen einer Art miteinander konkurrieren. Die Selektion wäre in einem solchen Falle ein Zweistufenprozeß: Durch Individualselektion würden sich die Gene bestimmter Individuen im Genpool der Gruppe anreichern. Das würde auf die Eignung der Gruppe in Konkurrenz mit anderen zurückwirken. Und so betrachtet ist es wohl wahrscheinlich, daß eine Gruppe mit allzuvielen kraß egoistischen Mördern sich letzten Endes selbst schwächt, da sie weniger Nachkommen erzeugt als eine Gruppe ohne solche mörderischen Mutanten. Das ist in jedem Fall zu prüfen. Stellt es sich heraus, daß die Eignung der Population durch das Auftreten bestimmter Mutanten entscheidend gemindert wird, so daß ihr vermehrtes Auftreten schließlich zum Untergang der Gruppe und damit auch der sie schädigenden Mutanten führt, dann kann man sie mit gutem Recht als Ausfallsmutanten und ihr abweichendes Verhalten als pathologisch bezeichnen.

Die ganze Diskussion leidet darunter, daß viele Soziobiologen wie fasziniert den kurzfristigen Fortpflanzungserfolg ins Auge fassen. Für sie sind nur das Individuum und die Gruppe der Blutsverwandten Einheiten, an denen die Selektion ansetzt. Ich bin jedoch der Ansicht, daß bei höheren Säugern die Selektion in darauffolgenden Ausleseschritten auch an der Population ansetzt. Die Selektion beginnt mit Individual- und Sippenselektion, auf sie folgt bei den in Gruppen lebenden Säugern die »Eignungsprüfung« auf der Ebene der konkurrierenden Gruppen. Beim Menschen geschah dies nachweislich über weite Strecken seiner Geschichte durch Kriege. Für solche Auseinandersetzungen können die konkurrierenden Gruppen oder Fortpflanzungsgemeinschaften durch Devianten geschwächt werden, die ihr kurzfristiges Eigeninteresse in den Vordergrund stellen und ausbeuterisch andere Gruppenmitglieder schädigen. Langfristig gesehen verstoßen sie damit gegen ihr Eigeninteresse, da sie zuletzt mit der durch sie geschwächten Gruppe untergehen.

Zur Zeit gibt es keine überzeugenden Gründe dafür, das Jungetöten der Languren als männliche Fortpflanzungsstrategie anzusehen. Natürlich kann man jede Deviante, auch eine, die wir beim Menschen als pathologisch oder verbrecherisch bezeichnen würden, als Experiment mit einer neuen Überlebensstrategie auffassen. Ob es geglückt ist, muß aber an der Eignung gemessen werden, und zwar an der Eignung auf lange Sicht und nicht am kurzfristigen Erfolg.

Die Soziobiologie hat mit ihren Kosten-Nutzen-Rechnungen viele neue Denkanstöße vermittelt. Sie blieb allerdings zu sehr Konzepten der Individual- und Sippenselektion verhaftet und betonte damit allzusehr, daß die Natur eigentlich doch »rot in Klauen und Zähnen« sei, wie das Herbert Spencer ursprünglich behauptet hatte.

Den Eindruck gewinnt man sicher, wenn man die meisten Wirbellosen und die niederen Wirbeltiere betrachtet. Ihr Sozialverhalten ist – sieht man von Ausnahmen wie den staatenbildenden Insekten ab – agonal, d. h. auf Gegnerschaft ausgerichtet. Das trifft vor allem für Landwirbeltiere der Reptilstufe zu, deren Sozialleben sich im Spannungsfeld von Dominanz und Unterwerfung abspielt und die einander selbst beim Werben keinerlei Freundlichkeiten erweisen können. Mit der Entwicklung der Vögel und Säuger kamen jedoch neue soziale Potenzen in die Welt, deren Bedeutung noch viel zu wenig erkannt wird. Mit der »Erfindung« der Brutpflege kamen Handlungen der Betreuung in die Welt und die Kindessignale, die solche auslösen, samt den dazugehörigen motivierenden Mechanismen der Fürsorglichkeit des Mitgefühls und der Hilfesuche. Diese Handlungen und Appetenzen konnten nun als Werkzeuge in den Dienst auch der Erwachsenenbindung gestellt werden. Sie erwiesen sich damit als Präadaptationen (Voranpassungen) für höhere Formen affiliativer Geselligkeit, die sich durch Freundlichkeit und persönliche Bindung – also Liebe – auszeichnen.

Untersucht man die Werberituale von Vögeln und Säugetieren, dann wird man schnell feststellen, daß viele der dabei eingesetzten Verhaltensweisen von Verhaltensweisen der Mutter-Kind-Beziehung abgeleitet sind. Das zärtliche »Schnäbeln« vieler Vögel ist ein ritualisiertes Brutpflegefüttern, vergleichbar unserem Kuß, der sich vom Kußfüttern ableitet, mit dem Menschen, aber auch Menschenaffen ihre Kleinen zusätzlich

Abb. 1 Flußseeschwalbe, ihr Junges fütternd; daneben: Männchen, mit einem Fisch um das futterbettelnde Weibchen werbend (aus W. Wickler 1969); darunter: Junge fütternder Kolkrabe und ein Rabenpaar beim Balzfüttern. Gezeichnet von H. Kacher nach Aufnahmen von E. Gwinner. Aus I. Eibl-Eibesfeldt (1970).

zur Muttermilch mit vorgekauter Nahrung versorgen (Abb. 1–4). Auch Handlungen der sozialen Körperpflege wurden so zu bindenden Verhaltensweisen. In meinem Buch »Liebe und Hass« belege ich an zahlreichen Beispielen, wie Mutter-Kind-Verhalten in den Dienst der Erwachsenenbindung gestellt wird (Eibl-Eibesfeldt 1970).

Mit der Brutpflege kamen aber nicht nur die Werkzeuge zum Freundlichsein in die Welt. Auch die Liebe, definiert als persönliche Bindung, nahm hier ihren Ursprung. Mit der Brutpflege kam Familialität als neue Organisationsstufe in die Welt, und damit eröffneten sich neue soziale Potenzen. Eine familiale Ethik konnte sich entwickeln, die auf die Gruppe übertragen wird, selbst auf die anonymen Großgruppen der modernen Menschheit. »Alle Menschen werden Brüder« heißt es in der

Schillerschen Ode an die Freude. Und über diese echt empfundene Motivation der Nächstenliebe bändigen wir bis zu einem gewissen Grade erfolgreich die archaischen agonalen Impulse. Aber nur bis zu einem gewissen Grade, denn es bleiben abgestufte Loyalitäten nach Nähe (S. 43), und jene schließlich, die nicht unsere Brüder sein wollen oder von uns aus nicht als solche akzeptiert werden, etwa weil sie eine andere Weltanschauung haben, die werden leicht zu Feinden erklärt.

Mit diesen sicher zunächst individual-selektionistisch entwikkelten Verhaltensweisen banden sich zunächst Familienmitglieder und über die Bildung von Großfamilienverbänden schließlich auch die Mitglieder größerer Gruppen so fest aneinander, daß Gruppen nunmehr als Einheiten in der Selektion auftraten (Eibl-Eibesfeldt 1982). Die agonale Sozialität wurde zunächst innerhalb der Gruppe durch eine affiliative Sozialität ergänzt, die sich durch Freundlichkeit und Kooperation auszeichnet. Agonale Verhaltensweisen spielen zwar auch innerhalb der Gruppe, z. B. beim Rangstreit, eine Rolle, doch gerieten sie in weiten Bereichen unter affiliative Kontrolle. Freundliches Miteinander dominiert in der Gruppe vor dem Gegeneinander. Zwischen den Gruppen herrscht dagegen bis in die Gegenwart Agonalität vor. Ja, sie wurde durch die Ausbildung dieser Fähigkeit, persönliche Bindungen einzugehen, verschärft, denn mit dieser Fähigkeit kam die Unterscheidung zwischen verschiedenen Personenkategorien in die Welt: zwischen jenen Mitmenschen, mit denen man sich verbunden fühlt, und jenen anderen – den Fremden –, die nicht dazu gehören und denen wir Menschen das Mitmenschliche oft absprechen. Die Liebe gebar auch das In- und Outgruppendenken und damit den Haß als ihr häßliches Kind.

Unsere affiliativen Anlagen, zu denen auch das Bedürfnis nach freundlichem Auskommen gehört, zusammen mit der Fähigkeit, kulturell über Symbole der Gemeinsamkeit das familiale Ethos auf uns fernerstehende Menschen zu übertragen, eröffnet uns aber Möglichkeiten, das Agonale zu zähmen. Wir stehen dabei vor der schwierigen Aufgabe, das Überleben in

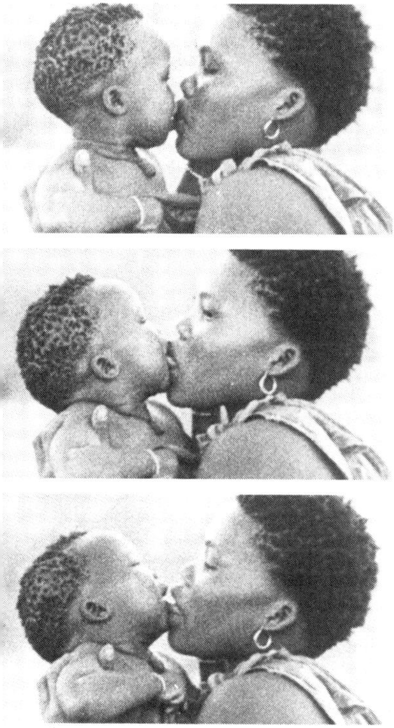

Abb. 2 Der vom Kußfüttern abgeleitete Kuß: Junge !Ko-Buschmann-Frau (zentrale Kalahari), ihre kleine Schwester durch Kußfutterung beruhigend. Sie versucht, ihr ein Stück Melone mit der Zunge in den Mund zu schieben. Aus einem 16-mm-Film; Bild 1, 12 und 23 der mit 50 Bildern/s aufgenommenen Sequenz. Photo: I. Eibl-Eibesfeldt.

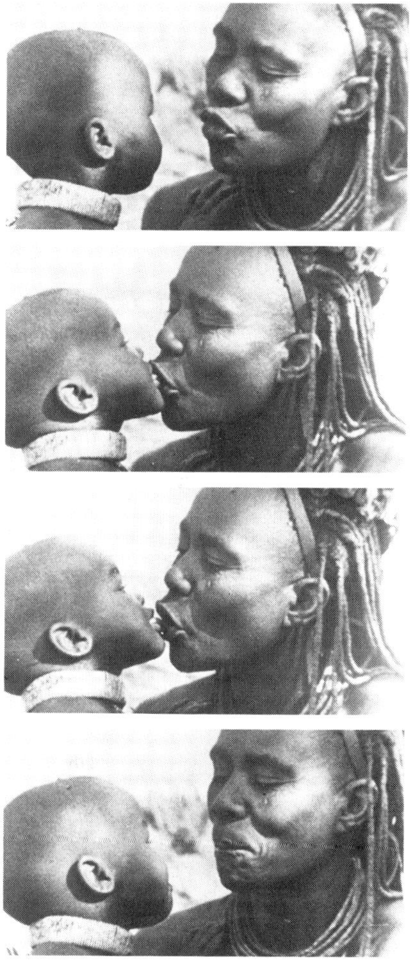

Abb. 3 Zärtliche Kußfütterung zwischen Enkel und Großmutter (Himba, Kaokoland, Südwestafrika). Der Enkel übergibt der Großmutter einen Leckerbissen. Die beiden tauschten die kleine Gabe wiederholt aus. Aus einem 16-mm-Film; Bild 1, 61, 72 und 147 der mit 50 Bildern/s aufgenommenen Sequenz. Photo: I. Eibl-Eibesfeldt.

a d

b e

c f

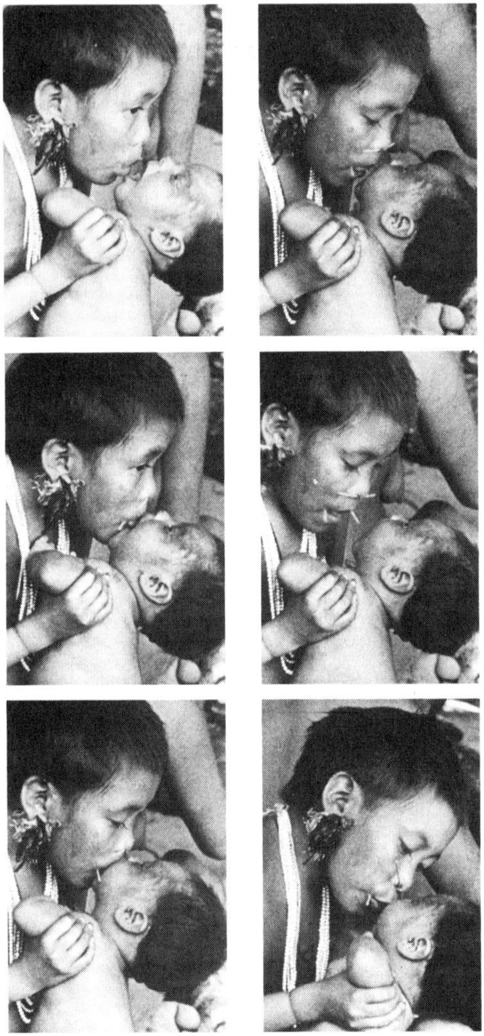

Abb. 4 Yanomami-Mädchen (oberer Orinoko), ihr kleines Geschwisterchen mit Speichel kußfütternd. Wie in den vorherigen Serien sind die Übergabe-Bewegungen der Fütternden (Zunge vorschieben) und die Übernahme-Bewegungen des Gefütterten (aufnahmebereites Mundöffnen) deutlich zu sehen. Das Verhalten ist hier kein funktionelles Füttern, sondern ein Akt der zärtlichen Zuwendung. Anschließend schäkert sie mit dem Säugling. Aus einem 16-mm-Film; Bild 1, 55, 125, 128, 130, 220 der mit 50 Bildern/s aufgenommenen Sequenz. Photo: I. Eibl-Eibesfeldt.

eigenen Nachkommen zu sichern, ohne dabei rücksichtslos gegen jene anderer Völker aufzutreten, die als Konkurrenten das gleiche Ziel verfolgen. Wir müssen hier Regeln für ein friedliches Miteinander erarbeiten, die auf Gegenseitigkeit beruhen. Einseitiger Altruismus wäre selbstgefährdend (S. 183). Das Überleben in eigenen Nachkommen unter Überwindung des agonalen Prinzips sollte uns als Zielvorstellung leiten. Die Natur muß nicht weiterhin rot in Klauen und Zähnen sein, auch wenn sie es bisher über weite Strecken der Geschichte war. Mit der Fähigkeit zur Liebe und Freundlichkeit hat sich in der Wirbeltierevolution ein Tor zu neuen Entwicklungen aufgetan. Zwar kam mit der Liebe auch die Intoleranz gegen Gruppenfremde in die Welt. Das hat jedoch nicht verhindert, daß sich Menschen zu immer größeren Verbänden zusammenschlossen. Mit Hilfe unserer freundlich-affiliativen Anlagen könnten wir unsere agonalen Anlagen überwinden mit dem letzten Ziel eines weltweiten Bundes selbständiger Staaten. Das setzt voraus, daß kein Staat und kein Volk sich vom anderen in seiner Existenz und Identität bedroht fühlt. Eine Weltregierung auf der Basis einer nivellierenden Ideologie, die alle Unterschiede einzuebnen trachtet, ist ebenso wie jede andere Form von Weltdiktatur nach meinem Dafürhalten abzulehnen, selbst wenn sie sich auf Mehrheiten stützen sollte. Das Recht der Minderheiten auf Anderssein muß gewahrt bleiben (S. 197).

Arthur Schopenhauer war bekanntlich Pessimist. Er sah das Problem des Leides, das nicht wegzuleugnen ist. Höheres Leben basiert auf der Vernichtung anderen hochorganisierten Lebens. Das stört auch mich als Biologen. Um diese Kette des Leides zu beenden, sollte der Mensch, so meinte Schopenhauer, aus dem Leben aussteigen und die Fortpflanzung verweigern: eine Erlösung durch Flucht in das Nichts. Das ist nur aus seiner Zeit verständlich. Zwar ist unsere Zeit nicht besser, aber wir haben eine Hoffnung, die Schopenhauer nicht kannte, und diese Hoffnung heißt Evolution. Schopenhauer hatte nur die unendliche Kette sich perpetuierenden Leidens und Sterbens vor Augen, eine Welt, die sich im Prinzip nicht verändert. Wir dagegen wissen um das ständige Werden, das auch in schöpferischer Evolution Neues in die Welt setzt, wie die Liebe, mit der eine neue Seinsstufe erreicht wurde. Noch hat sie sich nicht durchgesetzt, aber das Potential zur Freundlichkeit, Kooperation und Anteilnahme wurde geboren, und es könnte die weitere Evolution in zunehmendem Maße bestimmen. Das wird von unseren Zielsetzungen abhängen.

Ich habe darauf verschiedentlich hingewiesen, unter anderem in meinem Buch »Liebe und Hass« (1970). Dennoch lese ich immer wieder, die biologischen Verhaltensforscher – ich eingeschlossen – würden in der Aggression den Hauptmotor der Evolution erblicken. Nun verdränge ich keineswegs, daß dies über weite Strecken der Tierevolution so war, aber ich bin keineswegs der Ansicht, daß dies so bleiben muß. Bei uns Menschen waren und sind Kooperation und Freundlichkeit ebenso treibende Kräfte der Entwicklung wie der agonale Wettstreit. Um das zu verdeutlichen, überschrieb ich 1970 das erste Kapitel meines Buches »Liebe und Hass« »Die Bestia Humana – *ein modernes Zerrbild* vom Menschen«. Unsere Hoffnungen gründen sich auf unsere affiliativen Anlagen (S. 28), aber darüber dürfen wir unsere agonalen nicht übersehen*. Die Neigung zum Zusammenschluß und die Neigung zur Gruppenabgrenzung, sie beide sind Facetten unserer biologisch begründeten Wesensart. Wir müssen uns ungeschminkt sehen. Und dazu ist der Blick in den Spiegel der übrigen Natur recht nützlich. Wir können aus ihr lernen, sollten sie uns aber deshalb nicht gleich zum Vorbild nehmen, denn sie führt uns auch krasse Rücksichtslosigkeit vor, die wir überwinden wollen. Wolfgang Wickler (1981) betonte diesen Sachverhalt, um Mißverständnissen vorzubeugen.

* Als *affiliativ* bezeichnen wir alle jene Anpassungen im Verhalten, die Bindungen zwischen Individuen herstellen, bekräftigen und erhalten, als *agonal* alle aggressiven oder defensiven Verhaltensweisen, über die Individuen oder Gruppen von solchen andere abweisen oder zu dominieren suchen, sowie die ihnen funktionell zugehörenden Verhaltensweisen der Flucht und Unterwerfung.

Das Studium der übrigen Lebewelt lehrt, daß es Änderungen gibt, die zumindest einige von uns aus einem subjektiv-humanitären Blickwinkel als Änderungen zum Besseren empfinden. Die Geburt des Mitgefühls wäre eine solche. Wir können ferner lernen, daß es stets auf das Überleben in genetisch verwandten Nachkommen ankommt, des weiteren, daß neben den agonalen Strategien des Wettstreits auch neue Strategien des Überlebens entwickelt wurden, die auf Kooperation und Nächstenliebe basieren und die uns dazu motivieren, eines Tages auch die zwischen den Staaten noch häufig vorherrschende Agonalität zu überwinden. Das setzt Konventionen auf Gegenseitigkeit voraus.

Die große Schwierigkeit wird darin bestehen, die Konkurrenz, auf die man als treibende Kraft jeder Evolution wohl kaum verzichten kann, so zu humanisieren, daß individuelles Leid vermieden wird. Eine Welt ohne Krieg ist vorstellbar, eine Welt ohne Konkurrenz allerdings kaum; sie würde Stagnation bedeuten. Allerdings muß Konkurrenz nicht blutig sein. Wir erleben Konkurrenz im Alltag in durchaus erträglicher Weise. Ohne sie fehlte uns mancher Ansporn und manche Freude. Gelingt es, Übereinkünfte im Dienste einer solchen Zielsetzung zu entwickeln und eine weltumspannende Föderation freier Staaten zu bilden, dann eröffnen sich uns dank unserer universellen Veranlagung Perspektiven einer über unser heutiges Vorstellungsvermögen sicher weit hinausreichenden Zukunft.

4 Wachstum und die Maximierungsstrategie des Lebendigen

Eine erfolgreiche, aber doch auch höchst problematische Strategie im Kampfe um das Dasein besteht in dem Trachten der Organismen, ihren Fortpflanzungserfolg zu maximieren. Organismen nutzen opportunistisch jede Chance, möglichst viele Nachkommen in die Welt zu setzen, und zwar ohne jede Voraussicht.

Feldmäuse und Lemminge vermehren sich in Jahren mit günstigem Nahrungsangebot bis zur Erschöpfung der Lebensgrundlagen. Das erzwingt Massenabwanderung und endet vielfach in einem Populationszusammenbruch. Der Lebensstrom bleibt davon unberührt. Im Gegenteil: Zwar gehen bei der erzwungenen Abwanderung viele Individuen zugrunde, aber der über die Ufer tretende Strom verästelt sich in zahlreiche Rinnsale, um es bildlich auszudrücken, und findet dabei da und dort neue Möglichkeiten zu überleben.

Die Maximierung des Fortpflanzungserfolgs und damit der Biomasse hat sich in der biologischen Evolution als Strategie bewährt. Daß dabei Individuen in großer Zahl geopfert werden, zählt nicht. Die Evolution ist risikofreudig und spielt selbst mit Arten als Einsatz. Von den im Kambrium lebenden Tierarten überlebte nur ein kleiner Prozentsatz in heute lebenden Nachkommen.

Die kulturelle Evolution kopiert, wie wir bereits ausführten, in vielem die biologische, da ja analoge Selektionsbedingungen vorliegen. Wir beobachten daher auch hier ein opportunistisches Nützen der Gelegenheiten, einerseits in der Tendenz, den Fortpflanzungserfolg zu maximieren, was in vielen Teilen der Welt bereits zur Übervölkerung und Degradierung der Umwelt führte. Parallel dazu versuchen wir, auch im wirtschaftlichen Bereich zu maximieren, was zur Vergeudung von Ressourcen und zum zyklischen Auf und Ab von Konjunkturen und Krisen führt. Uns, die wir das individuelle Glück achten, stören Leid, Massenelend und Sterben. Wir Menschen bemühen uns daher, dem zu steuern und uns so aus der Abhängigkeit des Zufälligen einigermaßen vorausplanend zu lösen. Die biologische Evolution lernt nur aus Katastrophen; der Mensch bemüht sich darum, aus Voraussicht solche zu vermeiden.

Er tut es allerdings erst in neuerer Zeit. Jäger und Sammlervölker behandeln ihre Umwelt nicht schonend. Sie leben nur deshalb in Harmonie mit der Natur, weil sie das Land nur dünn besiedeln. Es bestand daher keinerlei Selektionsdruck, der auf die Ausbildung umweltschonender Subsistenzstrategien hingewirkt hätte. Gerade das ist ja unser Problem. Wir verfügen über keine diesbezüglichen angeborenen Hemmungen. Wir sind von Natur aus exploitativ. Nur sind wir heute zu viele pro Quadratkilometer, so daß die Schäden, die aus unserer ungebremsten Maximierungsstrategie erwachsen, unsere eigene Existenzbasis dauerhaft vernichten könnten. Neue kulturelle Anpassungen sowie aus Einsicht geborene Maßnahmen müssen dem entgegenwirken und unserem ausbeuterischen Drange Zügel anlegen. Ich betone dies, weil romantische Geister meinen, der Naturmensch würde seine Natur pfleglich behandeln und deshalb in Harmonie mit ihr leben. Das stimmt nicht.

Untersucht man nun die menschlichen Wirtschafts- und Gesellschaftsformen im Hinblick auf ihre Entwicklungschancen und damit auf deren Überlebenswert, dann fällt einem eine gewisse Polarisierung nach zwei Lagern auf, deren eines man als risikobereit und evolutionsfördernd, das andere als risikovermeidend und evolutionsbremsend charakterisieren kann.

Die freie Marktwirtschaft ist Ausdruck eines freien Spiels der Kräfte. Im Wettbewerb verfolgen Individuen und Organisationen eine Maximierungsstrategie, die ebensoviel oder ebensowenig Rücksicht kennt wie die biologische Evolution. Die Konkurrenz führt zu Innovationen, spornt aber auch zur Maximierung an. In einer solchen Wirtschaftsordnung kommen auf kultureller Ebene die gleichen darwinistischen Evolutionsprinzipien zum Tragen, die auch die biologische Evolution erfolgreich getrieben haben.

Die Risikobereitschaft ist sicher eine Voraussetzung für den Erfolg. Ferner dürfte ohne Konkurrenz ein Evolutionsgeschehen undenkbar sein. Allerdings lehrt uns das häufige Massensterben in der Natur und der gar nicht so seltene Artentod, daß die Risiken, vom Individuum und der Art her gesehen, erheblich sein können. Nur zählen auf tierischer Ebene Individuen im Lebensstrom nicht. Im Menschen dagegen wird sich die Evolution erstmals ihrer selbst bewußt. Das Individuum zählt und möchte daher sein eigenes und anderer Menschen Leid planend verhindern. Krisen, die auf eine überhitzte Konjunktur folgen, ängstigen den Menschen zu Recht, und er bemüht sich darum, planend die Amplitudenausschläge zu verringern. Eine antizyklische Steuerung ist z. B. in der freien Marktwirtschaft durchaus üblich.

Darüber hinaus erkennen viele Menschen, daß Energie und Rohstoffe begrenzt sind, und sie stellen daher die Maximierungsstrategie in Frage. Auch das fordert Planung heraus, wobei vielfach die Leitidee nach gerechtem Ausgleich durch Verteilung das Handeln bestimmt.

Im Extrem ist dies in den Zentralverwaltungswirtschaften der Fall. Risiken, denen die freie Marktwirtschaft ausgesetzt ist, sucht man durch Vorausplanung zu vermeiden. Aber ohne Risiko dürfte es auf die Dauer keinen Erfolg geben. Und die weitgehende Ausschaltung des Ertrages aus eigener Leistung nimmt dem Individuum den Ansporn, über Eigeninitiative voranzustreben. Das bremst Innovationen im technischen Bereich. Aber auch im sozialen Bereich würden solche eher als störend empfunden, da sie systemverändernde Unruhe mit sich brächten. Das System der Planwirtschaft ist nicht mutationsfreundlich, sondern konservativ, da es sich Änderungen weitgehend entgegenstellt. Neue Ideen, die Entstehung von Subkulturen, das alles glaubt man im Interesse der Stabilisierung der Verhältnisse kontrollieren zu müssen. Auf diese Weise handelt man sich eine gewisse Stabilität ein – aber ebenso eine lähmende Langeweile, die sich auch im Westen in den sozialdemokratischen Wohlfahrtsstaaten breitzumachen beginnt. Planwirtschaften sind weniger durch unternehmerischen Mut als von einem angstmotivierten Bedürfnis nach Sicherheit getrieben. Das führt zur Durchschnittlichkeit. Man muß befürchten, daß immer größere Teile der demokratischen Welt dahin abgleiten.

Demgegenüber erscheint die freie Marktwirtschaft evolutionsfreundlich, und sie kommt auch den strebsamen und individualistischen Anlagen des Menschen entgegen. Der Mensch ist zwar gesellig, lebte aber die längste Zeit seiner Geschichte in individualisierten Kleinverbänden, in denen jeder jeden kannte und in denen er über Eigenleistung Ansehen, das heißt Rangpositionen, erreichen konnte. Wie bereits bei vielen nichtmenschlichen Primaten strebte der einzelne Mensch nach Rang, verbunden mit einer ausgeprägten Bereitschaft, seinen individuellen Handlungsspielraum zu verteidigen. Unser so ausgeprägtes Bedürfnis nach individueller Freiheit hat hier sicher eine Wurzel (s. o.). Der unternehmerische Individualismus der freien Marktwirtschaft entspricht einer Seite der menschlichen Motivationsstruktur. Und von den Individuen gehen die Anstöße weiterer Entwicklung aus – die genetischen Mutationen ebenso wie die neuen Gedanken. Die freie Marktwirtschaft ist in allen Bereichen innovativ. Kunst, Technik, Wissenschaften und auch der soziale Bereich profitieren davon.

Für die marktwirtschaftliche Ordnung spricht auch ein Argument erkenntnistheoretischer Natur (Radnitzky 1987). Sie ist nämlich im wesentlichen ein Entdeckungssystem, das das lokale Wissen von Millionen von Marktteilnehmern nutzt, ein Wissen, über das kein einzelner Planer und auch kein Team von solchen je verfügen würde. Die Ordnung stellt sich aufgrund kultureller

Siebungsprozesse spontan ein, und sie hat wohl in der Kulturgeschichte wesentlich dazu beigetragen, daß über Kooperation die Kleingruppe überschritten wurde (von Hayek 1979, 1983). Sie ist kein Resultat bewußten Konstruierens. Die marktwirtschaftliche Ordnung ist effizienter als jede Planwirtschaft, und sie entspricht auch den Prinzipien eines freiheitlich ausgerichteten Rechtsstaates. Allerdings zeichnen sich dynamische, in Entwicklung befindliche Systeme durch starke Amplitudenschwankungen aus, um deren Ausgleich sich eine soziale Marktwirtschaft vernünftigerweise ebenso bemüht wie um den Ausgleich allzugroßer sozialer Spannungen durch Umverteilung. Diese sollte nach meinem Dafürhalten nicht auf Nivellierung abzielen, sondern durch schrittweise Anhebung des Wohlstandes der unteren Einkommensklassen auf Angleichung nach oben.

Gefährdet sind beide Systemtypen in ihren Extremen. Der eine Typ neigt zur Erstarrung; er muß sich möglichst gegen Außeneinflüsse abschirmen und im Innern dauernd gegen den menschlichen Innovationsdrang, gegen den Individualismus des einzelnen ankämpfen. Die freie Marktwirtschaft dagegen überhitzt sich leicht in Zeiten der Konjunktur, und sie leidet unter Krisen. Andererseits sind gerade diese Amplitudenschwankungen Kennzeichen der Dynamik lebender Systeme. Die Wachstumsideologie der Marktwirtschaft ist lebensstrombejahend, doch schon bei Tieren hat das Maximierungsprinzip viele Arten in Sackgassen geführt. Und ganz so unrecht, wie viele Leute heute meinen, hatten die Futurologen des Club of Rome nun auch nicht. Mit dem biologischen Argument, daß das Leben bisher immer opportunistisch maximierte und dem Prinzip des Wettkampfes huldigte, kommen wir zu keinem befriedigenden Ergebnis, denn diese Strategie kostet Individuen, und diese zählen, wie gesagt, bei uns Menschen. Außerdem liegt es in der Natur des Menschen, sich nicht weiter den blind wirkenden Kräften der Selektion zu unterwerfen. Seine Intelligenz und das daraus erwachsende Bedürfnis, auch über Generationen vorauszuplanen, zeichnet den Menschen vor allen Tieren aus. Auch wenn uns heute bei diesem Bemühen viele Fehler unterlaufen, so sind wir dennoch bei dem Versuch, uns nicht ganz dem Spiel des Zufalls zu unterwerfen, auf einem sehr menschlichen, d.h. unserer Art gemäßen Wege. Hier gilt es im Grunde, Übertreibungen nach beiden Seiten hin zu vermeiden.

An *einem* Übel kranken allerdings alle Wirtschaftssysteme, im Osten gleichermaßen wie im Westen: Sie messen ihren wirtschaftlichen Erfolg in quantitativem Wachstum – im Mehr an Millionen Tonnen Stahl, Mehr an produzierten Autos, Mehr an Verbrauch. Politiker aller Wirtschaftssysteme setzen auf Wachstum, als ginge die Welt ohne quantitatives Wachstum zugrunde. Dabei weiß jeder, daß uns weiteres Wachstum ruiniert, daß es die Umwelt zerstört, unersetzliche Ressourcen verbraucht, also in die Katastrophe führt. Die einfache Zinseszinsrechnung lehrt, daß bereits ein Wachstum von nur einem Prozent pro Jahr in rund 72 Jahren zu einer Verdoppelung gegenüber dem Ausgangswert führt. Es scheint unvorstellbar, daß die Politiker das nicht wissen sollten. Es ist ferner wirklich kein Geheimnis, daß es ein bisher ungelöstes »Energieproblem« gibt. Die gegenwärtige Weltbevölkerung lebt und vermehrt sich auf Kosten nicht ersetzbarer fossiler Brennstoffe. Da dafür bisher kein Ersatz gefunden wurde, zeichnet sich die Möglichkeit eines globalen Bevölkerungszusammenbruchs ab, der alles bisher Dagewesene in den Schatten stellen könnte. Ganz abgesehen davon, daß wir vielleicht schon vorher die Erde und die Gewässer vergiftet und die Atmosphäre zerstört haben werden.

Können wir nach wie vor nur aus Katastrophen lernen? Wie kommt es, daß wir trotz besserer Einsicht das gewagte Spiel der alten Maximierungsstrategie der biologischen Evolution betreiben, uns also blind wie die Lemminge verhalten?

Da ist zunächst einmal die Faszination des Wachstums zu nennen. Wachstum ist ein alter Positivwert (Lorenz 1973). Wachstum ist Leben. Wuchsen und gediehen die Pflanzen in der Welt unserer altsteinzeitlichen Vorfahren und vermehrte sich das Wild, dann war dies wohl positiv zu werten, denn es verhieß

Nahrung und Sicherheit. Und auch wenn Menschen sich in dieser Welt voller Gefahren vermehrten, war dies nur gut. Es gab ja genug Platz auf der noch wenig bevölkerten Erde. Und so blieb es im Grunde bis zum Beginn dieses Jahrhunderts. Erst in jüngster Zeit wurde man gewahr, daß quantitatives Wachstum auch negative Folgen haben kann.

Noch ein weiterer Grund verführt dazu, bei der Maximierungsstrategie zu bleiben: die Machtkonkurrenz auf allen Ebenen. Wir sind zwar gesellige Wesen und nehmen Rücksicht auf jene, die uns nahestehen, aber abgestuft nach der Nähe. Zuerst kommt die Familie und Sippe, dann die Gruppe der uns persönlich bekannten Freunde, als nächstes die Ethnie oder Nation, der wir angehören, und so fort. Wenn es die Situation erlaubt, einen Vorteil auf Kosten uns Fernerstehender zu erringen, dann sind wir bereit, die Gelegenheit auszunutzen. Wo allgemeine Güter genutzt werden, wird dies besonders deutlich. Ein Bauer wird mit seiner Wiese schonend umgehen und nicht zu viele Kühe auftreiben. Wenn er allerdings auf die Gemeindeweide ein Tier mehr als erlaubt einschmuggeln kann, dann überwiegt sein persönlicher Vorteil den angerichteten Schaden, denn dieser verteilt sich kurzfristig gesehen auf mehrere.

Auch die Luft und das Wasser sind Gemeinbesitz, und wenn jemand sie mit Einschränkungen nützt, indem er z. B. kostspielige Entschwefelungsanlagen einbaut, dann handelt er zwar verantwortlich und auf lange Sicht sicher vernünftig. Wenn aber zur gleichen Zeit andere die Luft ohne solche Einschränkungen nützen, weil die giftigen Immissionen ohnedies zum Nachbarn geblasen werden, dann haben diese Rücksichtslosen einen kurzfristigen Konkurrenzvorteil, und der ist leider oft entscheidend. Das Problem kann im Grunde nur über internationale Vereinbarungen gelöst werden, die allen die gleichen Auflagen zur umweltschonenden Nutzung der allgemeinen Güter auferlegen und Verstöße etwa durch strengen Boykott bestrafen.

Die Maximierungsstrategie ist auf kurzfristigen Erfolg angelegt. Sie ist exploitativ und als Startstrategie für neu sich einmischende organismische Systeme vorteilhaft, auf die Dauer aber riskant. Sie sollte daher durch eine Optimierungsstrategie abgelöst werden. Auch im Handel folgen wir, wie Hass (1988) aufzeigt, einer exploitativen Strategie, die unserem archaischen Jägererbe entspricht. Wir neigen dazu, aus uns fremden Menschen größtmöglichen Nutzen bei geringsten Kosten zu ziehen. Auf lange Sicht ist dies sicher eine falsche Strategie, denn wir müssen bei Beharren auf dieser Ausbeuterstrategie um immer neue Kunden werben, da der nur mangelhaft Befriedigte ja selten wiederkommt. Bemüht sich jemand dagegen, die Bedürfnisse des Handelspartners bestens zu befriedigen – auch wenn dies eine Schmälerung des unmittelbaren Gewinns bedeutet –, dann handelt er auf lange Sicht richtig, denn er baut einen Kundenstamm auf, der für ihn wirbt und ihn gegen Krisenschwankungen absichert. Darüber hinaus übernehmen die Kunden einen wesentlichen Teil der Werbung.

Ebenso begrenzt wie die Loyalität gegenüber uns in der Gegenwart Fernerstehenden ist unsere Loyalität kommenden Generationen gegenüber. Sie sind uns so fern, daß wir emotionell nicht wirklich Anteil nehmen. Wir Menschen waren bisher immer nur mit der Notwendigkeit der Vorsorge für die allernächste Zukunft – bestenfalls einige Jahre – konfrontiert. Unsere Ahnen mußten Vorräte für den Winter einbringen, eventuell auch mehr, für den Fall einer Mißernte. Die Felder- und Weidewirtschaft forderte Vorausschau über mehrere Jahre. Aber auch diese Notwendigkeit der Vorausplanung stellte sich in der langen Menschheitsgeschichte erst vor einigen tausend Jahren beim Übergang vom Wildbeuter und Sammler zum Produzenten. Mit den uns durch die technische Revolution verfügbar gewordenen Machtmitteln ergibt sich eine völlig neue Situation, denn nun haben unsere Eingriffe globale und weit in die Zukunft reichende Auswirkungen. Einsichtig erfassen wir das wohl, aber wir *erleben es nicht,* und darin liegt ein Problem. Bei der Verarbeitung der Segnungen der technischen Entwicklung geht es uns in anderen Bereichen genauso. Die Selbstgefährdung durch das Automobil (S. 234) ist nur ein Beispiel von vielen. Daß mehrere tausend Menschen pro Jahr auf den Straßen der Bundesrepublik Deutschland sterben, erfassen wir zwar intellektuell als Katastrophe, aber wir verknüpfen die Toten gedanklich nicht mit dem Auto. Das Instrument ist neu, es spielte in der Geschichte unseres Werdens keine Rolle, wir wurden nicht programmiert, bei negativer Erfahrung Aversionen gegen das Auto zu entwickeln. Wenn uns eine Schlange bedroht oder eine Spinne, dann lernen wir schnell; es genügt sogar der Warnruf eines Mitmenschen, um diese Lerndisposition zu aktivieren. Aber man kann einen Mitmenschen noch so eindringlich vor den Gefahren des Autofahrens warnen, er sieht es ein – und verfällt dann doch dem Rausch der Geschwindigkeit. Wir erfassen nur, was auch unser Gemüt bewegt.

In der Konkurrenz um Macht, ob nun des einzelnen, der Parteien oder der großen Machtblöcke, kommt es zunächst auf den kurzfristigen Erfolg an. Denkt man an die Situation konkurrierender Weltmächte in einer sich übervölkernden Welt, dann ergibt diese kurzfristige Planung auch Sinn. Die Versuchung, ohne Rücksicht auf Reserven alles maximierend einzusetzen, um den Gegner auszustechen, ist verlockend. Man setzt alles auf eine Karte und sagt sich wohl, daß man ja zu sparen beginnen könne, wenn man erst einmal die Oberhand gewonnen habe. Die Zwischengruppenkonkurrenz ist in diesem Sinne auch eine Herausforderung zum Verprassen. Sie müßte es allerdings nicht sein. Die Alternative auf die Herausforderung kann auch Innovation sein oder, wie man heute gerne sagt: »qualitatives Wachstum«. Sicher wäre es falsch, wollte man wegen der negativen Folgen weiteren Wachstums die Hände in den Schoß legen und die Dinge treiben lassen. Auch im biologischen Bereich war einst der Zeitpunkt gekommen, da eine weitere Vermehrung der Biomasse nicht mehr möglich war, dennoch ging die biologische Evolution bis heute weiter (Hass 1979).

Eine Verschiebung des Konkurrenzkampfes von der quantitativen auf die qualitative Ebene wäre umweltfreundlich, und die positiven Aspekte der antreibenden Konkurrenz blieben erhalten.

E. F. Schumacher (1973) plädiert in seinem Buch »Small is Beautiful« für eine asketische Weltkultur, weil es nicht angehe, das Grundkapital aufzuzehren, das uns die Natur zur Verfügung stellte. Das ist richtig, wenn es als Plädoyer für die Entwicklung neuer, besserer Techniken aufgefaßt wird. Wir müssen uns um Techniken bemühen, die die Existenzbasis unserer Enkel nicht gefährden. Die Entwicklung der Wasserstofftechnik im Verbund mit der Solartechnik wäre eine solche bessere Technik (Scheer 1987). Carl Friedrich von Weizsäcker tritt ebenfalls für die Pflege asketischer Tugenden wie jener der Mäßigung und der Selbstbeherrschung ein. Auch das ist im Ansatz richtig. Allerdings erweckt der Begriff »Askese« leicht Assoziationen, die trüb und lebensfeindlich sind. Leben ist nicht sparsam, sondern luxuriert in Differenziertheit, Formenreichtum und Mannigfaltigkeit. Darin ist die Natur ausgesprochen »verschwenderisch«, und ebenso verschwenderisch sollten wir in unserem Einfallsreichtum, im Treiben von immer neuen kulturellen Blüten sein, nicht aber in der Behandlung der Ressourcen, der Basis, von der wir leben.

In seinem Buch »Das Prinzip Verantwortung« meint Hans Jonas (1979), man müsse eine Handlung unterlassen, wenn über ihre Folgen irgendwelche Zweifel bestünden. Wir dürften nicht um unseres eigenen Vorteils willen die Lebenschancen unserer Nachkommen schmälern. Dem stimme ich zu. Wir brauchen eine neue, Generationen übergreifende Überlebensethik. Allerdings darf das nicht heißen, daß jede Risikobereitschaft entfallen müsse. Das blinde Risiko der biologischen Evolution kann und sollte der vernünftige *Homo sapiens* meiden, nicht aber das kalkulierte. Ohne Risikobereitschaft fiele er der Stagnation anheim. Auch das Unterlassen hat, wie Wolfgang Wild (1984) betont, Konsequenzen: »Wenn wir immer und unter allen Umständen der Unheilsprophezeiung den Vorrang vor der Heilsprophezeiung einräumen, wie das Hans Jonas fordert, dann führt das zu einem totalen Immobilismus, denn wir durchschauen die Folgewirkungen unserer Handlungen niemals in allen ihren Konsequenzen. Wenn wir jeglichen Irrtum vermeiden wollen, dann dürfen wir nie etwas Neues versuchen und sogar bestehende Mißstände nicht beseitigen, denn dadurch könnten vielleicht schlimmere Mißstände entstehen« (S. 57).

Unsere Ungeduld und Profitgier sollten uns aber nie dazu verleiten, zu große Risiken einzugehen, sonst könnte es sein, daß wir aus Fehlern gar nicht mehr lernen können.

Wir müssen ferner bereit sein, aus Irrtümern rasch zu lernen, und an dieser Bereitschaft mangelt es oft. Wir werden leicht Gefangene unserer Hypothesen (S. 125). Wir klammern uns an ihnen fest, weil sie uns Sicherheit geben. Außerdem befürchten wir bei Eingeständnis eines Irrtums, unser Gesicht zu verlieren. In der Tat sind wir Menschen ja allzu bereit, Schwächen eines Partners auszunutzen, um ihn zu demütigen (S. 155). Und wenn jemand sich irrt, dann wird das als Zeichen von Schwäche aufgefaßt. Hier gilt es umzudenken. Wer seinen Irrtum eingesteht und sein Verhalten korrigiert, beweist Stärke; Schwäche dagegen beweist, wer ängstlich wider besseres Wissen an seinen Irrtümern festhält.

5 Fallen der Wahrnehmung und des Denkens

a) Wirklichkeit und Wahrnehmung

Unsere Sprechweise verrät bereits Eigenheiten unseres Denkens: Wir *begreifen* etwas – und erst dann haben wir es richtig verstanden. Wir stellen uns Dinge vor und *erfassen* Zusammenhänge oder gewinnen *Einsicht* in sie – »wie ein Affe in das Gewirr der Lianen« (Lorenz 1943). Tast- und Gesichtseindrücke dominieren in unserer Wahrnehmung, und diese Dominanz ist Erbe aus der Zeit, als unsere noch baumkletternden Ahnen sich visuell im Gewirr der Äste orientierten und mit den Händen greifend im Gezweig kletterten. Diese Dominanz des Haptischen und Visuellen färbt unser Denken bis in die höchsten Geistesleistungen. Wir sind dem Anschaulichen verhaftet, so sehr, daß selbst Atomphysiker anschauliche Modelle schaffen, um sich im Mikrokosmos zurechtzufinden. Dabei geraten sie gelegentlich in Schwierigkeiten, denn nicht alles ist vorstellbar.

Ist diese Welt vielleicht ganz anders beschaffen, als unsere Sinne sie uns wahrnehmen lassen? Und denken wir vielleicht nicht richtig? Darüber wurde viel geschrieben. Im Extrem etwa, daß wir gar nichts Verbindliches über die außerhalb von uns existierende Welt aussagen könnten. Wäre wirklich alles nur Illusion – die Wirklichkeit ein Hirngespinst?

Wir führten bereits aus, daß Organe in der Selektion bewährte Annahmen über eine außerhalb des betreffenden Individuums existierende Welt darstellen, und das gilt natürlich auch für das menschliche Verhalten. Auch Verhaltensweisen spiegeln Facetten einer Welt, aber es handelt sich um eignungsrelevante Ausschnitte, um bewährte Interpretationen, die gelegentlich auch zu Fehlleistungen führen.

Unser Bild von der Welt ist in vielfacher Weise begrenzt. Unsere Raumvorstellung ist dreidimensional. Sie entwickelte sich mit der Fortbewegung im Raum in Beziehung auf ein festes Substrat und Hand in Hand mit der Ausbildung von Sinnesleistungen, die Objekte und Ereignisse über Distanz melden. Einen anderen Raum können wir uns nicht vorstellen. Wir können allerdings die Grenzen, die uns unsere biologische Ausstattung hinsichtlich des Vorstellbaren setzt, mit Hilfe mathematischer Operationen überschreiten. Darin liegt unter anderem die besondere Leistung Albert Einsteins.

Das Geschehen in und um uns erleben wir ferner als Ablauf in einer Zeit. Sie wird im circadianen 24-Stunden-Rhythmus erlebt und ist als Anpassung an unseren Planeten ohne weiteres erkennbar (Aschoff und Wever 1981). Wir erleben die Zeit ferner in 3-Sekunden-Einheiten als »Jetzt« (Pöppel 1984), und Carl Ernst von Baer spekulierte schon vor hundert Jahren darüber, wie anders wir wohl die Welt wahrnehmen würden, wäre unser Moment – das, was wir als getrennten, visuellen Eindruck erleben – anders. Wäre er langsamer, wir würden die Kräuter wachsen sehen; wäre er schneller, wir könnten den Flügelschlägen einer Fliege oder der Flugbahn eines Geschosses folgen. Das können wir uns immerhin noch vorstellen, aber eine Welt ohne Zeit und ohne Anfang und Ende nicht. Hier sind wir durch unsere Ausstattung festgelegt. Wie Rupert Riedl (1987) hervorhebt, helfen wir uns darüber durch Mythen hinweg, denen zufolge diese Welt aus nichts entstanden ist und in die Ewigkeit einmündet.

Wir rechnen mit Wenn-dann-Zusammenhängen, und dem liegt die im Laufe der Stammesgeschichte gesammelte Erfahrung zugrunde, daß die meisten sich wiederholenden Ereignisse auf Ursachenzusammenhängen beruhen. Wir denken dabei gerne linear in Ursachenketten, was in begrenztem Bereich paßt, weil es ja für schnelle Entschlüsse darauf ankommt, die Hauptursache, etwa einen Feind, zu erkennen. Das bringt uns allerdings bei langfristigen Planungen in Schwierigkeiten. Unsere monokausale Fixierung erschwert es, die Vernetzung vieler Ursachenketten zu erkennen. Ursachenzusammenhänge erschließen wir aus dem zeitlichen Zusammentreffen von Ereignissen, seien es nun unmittelbare Folgen eigenen Handelns oder beobachtete Aufeinanderfolgen. Das geschieht oft völlig unreflektiert nach vorgegebenen Programmen, wobei wir in der Regel das ursächlich verknüpfen, was knapp aufeinander folgt, so daß es uns oft als gleichzeitig erscheint. Allerdings gibt es auch andere Verknüpfungen. So assoziieren wir körperliche Übelkeit mit dem, was wir längere Zeit vor dem Eintreten der Beschwerden zu uns genommen haben. Diesem angeborenen Schluß liegt demnach eine andere Hypothese über Ursache und Wirkung zugrunde.

Wir sind vor allem darauf angelegt, unmittelbare Ursachen zu erkennen. Das ist vorteilhaft, erweist sich aber in unserer Zeit auch als Handicap, denn es führt dazu, daß wir in Diskussionen die unmittelbaren Gründe sehr oft für die eigentlichen Ursachen ansehen und am Phänomen kurieren, anstatt weiter zu hinterfragen, was die eigentlichen Ursachen eines Ereignisses sind. Deutlich ist dies z. B. in der Friedensdiskussion, die oft auf dem Niveau »Tötet die Kriegstreiber« abgehandelt wird. Sicher eine schnelle und bequeme Lösung, aber damit sind Kriegsursachen nicht aus der Welt geschafft.

Und so wie wir über die Faszination durch die unmittelbaren Ursachen allzuleicht die Frage nach den weiteren Gründen aus dem Auge verlieren, so geht es uns – wenn auch etwas weniger kraß – mit den Auswirkungen. Auch hier haben wir eher die unmittelbaren Folgen im Auge. Selbst wissenschaftliche Diskussionen leiden darunter. Der Streit um die Einheiten der Selektion in der Soziobiologie ist dafür beispielhaft. Über die unmittelbaren Auswirkungen der Individualselektion vergißt man die Langzeitauswirkungen etwa auf dem Niveau der Gruppe (S. 27).

Wir haben ferner, wie Richard Dawkins (1987) neuerdings

hervorhob, keinen Sinn für Ereignisse, die nach Wahrscheinlichkeit seltener eintreten als einmal pro Menschenleben. Daher siedeln wir auch fröhlich auf Vulkanen. Würden wir 10000 Jahre alt werden, dann würden wir dies unterlassen, denn wir wüßten, daß Vulkane aller Wahrscheinlichkeit nach während unseres Lebens ausbrechen werden. Und dann würden wir auch nicht über die Straße laufen, weil die Wahrscheinlichkeit, überfahren zu werden, zur Sicherheit würde.

Die Erwartung kausaler Zusammenhänge ist nach Rupert Riedl (1980) eine jener selektionsbewährten Verrechnungsweisen, welche die Evolution zum Zwecke einer ökonomischen Verarbeitung von Daten dem Zentralnervensystem eingebaut hat. Bereits höhere Tiere handeln, als sei ihnen die Erwartung kausaler Zusammenhänge angeboren. Die Erwartung hat sich als Annahme bewährt, und wir können daraus schließen, daß Ursachen-Zusammenhänge auch einer außersubjektiven Realität entsprechen. Würde es sich um Zufälligkeiten handeln, wären Prognosen nicht möglich.

Wir Menschen neigen ferner primär dazu, hinter allem einen verborgenen Sinn und Zweck zu vermuten. Hier handelt es sich um eine typisch menschliche Interpretation des Weltgeschehens. *Wir* planen unser Handeln und verfolgen bewußt bestimmte Ziele und schaffen uns Werkzeuge für bestimmte Zwecke. Die Vorstellung vom Zweckvollen führte zur Vorstellung absichtsvoller Schöpfer dieser Welt, der erst die moderne Kosmologie ein anderes Modell entgegenstellte. »Aber wir brauchen die Frage nach den Ursachen nur vor den Urknall der modernen Kosmologie zu verlegen, um uns sogleich in Glaubensvorstellungen wiederzufinden« (Riedl 1980, S. 149).

Grundsätzlich rechnen wir Menschen mit einer geordneten, kohärenten Welt, die sich durch Kontinuität auszeichnet, in der es abgegrenzte Objekte gibt, die aufeinander ursächlich einwirken können, und in der man Gesehenes auch anfassen kann. Damit rechnet schon das Neugeborene. Die amerikanischen Forscher W. Ball und F. Tronick (1971) schnallten vierzehn

Tage alte Säuglinge aufrecht in einem Stühlchen fest. Bewegten sie eine Kiste auf die Säuglinge zu, dann verhielten diese sich so, als würden sie eine Kollision erwarten. Sie hoben abwehrend die Händchen und zwinkerten mit den Augenlidern. Projizierte man vor ihnen sich symmetrisch ausdehnende dunkle Flecken, dann verhielten sie sich ebenso, obgleich sie noch nie eine Kollision erlebt hatten. Sie verbanden also mit bestimmten visuellen Eindrücken bestimmte taktile Erwartungen. Andere Versuche haben entsprechend gezeigt, daß Säuglinge bereits früh erwarten, etwas Gesehenes auch berühren zu können. Greifen sie ins Leere, weil es sich um ein mit einer besonderen Projektionstechnik erzeugtes illusionäres Objekt handelt, dann geben sie sich beunruhigt.

Wir kommen mit bestimmten Erwartungen auf die Welt. Sie stellen Anpassungen an den Mesokosmos dar, in dem wir leben. Unsere »Weltbildapparatur« liefert uns ein recht zutreffendes Bild der uns real umgebenden Welt. Wäre es nicht so, wir hätten wohl kaum Sonden zum Jupiter schicken können, die uns Farbbilder von dessen Monden lieferten.

Aber es bleibt dabei, daß unser Erkenntnisapparat zunächst für unser Überleben relevante Leistungen in der Auseinandersetzung mit unserer Umwelt vollbringt. Dafür wurde er ausgelesen. Und auch wenn er oft mehr leisten kann, als unmittelbar überlebenswichtig ist, so sind doch Leistungsgrenzen gegeben. Die Erwartung, daß wir mit Hilfe unserer Vernunft unsere Vernunft übersteigen könnten, ist nach Rupert Riedl (1987) utopisch, wohl aber können wir angeborene Anschauungsformen mit Hilfe der möglichen Erfahrungen transzendieren. Scheitern unsere Prognosen an ihr, dann besteht begründeter Verdacht, daß die Hypothesen oder Vorurteile, mit denen wir an diese Welt herantreten, nicht oder nicht mehr passen.

Die Art und Weise, wie unsere Wahrnehmung interpretiert und dabei auch Täuschungen unterliegt, lehren auf besonders eindrucksvolle Weise die visuellen Illusionen. Sie liefern uns

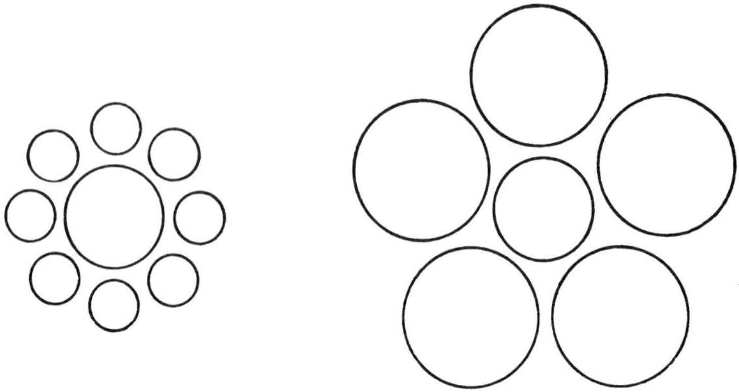

Abb. 5 Vergleichstäuschung: Der von kleineren Kreisen umschlossene Mittelkreis erscheint größer als der an sich gleich große, aber von größeren Kreisen umschlossene Mittelkreis.

zugleich Beispiele dafür, wie wir die Unstimmigkeiten messend aufdecken können.

Die meisten von uns werden optische Illusionen kennen: Zwei gleich große Kreise erscheinen z. B. verschieden groß, wenn der eine von einem Kranz großer, der andere von einem Kranz kleiner Kreise umgeben ist (Abb. 5). Eine Strecke, die an beiden Enden von nach außen divergierenden Linien begrenzt ist, erscheint dem Betrachter länger als eine gleich lange Strecke, die von gegen die Enden konvergierenden Linien begrenzt wird (Müller-Lyer-Illusion; Abb. 6).

Unsere Wahrnehmung interpretiert. Sie schätzt Größe und Entfernung von Objekten nach ihrer Einbettung in ein Umfeld ein. Sie faßt Benachbartes als zusammengehörig auf, ebenso das von einer Linie Umschlossene. Im hier abgebildeten Fall nehmen wir zunächst ein Balkenkreuz wahr (Gesetz der Nähe). Verbinden wir allerdings die voneinander weiter entfernten Linien des Balkenkreuzes durch Linien, dann erscheint das Umschlossene als neue Figur (Gesetz der Umschlossenheit; Abb. 7).

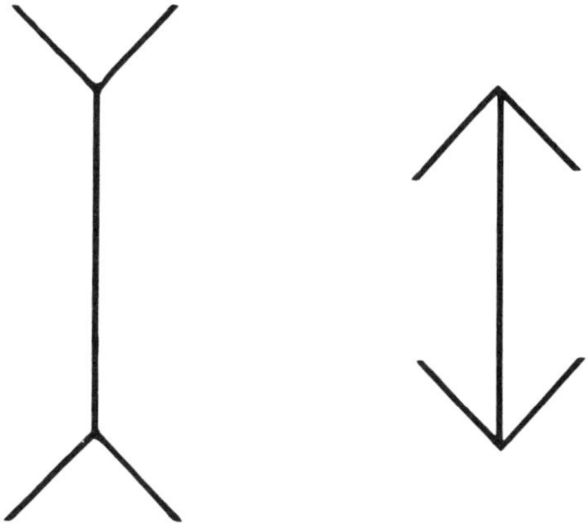

Abb. 6 Die beiden Geraden sind gleich lang, dennoch schätzt unsere Wahrnehmung sie als verschieden lang ein (Müller-Lyer-Illusion).

b) Gestaltwahrnehmung

Die Gestaltpsychologie hat eine Reihe von Gesetzen dieser Art aufgedeckt. Sie gelten universal. Die optischen Illusionen lehren, daß sich uns bestimmte Wahrnehmungen auch gegen besseres Wissen aufzwingen. Selbst wenn wir uns durch Messung überzeugten, daß die in der Müller-Lyer-Illusion verglichenen Strecken gleich lang sind, nehmen wir sie als verschieden lang wahr, so wie wir eben auch den Mond gegen die Wolken fliegen sehen, wenn wir nachts zum Himmel aufblicken, obgleich wir wissen, daß nur die Wolken ziehen. Aber unsere Wahrnehmung hat sich darauf eingestellt, daß normalerweise Objekte sich gegen den Hintergrund einer ruhenden Kulisse bewegen.

Läßt man zwei benachbarte Lichtpunkte in kurzem Abstand hintereinander kurz aufleuchten, dann nehmen wir eine Bewegung wahr. Unsere Wahrnehmung nimmt an, der Punkt habe sich vom Ort des ersten Aufleuchtens zu dem des zweiten Aufleuchtens begeben. Dieser Interpretation des Geschehens liegt die Annahme zugrunde, daß ein Gegenstand, der vorüber-

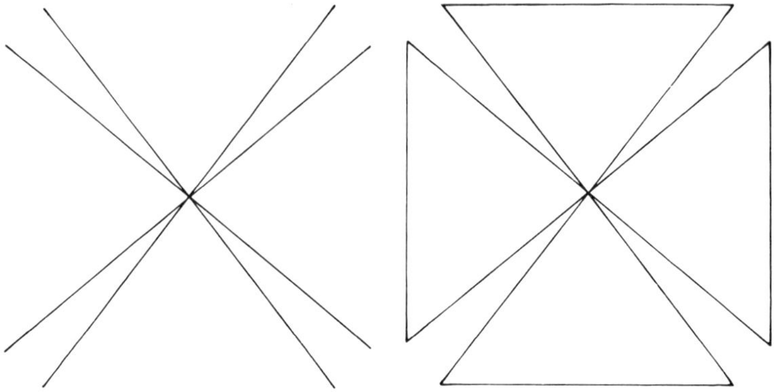

Abb. 7 Gesetz der Nähe: Die näher beieinander liegenden Linien werden als zusammengehörig wahrgenommen, und wir sehen ein Balkenkreuz (links). Verbinden wir jedoch die weiter entfernten Linien, dann werden diese nunmehr als zusammengehörig gesehen (rechts; Gesetz der Umschlossenheit).

gehend verschwindet und kurz darauf in unmittelbarer Nachbarschaft wieder auftaucht, derselbe ist, den wir zuvor sahen, und er sich daher, vielleicht in Deckung, von A nach B bewegte.

Bereits zwei Monate alte Säuglinge erwarten, daß ein Gegenstand, der eigenbewegt hinter einem abdeckenden Schirm verschwindet, auf der anderen Seite wieder hervorkommt. Erscheint er nicht oder zu schnell, dann zeigt erhöhte Pulsfrequenz an, daß der Säugling leicht erregt ist, offenbar weil sich die Erwartung nicht erfüllte. Es macht dem Kind jedoch nichts aus, wenn statt eines verschwundenen Balls auf der anderen Seite ein Würfel auftaucht. Die Objektidentität scheint der Säugling zu lernen. Schon mit drei Wochen erwarten Säuglinge, daß ein Gegenstand, den man mit einem Schirm abdeckt, nach Wegnahme des Schirms noch vorhanden ist (Bower 1971).

Die Interpretation der visuellen Wahrnehmungen erfolgt in vielen elementaren Bereichen aufgrund stammesgeschichtlicher Anpassungen. Daher erliegen wir bestimmten visuellen Illusionen immer wieder, auch gegen besseres Wissen.

Wahrnehmung ist eine aktive Leistung des Organismus, der die Erscheinungen zu ordnen trachtet, um sich in dieser Welt zu orientieren. Kontinua werden dazu in Kategorien geordnet, auch wenn diesen nichts in der Natur entspricht. So ordnet unsere visuelle Wahrnehmung den kontinuierlichen Frequenzbereich des sichtbaren Lichts in die bekannten Farbkategorien rot, gelb, grün und blau. Auch im akustischen Bereich trägt die Wahrnehmung durch Kategorisierung Ordnung in Kontinua. Damit wird unter anderem die Information reduziert und ist leichter zu bewältigen. Bereits in der Retina werden die Helligkeitsgrenzen durch eine spezielle Schaltung der Synapsen verstärkt (Kontrastverstärkung), und in nachfolgenden Syntheseschritten erfolgen dann weitere Abstraktionen in den verschiedenen Abschnitten des Zentralnervensystems.

Unsere visuelle Wahrnehmung sucht aktiv nach Strukturen und sieht auch dort Zusammenhänge, wo sie primär nicht gegeben sind. Abbildung 8 illustriert diesen autonomen Strukturierungsprozeß. Wir nehmen in raschem Wechsel verschiedene Muster wahr, die wir als Deutungen finden und wieder verwerfen. Verwandt mit dieser Erscheinung sind die Umspringbilder. Betrachtet man den Neckerwürfel (Abb. 9), dann sieht man zuerst eines der quadratischen Felder als Vorderseite, das andere als Hinterseite des Würfels. Nach etwa zwei bis drei Sekunden springt das Bild um, und wir nehmen nun die bisherige Hinterseite als Vorderseite wahr. Unsere Wahrnehmung löst sich also von dem einmal Wahrgenommenen, distanziert sich, um nun neu die Frage zu stellen: »Was gibt es sonst noch zu sehen?«

Das Erkennen von Gestalten gegen den Hintergrund ist mit einem positiven Erlebnis des Erkennens (»Aha-Erlebnis«) verbunden, wie überhaupt die Wahrnehmung von Ordnung, Harmonie und Stimmigkeit mit positiven Erlebnistönungen einhergeht.

Eine wichtige Eigenschaft der Gestaltwahrnehmung ist die Prägnanztendenz. Es handelt sich um einen Prozeß, bei dem die

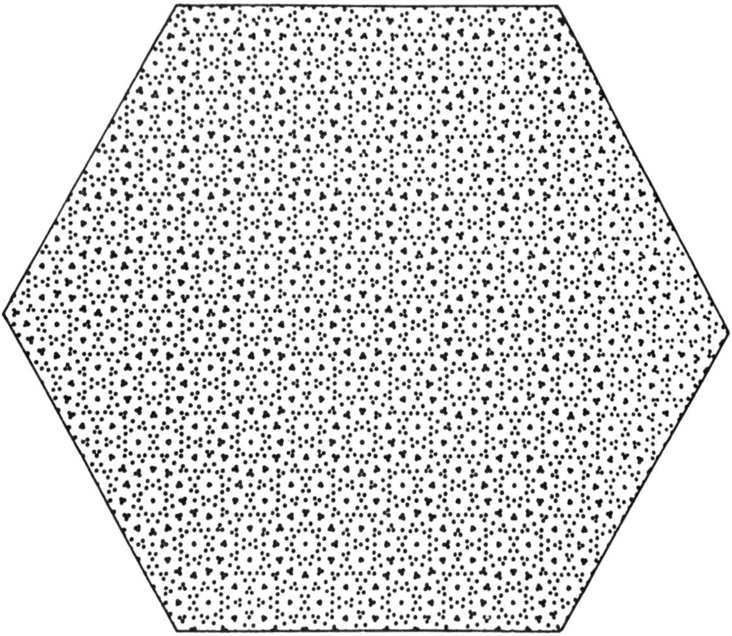

Abb. 8 Beim Betrachten dieses Bildes nehmen wir in einem raschen Wechsel verschiedene Muster wahr. Unsere Wahrnehmung sucht nach Ordnung, sie strukturiert das Wahrgenommene und interpretiert es auf verschiedene Weise. Aus D. Marr (1982).

charakteristischen Merkmale einer wahrgenommenen Gestalt hervorgehoben (pointiert) und unwichtige eingeebnet werden. Die Gestalt wird dadurch einprägsam. Die Prägnanztendenz ist die Voraussetzung für die Abstraktion der wahrgenommenen Dinge zu einfachen schematischen Repräsentationen wie »Baum«, »Hund« oder »Vogel«. Sobald ein Kind zu sprechen beginnt, bildet es Kategorien, und zwar durchaus auch solche, die ihm nicht von den Erwachsenen tradiert wurden. Als mein eineinhalbjähriger Sohn zum ersten Mal seine neugeborene Schwester sah, bezeichnete er sie als »Wauwau« (Hund). Er kannte damals Welpen und sah die Gemeinsamkeit. Später

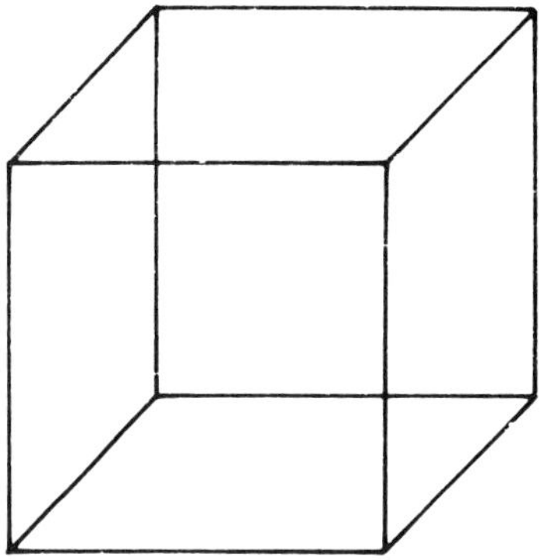

Abb. 9 Der Necker-Würfel, ein weiteres Beispiel für ein Umspringbild, das die aktiv suchende Leistung der Wahrnehmung belegt. Wir sehen einmal eines der quadratischen Felder als Vorderseite, dann springt das Bild um, und wir nehmen die bisherige Hinterseite als Vorderseite wahr. Unsere Wahrnehmung distanziert sich nach Pöppel etwa in Drei-Sekunden-Intervallen vom Gesehenen und fragt gewissermaßen neu an, was es sonst noch zu sehen gibt.

bezeichnete er auch andere Jungsäuger so. Die Fähigkeit der Gestaltwahrnehmung, Gemeinsamkeiten verschiedener Objekte zu erkennen und auf dieser Basis zu kategorisieren, ist uns angeboren. Wir erziehen anfangs dagegen, indem wir z.B. einem Kinde, das eine Katze als Wauwau bezeichnet, erklären, daß es sich nicht um einen Hund, sondern um eine Katze handelt.

Wie unsere visuelle Wahrnehmung aus einer Vielzahl von Eindrücken das Gemeinsame herausfiltert, das veranschaulichte Hans Daucher in einem höchst eindrucksvollen Experiment. Er kopierte 20 Porträts seiner Studentinnen übereinander, und zwar so, daß die wiederholt exponierten Stellen einander verstärkten. Das Ergebnis war ein Idealbild (»Typus«), in dem alle individuellen Unregelmäßigkeiten ausgeglichen waren. Das Bild wirkte übrigens ansprechend, was auf vorgegebene Sollmuster (S. 80) hinweist (Abb. 10). Diese abstrahierende Leistung der Gestaltwahrnehmung beschränkt sich, wie Konrad Lorenz wiederholt (zuletzt 1973) betonte, nicht nur auf die visuelle Wahrnehmung. Sie liegt vielmehr auch unseren geistigen Operationen zugrunde. Beim internalisierten Spiel mit unseren Engrammen – den bewußten wie unbewußten Denkprozessen – kommt es zu plötzlichen Erleuchtungen, einem »intuitiven« Erfassen von Zusammenhängen. »Offensichtlich besitzen wir einen Verrech-

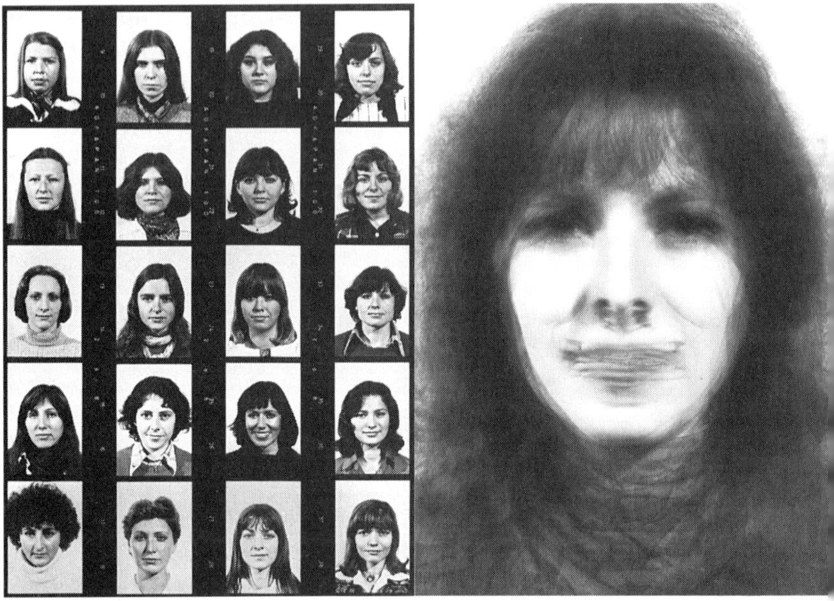

Abb. 10 Hans Daucher kopierte die Aufnahmen von 20 Münchner Studentinnen übereinander. Dabei wurden die gemeinsamen Merkmale verstärkt, und die individuellen traten in den Hintergrund. Auf diese Weise entstand ein Idealbild oder Typus, ein Ergebnis »statistischen Lernens« (Daucher). Nähere Erläuterungen im Text. Photo: H. Daucher (1967).

nungsapparat, der imstande ist, schier unglaubliche Zahlen einzelner ›Beobachtungsprotokolle‹ aufzunehmen und über lange Zeiträume festzuhalten, und der dazu noch die Fähigkeit besitzt, echte Statistik mit ihnen zu treiben. Diese beiden Leistungen müssen angenommen werden, um die unbezweifelbare Tatsache zu erklären, daß unsere Gestaltwahrnehmung fähig ist, aus einer Vielzahl von Einzelbildern, deren jedes mehr akzidentelle als essentielle Daten enthält, und die sie über große Zeiträume gesammelt hat, die essentielle Invarianz zu errechnen« (Lorenz 1973, S. 162f).

Die Tendenz zu kategorisieren und zu schematisieren manifestiert sich in den verschiedensten Lebensbereichen. Die ersten

Zeichnungen von Kindern sind extrem schematisiert. Ein enger Zusammenhang mit der Zeichenbildung und dem Sprechen scheint dabei gegeben zu sein, denn wenn man Kinder auffordert, eine Geschichte zu zeichnen, dann werden die Figuren der Akteure schematischer, und die Zeichnungen enthalten weniger Ausschmückungen als bei nicht-narrativen Darstellungen. Die Darstellungen sind gewissermaßen schriftliche Erzählung. Dazu paßt, daß sich viele Schriften aus Bilderschriften entwickelt haben. Die Neigung zu schematisierender Darstellung domi-

a b

Abb. 11 a und b Zwei Zeichnungen eines siebenjährigen Mädchens von der »Mama«: In freier Zeichnung projiziert das Kind ein Schema mit den typischen Merkmalen. Erst auf die neuerliche Aufforderung, die Mutter doch so zu zeichnen, wie das Kind sie sehe, ändert sich die Darstellungsstrategie, und individuelle Züge der Mutter (Augenbrauen, Wangenfalten, Haare usw.) werden dargestellt. Aus A. Nguyen-Clausen (1987).

niert. Abbildung 11 möge das verdeutlichen: Das siebenjährige Mädchen war aufgefordert worden, seine Mutter zu zeichnen. Es zeichnete das typische Schemagesicht, ohne individuelle Merkmale der Mutter abzubilden. Erst auf die neuerliche Aufforderung und die Anweisung, sich doch nach dem Vorbild zu richten, verzichtete es auf die zeichnerische Projektion seines internalisierten Schemas und malte »naturalistisch«, nach dem Vorbild, individuelle Merkmale, z. B. Wangenfalten.

Unsere Wahrnehmung kategorisiert, sie trägt Ordnung in die Erscheinungen und hilft uns so, in der Welt zurechtzukommen. Manche Ordnungen richten sich nach dem Vorbild, aber wir verschärfen die Kontraste, vereinfachen und schematisieren. Andere Ordnungen, wie die Farbkategorien, tragen erst wir in die Welt hinein.

Auffällig ist unsere Tendenz, nach Gegensatzpaaren zu ordnen und dabei klare Kategorien wie schwarz und weiß, aber auch gut und böse zu schaffen. Diesen Kategorien entspricht Wahrgenommenes und Erlebtes, wie eben, daß etwas heiß oder kalt, hell oder dunkel sein kann und daß wir die Gegensatzpaare Liebe und Haß oder Angst und Mut erleben. Aber es handelt sich um kategoriale Vereinfachungen, während uns die *Wirklichkeit* in allen Abstufungen und Überlagerungen entgegentritt.

Neben Wahrnehmungszwängen, wie wir sie in den optischen Illusionen erleben, stehen wir dabei in gewisser Hinsicht unter dem Zwang der »Ordnungsliebe« unserer Sinne, wie das Wolfgang Metzger (1936) so treffend ausdrückte.

Das wirkt sich nun in einer interessanten und nicht immer unbedenklichen Weise auch auf andere Bereiche unseres Verhaltens aus. Kontrastbetonung gibt es, wie schon erwähnt, auch im sozialen Bereich. Wir betonen die Merkmale, in denen Gruppen sich unterscheiden, und setzen uns so von ihnen ab. Minoritäten, die als geschlossene Volksgruppe in einer anderen Gruppe leben, betonen durch Tracht und Brauchtumspflege ihre Eigenart. Im Sprachlichen neigen wir zur Kontrastbetonung im Meinungsstreit. Wir stellen den Gegner in die »rechte« oder »linke«

Ecke, indem wir ihm jeweils extreme Standpunkte unterschieben, und setzen uns so von ihm ab. Diese Untugend pflegen nicht nur Politiker, sondern auch Wissenschaftler im Meinungsstreit. Auf diese Weise tragen wir eine emotionelle Komponente in die Diskussion hinein, die das Gespräch erschwert. Sicher soll man eine Meinung vertreten, aber wir sollten auch das Bemühen deutlich machen, uns dem Partner anzunähern. Grenzen wir uns von ihm dadurch ab, daß wir die Meinungen nach dem Schwarz-Weiß-Prinzip polarisieren, dann errichten wir Kommunikationsbarrieren. In unserer konfliktträchtigen, übervölkerten Welt gilt es, Vertrauen aufzubauen, und das geht am besten über das Gespräch in entspannter Atmosphäre. Unter emotionellem Druck sind wir behindert, unseren Verstand zu gebrauchen. Nicht, daß wir an eine Utopie eines Lebens in ungetrübter Harmonie glauben. Ohne Spannung gibt es kein Werden, keine Weiterentwicklung. Ohne Gegnerschaft gäbe es kein Parlament und keine Demokratie. Am gegnerischen Standpunkt erproben sich unsere Argumente. Kurz, der Gegner ist Partner im Ringen um die Wahrheit. Nur: Gegnerschaft darf nicht zur Feindschaft werden. Das wird im Eifer des Gefechtes oft übersehen. Unsere Anlagen drängen uns zur Kontrastbetonung – um so wichtiger ist es, das zu erkennen, um uns vor uns selbst zu schützen.

c) Offene und dogmatische Denkstile

In einer höchst bemerkenswerten Arbeit untersuchte Suitbert Ertel (1981) den »Dogmatismus«, einen kognitiven Stil, dem der amerikanische Sozialpsychologe Milton Rokeach (1960) in seinem Buch »The Open and the Closed Mind« meines Wissens zum ersten Mal besondere Aufmerksamkeit schenkte. Rokeach stellt dem dogmatischen Denkstil idealtypisierend den offenen Denkstil gegenüber. Die dogmatische Persönlichkeit ist durch starre Überzeugungen gekennzeichnet. Meinungen, die den eigenen Überzeugungen entgegenstehen, werden auf eine verkürzte Formel gebracht, damit ad absurdum geführt und verworfen. Die Bereitschaft, die Meinung anderer Menschen anzuhören, besteht nur, wenn sie die eigenen Überzeugungen stützen, nicht dagegen, wenn sie ihnen entgegenstehen.

Offene und dogmatische Denkstile prägen die Sprache. Prägnant und damit dogmatisch ist etwa die Aussage: »Die Welt schreitet vorwärts, die Zukunft ist glänzend, und niemand kann diese allgemeine Tendenz der Geschichte ändern« (Mao Tse-tung). Die gleiche Aussage, prägnanzschwach formuliert, würde nach Ertel etwa so lauten: »In einigen Gebieten dieser Welt ist ein gewisser Fortschritt feststellbar, der sich voraussichtlich in der Zukunft fortsetzen wird, auch wenn es zu Beeinträchtigungen durch Konflikte mit anderen Staaten kommen sollte.« Ertel erarbeitete eine Liste von Worten und Wortkombinationen, die dogmatische Grundhaltung ausdrücken, wie: immer, alle, gänzlich, eindeutig, allein, müssen, und Ausdrücke, die eine Persönlichkeit mit offenem Denkstil charakterisieren: im allgemeinen, eine Anzahl, ein bißchen, dem Anschein nach, unter anderem, dürfen. Er ließ dazu Worte sinnlosen, aber prägnanten oder unprägnanten Figuren zuordnen. Das taten Personen mit großer Treffsicherheit. Worte wie »müssen« ordneten sie z. B. übereinstimmend prägnanten, Worte wie »können« unprägnanten Figuren zu. Auf diese Weise wurde ein Kodierlexikon mit 430 Ausdrücken erarbeitet, das es erlaubt, Texte auf ihren Dogmatismusgehalt hin zu untersuchen. Dazu wurden aus jedem der zu prüfenden Texte 600 Ausdrücke der kodifizierten Kategorien erfaßt, und der Dogmatismusquotient wurde errechnet, indem die Gesamtzahl der dogmatischen Ausdrücke durch die Summe aller exzerpierten dogmatischen und nichtdogmatischen Ausdrücke dividiert wurde.

Eine Prüfung des Dogmatismus-Index politischer Denker der Weimarer Republik ergab, daß die Schriften der Vertreter extremistischer politischer Parteien des linken und rechten Flügels einen höheren Dogmatismus-Index aufweisen als die der liberalen deutschen Demokraten, was der Erwartung (Abb. 12 und 13) entsprach. Die Auswertung der Schriften führender Philosophen ergab hohe Dogmatismus-Indizes für die den Deutschen Idealismus vertretenden Fichte, Schelling und Schleiermacher, für die marxistischen Denker Marx, Marcuse, Adorno, Holzkamp (1971), Keiler und Habermas sowie schließlich für die Existentialisten Heidegger und Jaspers. Der nichtdogmatischen Gruppe gehören die dem kritischen Rationalismus anhängenden oder ihm nahestehenden Philosophen Herrmann, Albert, Popper, Dahrendorf und Topitsch an sowie die natur- beziehungsweise erfahrungswissenschaftlich orientierten Denker von Weizsäcker, Max Weber, Locke und Russell sowie Holzkamp 1964 vor seiner marxistischen Wende.

Nun darf der Schluß von einer dogmatischen Textprobe auf eine dogmatische Persönlichkeit nicht vorschnell erfolgen. Künstler, die nicht notwendigerweise einem dogmatischen Denkstil anhängen, verwenden gerne kräftige, klare Ausdrücke, so wie viele Maler mit kräftigen, klaren Pinselstrichen starke, einprägsame Eindrücke vermitteln. Klarheit und Prägnanz nehmen wir mit Wohlbehagen wahr, wir erleben sie mit ästhetischem Genuß. Die Abstraktion wirkt oft stärker als die Wirklichkeit. Wir sind eben so konstruiert, oder besser, darauf selektiert worden, daß alles, was der Ordnungsliebe unserer Sinne entspricht, mit positiven Empfindungen belohnt wird. Darin liegt eine der selbstverstärkenden Tendenzen des Dogmatismus begründet. Er spricht uns in gewisser Weise plakativ-ästhetisch an. Prägnanz fesselt die Aufmerksamkeit und prägt sich ein. Daher begründet sich die Neigung zu dogmatischer Darstellung auch mit einer stärkeren didaktischen Wirkung, wobei die Grenzen zur bewußt eingesetzten, kompromißlos überzeugen wollenden Dogmatik der propagandistischen Rede natürlich fließend sind.

Demagogen werden sich immer dogmatisch überzeugt präsentieren, ob aus eiskaltem Kalkül oder echter und dann in gefährlicher Weise mitreißender Überzeugung, ist oft schwer festzustellen. Die Gefahr liegt darin, daß das sichere Auftreten

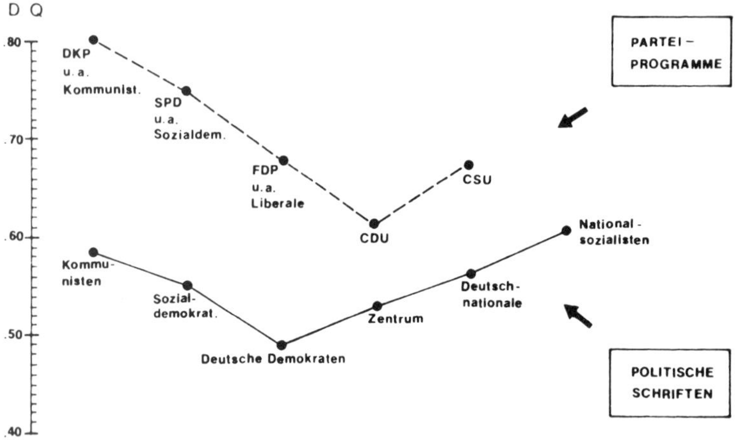

Abb. 12 Der Dogmatismus-Quotient politischer Schriften und Parteiprogramme: Der Verlauf des mittleren DQ über das Links-Rechts-Spektrum der politischen Parteien in der Bundesrepublik Deutschland. Unten: Schriften aus der Zeit der Weimarer Republik. Aus S. Ertel (1981).

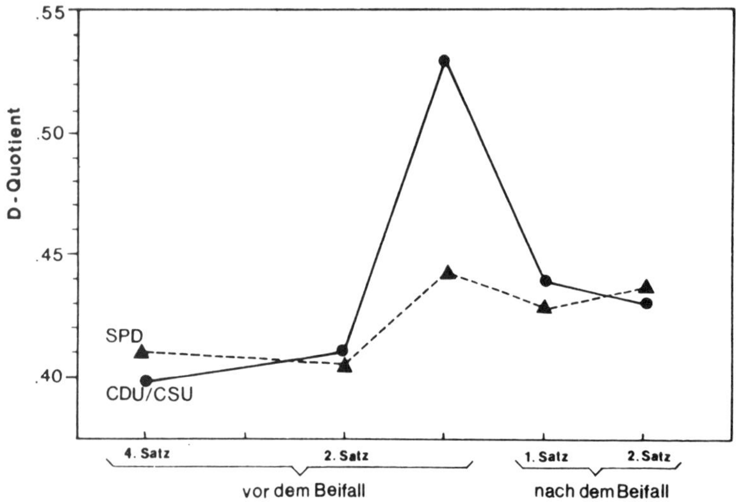

Abb. 13 Zustimmung macht dogmatischer: Der Dogmatismus-Quotient bei politischen Rednern des Deutschen Bundestages vor und nach dem Beifall. Aus S. Ertel (1981).

und die klaren Aussagen, das Plakathafte gewissermaßen, faszinieren, sich einprägen und geeignet sind, Massen mitzureißen. Die Grenzen zwischen primitiv appellierender Propagandarede und einer Kampfschrift von künstlerischem Rang sind fließend; die ihnen zugrunde liegenden Strategien der Überredung sind im Kern gleich. Hat man das erkannt, dann liest man auch Schriften wie jene von Nietzsche mit Genuß, ohne ihrer Wortgewalt zu erliegen.

Bei der Beurteilung einer Persönlichkeit nach dem Dogmatismus-Index muß also die didaktisch-künstlerische Komponente in Rechnung gestellt werden. Im Dogmatismusquotient spiegelt sich auch die Entwicklung einer Persönlichkeit. Bei Nietzsche stieg der Dogmatismus-Index mit jedem paralytischen Schub steil an (Abb. 14). Ein gleiches Bild ergeben die Analysen der Schriften von Hölderlin und Strindberg und der Briefe von van Gogh.

Unsere Wahrnehmung ist selektiv. Sie erfaßt eignungsrelevante Facetten unserer Umwelt und interpretiert das Wahrge-

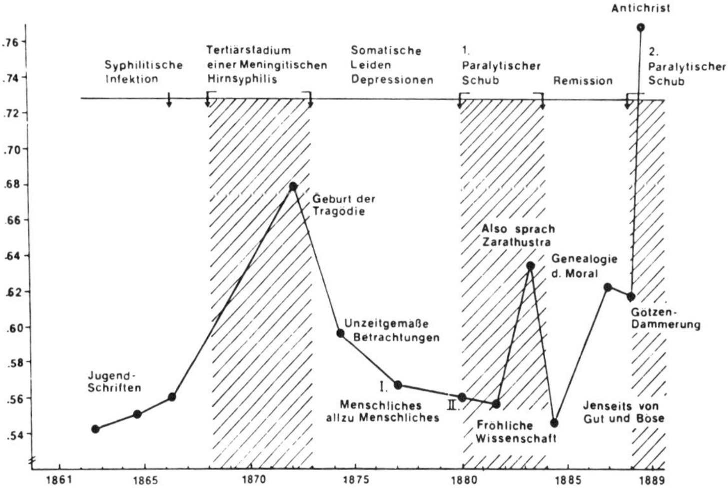

Abb. 14 Der DQ-Verlauf im Lebensschaffen von Friedrich Nietzsche. Aus S. Ertel (1981).

nommene aufgrund stammesgeschichtlicher und selbstverständlich auch individuell gelernter Programmierung. Über erstere informiert zu sein ist für uns besonders wichtig, da es sich um universale Dispositionen handelt, die unerkannt zu Fallgruben werden können.

Die uns vorgegebenen Denkformen bewähren sich in der unmittelbaren Auseinandersetzung mit den Problemen des Mesokosmos, in den wir hineingeboren sind. Aber bereits das für schnelle Entschlüsse so wichtige monokausale Denken führt zu Einseitigkeit der Theorienbildung und erschwert die Planung für die Zukunft. Und es versagt natürlich in den kosmischen Dimensionen von Raum und Zeit. Hier müssen wir uns zunächst mit der Einsicht bescheiden, daß sich unser Hirn zum Überleben auf diesem Planeten herausbildete und mancherlei einfach nicht »begreifen« kann.

Das, was wir jedoch von unserer außerartlichen Umwelt wahrnehmen können, liefert die Induktionsbasis für den nach Gesetzlichkeiten forschenden Geist. Das Eintreffen oder Nicht-Eintreffen von Prognosen erlaubt es uns, Hirngespinste von Spiegelungen außersubjektiver Wirklichkeiten zu unterscheiden. Gelegentlich hört man, unsere ordnende, kategorisierende und klassifizierende Wahrnehmung reduziere die Wirklichkeit auf ein dürres Gerippe. Aber ohne Reduktion würde ein Informationschaos herrschen. Unser Wahrnehmungsapparat wurde auf die Wahrnehmung von Regelmäßigkeiten selektiert. Die meisten von uns entwickelten Kategorisierungen »passen«. Die meisten von uns entwickelten Kategorien bilden wir über die abstrahierende Leistung unserer Wahrnehmung, gewissermaßen in statistischer Abbildung der Umweltgegebenheiten. Wo wir Kategorien als künstliche Ordnungshilfen in die Welt setzen, wie zum Beispiel bei der Kategorisierung eines bestimmten Frequenzbereichs elektromagnetischer Wellen in Farben, können wir messend feststellen, daß der wahrgenommenen Diskontinuität keine ebensolche in der Natur entspricht.

Die in unsere Wahrnehmung eingebauten Vorurteile beschränken sich aber nicht nur auf elementare Vorgänge der Datenverarbeitung, wie Konstanzleistungen und Prozesse der Gestaltwahrnehmung. Es gibt auch Vorurteile der Wahrnehmung im sozialen Bereich (siehe angeborene Auslösemechanismen), die dazu führen, daß wir die Umwelt anthropomorph interpretieren. Stürme wüten, Wolken dräuen, und Häuser mögen freundlich einladend erscheinen. Wir sehen Gesichter in Bergsilhouetten, kurz, weisen unserer Umwelt menschliche Eigenschaften zu.

Unserem erdverhafteten Denken und Wahrnehmen steht ein sozialverhaftetes, spezifisch humanes Wahrnehmen zur Seite. Wir rechnen dabei mit einer sozialen Eingebundenheit, wie sie bis vor wenigen tausend Jahren in den Kleingesellschaften der Jäger und Sammler gegeben war. Und wir rechnen mit Umgangsformen, die sich unter diesen Bedingungen als adaptiv erwiesen. Um das verständlich zu machen, möchte ich zunächst das ethologische Konzept der verhaltensbestimmenden stammesgeschichtlichen Anpassungen erläutern.

6 Stammesgeschichtliche Anpassungen im Verhalten von Tier und Mensch*

Tiere und Menschen verhalten sich voraussagbar. Wäre das nicht so, dann könnten sie wohl kaum miteinander kommunizieren; jede Art von Verständigung wäre ausgeschlossen. Natürlich gäbe es auch keine Verhaltenswissenschaften, denn diese gehen ja von der Annahme einer Regelhaftigkeit der Verhaltensabläufe aus, die zu erforschen ihr Ziel ist. Tiere und Menschen sind mit verläßlich abrufbaren Verhaltensprogrammen ausgestattet, und eine zentrale Frage der Verhaltenswissenschaften ist die nach der Herkunft der Programme.

In den Wissenschaften vom Menschen herrschte lange Zeit die Meinung, der Mensch würde im wesentlichen über Lernprozesse mit dem Wissen und den Fertigkeiten ausgerüstet, die er für das Überleben braucht. Nun lernen wir in der Tat vielerlei, z. B. den Wortschatz unserer Muttersprache, die Regeln der Grammatik sowie bestimmte Sitten und Werthaltungen der Gesellschaft, der wir angehören. Die Forschungen der letzten

* Die stammesgeschichtlichen Anpassungen liegen, wie wir aufzeigen werden, in den verschiedensten Bereichen (Motorik, Wahrnehmung, Antriebe, Lerndispositionen, Regelmechanismen der verschiedensten Art). Ich werde sie in diesem Kapitel kurz besprechen, im folgenden dagegen häufig allgemeine Sammelbegriffe für das Angeborene (= stammesgeschichtlich Angepaßte) verwenden. Ich werde also allgemein von Vorprogrammierungen, angeborenen Dispositionen und dergleichen sprechen, ohne im einzelnen zu erörtern, wo genau die stammesgeschichtliche Anpassung lokalisiert ist. Das ist ja auch in vielen Bereichen noch gar nicht möglich. – Eine ausführliche Diskussion der tier- und humanethologischen Forschungsergebnisse habe ich im »Grundriß der vergleichenden Verhaltensforschung – Ethologie« und in »Die Biologie des menschlichen Verhaltens – Grundriß der Humanethologie« vorgelegt.

Jahrzehnte haben jedoch gezeigt, daß insbesondere unser soziales Verhalten, aber auch unsere Denk- und Wahrnehmungsweisen durch stammesgeschichtliche Anpassungen in entscheidender Weise mitbestimmt werden. Die Anstöße zu diesen Entdeckungen gaben die tierethologischen Untersuchungen von Konrad Lorenz (1935, 1961) und Niko Tinbergen (1951).

a) Vorprogrammierungen in der Motorik

Viele Tiere kommen mit einem ihnen offenbar angeborenen Bewegungskönnen zur Welt. Ein neugeborener Wal kann schwimmen, ein neugeborenes Gnu steht wenige Minuten nach seiner Geburt auf und verfügt über die Bewegungskoordination des Laufens und Trabens, ein frisch geschlüpftes Entlein kann laufen, schwimmen, den Schlamm mit dem Schnabel durchseihen, sein Gefieder putzen und einfetten und noch vieles andere mehr, und es verhält sich auch entengemäß, wenn man es von einer Hühnerglucke erbrüten ließ. Wir müssen annehmen, daß die diesem Bewegungskönnen zugrunde liegenden Nervennetze aufgrund der im Erbgut festgelegten Entwicklungsanweisungen bis zur Funktionsreife heranwachsen. Durch die Untersuchungen von Sperry konnten einige Mechanismen dieser selbsttätigen Verdrahtung aufgeklärt werden.

Eines seiner nun schon klassischen Experimente bestand darin, daß er bei Froschembryonen ein Stück der Rückenhaut in die Bauchregion verpflanzte. (Das transplantierte Hautstück erkennt man auch beim verwandelten Frosch noch an der unterschiedlichen Pigmentierung.) Kitzelt man später den Frosch an dem in die Bauchregion verpflanzten Rückenhautfleck, dann kratzt sich der Frosch am Rücken. Offenbar haben die diesem Rückenhautstück zugeordneten Nerven ihr Endorgan auch am anderen Ort gefunden. Sperry nahm an, daß die auswachsenden Nerven chemisch auf ihre Endorgane abgestimmt seien und so jeweils ihr Organ fänden. Neuere Untersuchungen zeigten, daß von den auswachsenden Nervenkegeln in der Tat fadenartige Moleküle ausgehen, die verschiedene Affinitäten zu den Geweben ihrer Umgebung zeigen. An bestimmten Orten haften sie, kontrahieren sich und ziehen so den wachsenden Nervenkegel in eine bestimmte Richtung. Ein Nervensystem kann sich auf diese Weise selbst »verdrahten«.

Nicht alle motorischen Fertigkeiten sind bereits bei der Geburt oder beim Schlüpfen voll entwickelt; manches reift im Laufe der Jugendentwicklung heran, wie man durch die Technik der Aufzucht unter Erfahrungsentzug nachweisen kann. Zieht man z. B. Stockerpel isoliert auf, so daß sie nie ein Artvorbild sehen können, dann werden sie trotzdem beim Eintritt der Geschlechtsreife all die arttypischen und hochkomplizierten Bewegungen des Balzverhaltens zeigen, und es gibt Vögel, die auch bei schallisolierter Aufzucht ihre artspezifischen Gesänge entwickeln.

Gegen die Beweiskraft solcher Experimente wurde eingewendet, Tiere wären auch bei isolierter Aufzucht in eine Umwelt eingebettet, die auf sie einwirke. Das trifft wohl zu. Man muß jedoch bedenken, daß Anpassungen Umweltgegebenheiten abbilden (S. 17). Verhaltensweisen sind an bestimmte Aufgaben im Dienste der Eignung des Organismus angepaßt, wie etwa an das Überwältigen von Beute, an das Umwerben des Geschlechtspartners, an Aufgaben der Verteidigung des Reviers, der Orientierung im Raum und vieles andere mehr. Nun kann man einem Tier Information, jene speziellen Aufgaben betreffend, vorenthalten, etwa indem man es ohne soziales Modell aufzieht und ihm auch sonst die Möglichkeit vorenthält, anpassungsrelevante Information durch eigenes Probieren zu erwerben. Zieht man z. B. Dorngrasmücken vom Ei an in sozialer Isolation in schallisolierten Käfigen auf, dann werden die Vögel dennoch alle ihre artspezifischen Lautäußerungen produzieren. Vom Ei an isoliert aufgezogene Stockerpel werden bei Eintritt der Geschlechtsreife all die hochspezifischen Balzbewegungen beherrschen, obgleich sie diese nie einem sozialen Modell absehen konnten. In solchen

Fällen ist der Schluß gestattet, daß die fraglichen Verhaltensweisen als stammesgeschichtliche Anpassungen vorgegeben oder, kurz, angeboren sind. Ich werde im folgenden die Begriffe »angeboren«, »instinktiv« und »stammesgeschichtlich angepaßt« als Synonyme verwenden. Spreche ich von biologischem Erbe, Vorprogrammierungen, vorgegebenen Dispositionen und vorgegebenen Neigungen, dann beziehe ich mich ebenfalls auf das durch stammesgeschichtliche Anpassungen Vorgegebene. Was man darunter im einzelnen konkret versteht, erörtere ich in einem eigenen Kapitel.

Den Bewegungen liegen motorische Zellgruppen zugrunde, die als zentrale Generatoren koordinierte Impulsmuster erzeugen und an die Motorik senden können. Normalerweise wird eine Dauerentladung in Bewegung durch vorgeschaltete Hemminstanzen verhindert, und die Feinsteuerung der Bewegungen erfolgt über Rückmeldungen verschiedener Art. Versuche, bei denen solche Rückmeldungen ebenso wie andere Eingänge durch Durchtrennung der zuführenden (afferenten) Nerven ausgeschaltet wurden, bewiesen, daß wohlkoordinierte Bewegungsimpulse auch ohne jede Mitwirkung von Afferenzen, also rein zentral erzeugt werden können. Die Entdeckung dieser Tatsache verdanken wir Erich von Holst (1935). Sie wurde mittlerweile von vielen Untersuchern bestätigt (Literatur bei Eibl-Eibesfeldt 1967). Das Zentralnervensystem wartet demnach nicht passiv darauf, auf Reize zu antworten, wie es die Reiz-Reaktions-Psychologie lange Zeit annahm, sondern treibt von sich aus zur Tätigkeit.

Der Mensch ist ebenfalls mit angeborenen motorischen Fertigkeiten ausgestattet. Bereits das Neugeborene verfügt über ein beachtliches Repertoire voll funktionsfähiger Verhaltensweisen wie das Saugen, die automatischen Suchbewegungen und eine Anzahl differenzierter Lautäußerungen von Signalbedeutung für die Mutter. Die Untersuchung taub und blind geborener Kinder lehrt des weiteren, daß bestimmte mimische Ausdrucksbewegungen wie das Lächeln, Lachen und Weinen auch bei diesen Kindern heranreifen, die dergleichen nie an einem sozialen Modell wahrnehmen konnten. Das deckt sich schließlich mit der Tatsache, daß die menschliche Mimik über die Kulturen hinweg eine erstaunliche, oft bis ins Detail gehende Ähnlichkeit aufweist. Die kulturellen Abwandlungen halten sich dagegen eher in einem bescheidenen Rahmen. Es gibt eine universale Sprache der menschlichen Mimik. Dazu ein Beispiel: Beim Grüßen auf Distanz und auch in anderen Situationen freundlicher Zuwendung und Zustimmung heben Menschen in allen Kulturen, die wir daraufhin untersuchten, für etwa ein Sechstel einer Sekunde kurz die Augenbrauen, gleichzeitig heben sie den Kopf an, nicken anschließend, und ein Lächeln breitet sich aus. Es handelt sich um einen ritualisierten Ausdruck freudigen Erkennens, gewissermaßen um die nichtverbale Aussage »Ach, du bist es« (Abb. 15). Kulturelle Unterschiede betreffen die Bereitwilligkeit, mit der dieses Zeichen gesendet wird. In Polynesien grüßt man auch Fremde so, wenn man sie akzeptiert. Die Japaner dagegen sind sehr zurückhaltend, und zwischen Erwachsenen gilt dieser Ausdruck deutlicher Zuwendung als unschicklich. Aber wenn eine Mutter mit ihrem Kinde spielt, sendet sie dieses freundliche Signal unentwegt. Wir Europäer nehmen eine Mittelstellung ein. Wir heben die Augenbrauen als Zeichen begeisterter Zustimmung und grüßen Freunde so, die wir gut kennen. Und wir senden das freundliche Signal schließlich, wenn wir flirtend mit einem Partner des anderen Geschlechts anbandeln. Kosmetisch schenken vor allem Frauen der Brauen- und Lidpartie viel Aufmerksamkeit. Sie färben die Brauen ein, rasieren sie aus, und oft wird die obere Lidpartie eingefärbt. Sie tun dies, ohne um die Funktion des Signals zu wissen, so wie man vielfach völlig unbewußt das Richtige tut.

Zu vielen der menschlichen Ausdrucksbewegungen finden wir Homologa bei den uns nächstverwandten Primaten, eine Tatsache, auf die bereits Charles Darwin hinwies. Schimpansenkinder verstehen das Spielgesicht (entspanntes Mundoffengesicht) von Menschenkindern, weil sie Spielbereitschaft auf die

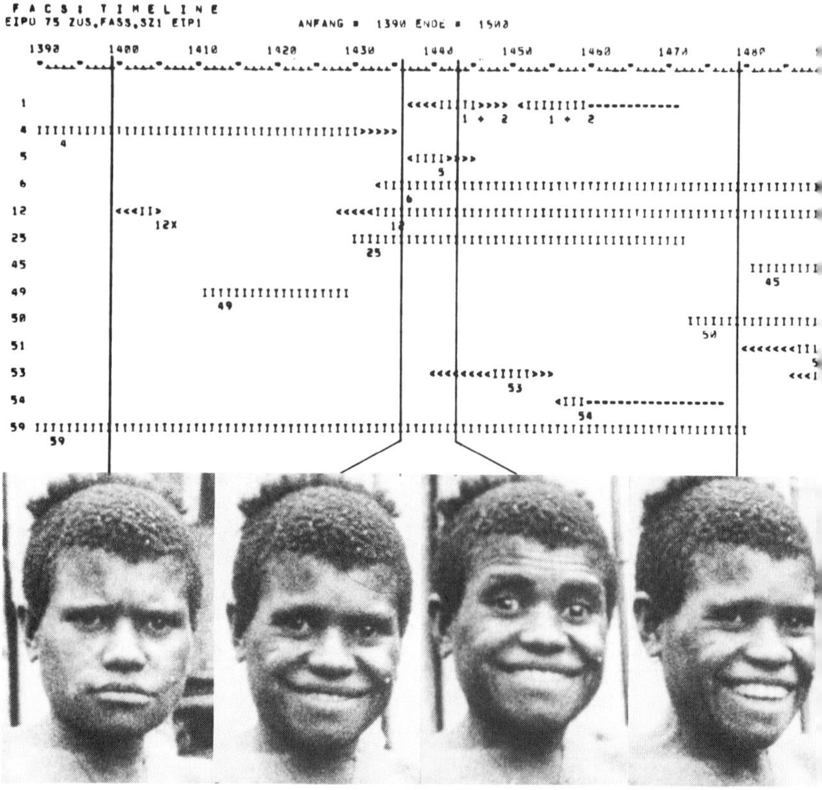

gleiche Weise signalisieren. Menschenkinder und Schimpansenkinder können sich daher spielerisch balgen, ohne daß es zu Mißverständnissen kommt.

Stammesgeschichtliche Anpassungen lassen sich ferner im Bereich der Wahrnehmung nachweisen. Gewisse Fähigkeiten des Erkennens sind uns angeboren. Neugeborene richten ihre Augen nach einer Schallquelle. Das tun auch Blindgeborene aufgrund eines zentralen Fixierprogramms, und zeigen solche Kinder keine äußeren Schäden an den Augen, dann erkennt man deren Blindheit erst viel später. Mütter interpretieren dieses Verhalten als persönliche Zuwendung ihrer Kinder und reagie-

Abb. 15 Die Möglichkeiten der Kodierung menschlicher Gesichtsausdrücke, dargestellt am Beispiel des »Augengrußes« einer Eipo-Frau (West-Neuguinea). Die Zahlen bezeichnen Aktionseinheiten (Bewegungen einzelner Muskeln) oder kombinierte Aktionseinheiten, wenn es sich um mehrere Muskeln handelt (Kodiersystem nach Ekman und Friesen). Zur Darstellung wurden 110 Bilder auf die Bewegungen von bestimmten Muskeln hin untersucht. In Bild Nr. 1399 sind die Brauen der Frau gesenkt und nach unten gezogen. Diese Bewegung wird durch AU 4 (Brauensenker: M. depressor glabellae, M. depressor supercilii und M. corrugator supercilii) hervorgerufen und hat hier den Höhepunkt der Kontraktion erreicht (Symbol I). Zusätzlich wurde AU 59 (Blick zur Kamera) kodiert. 37 Bilder später, in Bild Nr. 1436, verringert sich die Augenöffnung (AU 6 Wangenheber: M. orbicularis oculi pars orbitalis), und sie lächelt (AU 12 Mundwinkelzieher: M. zygomaticus maior). Außerdem hat sie den Mund leicht geöffnet (AU 25 Lippen offen: M. depressor labii oder Entspannung von M. mentalis oder M. orbicularis oris). Alle Bewegungen befinden sich auf ihrem Höhepunkt. Wiederum wurde zusätzlich die Orientierung zur Kamera erfaßt (AU 59). 7 Bilder später, in Nr. 1443, sind bereits die Brauen angehoben (AU 1 Innerer Brauenheber: M. frontalis pars medialis und AU 2 Äußerer Brauenheber: M. frontalis pars lateralis). Die zuvor angehobenen Oberlider senken sich wieder (AU 5 Oberlidheber: M. levator palpebrae superioris, Offset: Symbol >). Außerdem sind AU 6 und AU 12 noch auf dem Höhepunkt, sie hat den Mund geöffnet (AU 25) und beginnt den Kopf zu heben (AU 53 Kopf oben, Onset: Symbol <). Im letzten Bild Nr. 1479 sind AU 1 und 2 in ihre Ausgangsstellung bereits zurückgekehrt, nur das Lachen und das Anheben der Wangen dauern an (AU 6 u. 12). Dazu gekommen ist AU 50: Die Frau hat zu sprechen begonnen, und der Blick ist noch immer auf die Kamera gerichtet (AU 59).

ren darauf mit starken positiven Emotionen, was ihre Bindung an den Säugling bestärkt. Und das ist wohl auch die Funktion dieses Verhaltens. Säuglinge reagieren ferner bereits kurz nach der Geburt auf bestimmte Gesichtsausdrücke, die sie wahrnehmen, indem sie sie mit gleichen Gesichtsbewegungen beantworten. Ihre Wahrnehmung muß mit ihrer Motorik so zusammengeschaltet sein, daß sie ohne langes Probieren und ohne sich selbst zu sehen das Gesehene in eigene Motorik umsetzen und so das Wahrgenommene in ihrem Verhalten spiegeln können (Meltzoff und Moore 1983).

b) Vorprogrammierungen in der Wahrnehmung (Das angeborene Erkennen)

Stammesgeschichtliche Anpassungen bestimmen ein Verhalten nicht nur im motorischen Bereich. Tiere sind auch in der Lage, auf bestimmte Reizsituationen bei erster Konfrontation in angepaßter Weise zu reagieren. Sie verfügen über Detektoren, die auf biologisch relevante Parameter der Reizsituation abgestimmt sind. So reagiert ein junger Frosch gleich nach seiner Verwandlung aus der Kaulquappe auf kleine sich bewegende Objekte mit Zungenschlag; Objekte, die sich in der Vertikalen ausdehnen, lösen dagegen Fluchtreaktionen aus. Man kann Frösche leicht dazu verleiten, auf Attrappen, kleine bewegte Steinchen etwa, hereinzufallen und sie aufzuschnappen. Sie lernen allerdings danach schnell, Genießbares von Ungenießbarem zu unterscheiden. Sie erkennen biologisch relevante Reizsituationen dank angeborener Fähigkeiten, und die Mechanismen, über die das geschieht, nennt man angeborene Auslösemechanismen. Sie wirken wie Reizfilter, die so konstruiert sind, daß sie erst beim Eintreffen bestimmter Schlüsselreize bestimmte Verhaltensweisen freigeben.

Viele der sozialen Verhaltensweisen der Tiere werden über solche angeborenen Auslösemechanismen aktiviert. In diesem Fall entwickelten sich auch besondere Reizsendeeinrichtungen – bunte Farbmuster, Ausdrucksbewegungen und andere Signale –, die auf die angeborenen Auslösemechanismen des Kommunikationspartners passen. Ein solches Vorwissen darum, an welchen Merkmalen ein Rivale oder Geschlechtspartner erkannt werden kann, ist für viele Arten unerläßlich. Viele Korallenfische beispielsweise legen ihre Eier ins freie Wasser ab, wo sie sich als Larven völlig ohne Zutun der Eltern entwickeln. Die verwandelten Fische kommen ans Riff, ohne je ihre Eltern kennengelernt zu haben. Sie müssen nun in der Lage sein, aus den vielen verschiedenen Fischarten, die sie umgeben, die arteigenen als Rivalen und Geschlechtspartner zu erkennen. Die auffälligen, gleich Flaggensignalen gezeigten Farbmuster der Fische sind solche Auslöser im Dienste der Arterkennung.

Die Attrappenversuche der Industrie lehren uns, daß wir Menschen auf eine Reihe von Merkmalen der Mitmenschen wohl aufgrund uns angeborener Auslösemechanismen reagieren. So ist das Kleinkind durch eine Reihe von Merkmalen gekennzeichnet, deren Wahrnehmung Verhaltensweisen der Betreuung samt den dazugehörigen Emotionen auslöst. Konrad Lorenz (1943) sprach von einem »Kindchenschema«. Ein wichtiges Merkmal betrifft die Kopf-Rumpf-Proportion. Säuglinge haben einen im Verhältnis zum Rumpf relativ großen Kopf und kurze, dickliche Extremitäten. Bietet man diese Proportionsmerkmale in Puppen isoliert, dann wirken diese Produkte trotz der extremen Reduktion niedlich. Im Süddeutschen sagt man auch, sie seien »herzig«. Das Wort drückt das Bedürfnis aus, das wahrgenommene Objekt an sein Herz zu drücken, so wie man ein Kindchen herzt. Die Wirkung kann man durch Übertreibung der Kopfgröße im Verhältnis zum Rumpf verstärken. Weitere Merkmale betreffen die Relation des Gesichtsschädels zum Hirnschädel. Bei Säuglingen dominiert der Hirnschädel, und die Stirn erscheint vorgewölbt. Auch dieses Merkmal kann man isoliert und übertrieben bieten. Die Pausbacken sind ein wohl eigens im Dienste der Signalgebung entwickelter Auslöser, die ebenfalls isoliert geboten wirken. Bietet man aber in einem Objekt mehrere dieser isoliert wirksamen Merkmale, dann summiert sich deren auslösende Reizstärke.

Weitere Beispiele für das Mitwirken stammesgeschichtlicher Anpassungen bei der Wahrnehmung haben wir bereits besprochen (S. 49). Aus den Experimenten der Gestaltpsychologen wissen wir z. B., daß die gleichen visuellen Illusionen bei allen daraufhin untersuchten Völkern nachgewiesen werden können. Die Gesetze der Gestaltwahrnehmung gelten überall, und die Konstanzleistungen der Wahrnehmung werden, soweit bekannt, überall auf die gleiche Weise bewirkt.

Neuerdings wurde auch einiges über geruchliche Auslöser

bekannt. Der Geruchsstoff Androstenol wirkt sich bei einigen Säugern und beim Menschen auf soziale Interaktionen aus. Diese von männlichen Tieren in den Hoden erzeugte Substanz verteilt sich beim Eber im ganzen Körper. Wirbt ein Eber um eine Sau, dann schmatzt er stark speichelnd vor ihrer Schnauze und trägt ihr so den Geruchsstoff zu, der sie erstarren läßt, so daß er aufreiten kann. Künstliche Besamer haben den Stoff in der Spraydose, um damit ihre Sauen zu immobilisieren. Beim Menschen wirkt der Stoff in einer bestimmten Verdünnung anziehend auf Frauen und abstoßend auf Männer. In einem Experiment besprühte man einige Stühle im Wartezimmer eines Zahnarztes mit dieser Substanz. Nachdem die Stühle besprüht worden waren, wurden sie von weiblichen Patienten bevorzugt und von Männern gemieden.

c) Sollmuster

Stammesgeschichtliche Anpassungen besonderer Art sind die Sollmuster. Das sind Referenzmuster, gegen die ein Tier einkommende Meldungen prüft und die beispielsweise bewirken, daß das Tier die richtige Lage im Raum einnimmt, das für seine Erhaltung geeignete Temperatur-Optimum aufsucht oder sein Verhalten nach gewissen Normen ausrichtet. So müssen z. B. Buchfinken ihren Gesang lernen; spielt man ihnen aber Tonbänder verschiedener Vogelgesänge vor, dann wählen sie den eigenen Artgesang zum Vorbild. Das Wissen um das richtige Vorbild ist ihnen also angeboren. Und das Hören ihres Artgesanges ist offenbar lustbegleitet, denn Buchfinken lernen, sich auf eine bestimmte Sitzstange zu setzen, wenn sie dafür Buchfinkengesang zu hören bekommen.

In solchen Sollmustern ist ferner bei allen höher organisierten Tieren und ebenso bei uns Menschen das Wissen um die richtige Orientierung im Raum festgelegt. Bei Abweichungen von der Soll-Lage empfinden wir Unbehagen und streben danach, die

Soll-Lage wieder einzunehmen. Das geschieht ganz automatisch. Wir werden gewissermaßen in die Normallage gezwungen. Die Instanzen, in denen die Sollmuster festgelegt sind, sind mit Meldungen der von uns selbst intendierten Bewegungen, den Bewegungskommandos (Efferenzen), und mit den Rückmeldungen über den Bewegungserfolg (Reafferenzen) so zusammengeschaltet, daß wir stets unterscheiden können, ob z. B. die von uns wahrgenommene Verschiebung des Netzhautbildes durch Eigenbewegung in der Umwelt oder durch Ortsveränderung von Umweltobjekten zustande kam. Bei uns Menschen sind ethische Normen in Sollmustern festgeschrieben, und es gibt Hinweise dafür, daß normgerechtes Verhalten durch Endorphinausschüttung (S. 82) belohnt wird (Gruter 1979, 1982; Hoebel 1983). Schließlich dürften auch Normen für die ästhetische Wahrnehmung (das »Ideal«, das Schöne) in Sollmustern vorgegeben sein (S. 59).

d) Motivierende Mechanismen

Tiere sind ferner mit motivierenden Mechanismen (»Trieben«) ausgerüstet, die bewirken, daß sie nicht nur passiv auf ankommende Reize warten, sondern – einmal hungrig, durstig, aggressiv oder geschlechtlich gestimmt – im sogenannten Appetenzverhalten aktiv nach auslösenden Reizsituationen suchen, die es gestatten, ein bestimmtes Verhalten, etwa des Beutefangens, Kämpfens oder Werbens, ablaufen zu lassen.

Der Ablauf ändert in der Regel die auslösende Reizsituation, und Rückmeldungen verschiedener Art informieren den Organismus über den Erfolg seines Tuns und schalten es ab. So wird die Appetenz nach Wasseraufnahme (»Durst«) von Osmorezeptoren im Hypothalamus, aber auch von inneren Sinnesreizen, die über den Füllungszustand des Magens informieren, kontrolliert. Dazu kommt noch das Phänomen der Umstimmung durch den Bewegungsablauf selbst – die »Abreaktion«. Lorenz entdeckte, daß sein gut ernährter Star von Zeit zu Zeit von seiner Sitzstange hochflog, nach Nichtvorhandenem schnappte, zur Sitzstange zurückkehrte, die Totschlagbewegung machte – als hätte er ein Insekt gefangen – und anschließend schluckte. Danach hatte er für ein Weilchen Ruhe. Die Schwelle für auslösende Reize, die ein solches Verhalten normalerweise aktivieren, ist nach dem Ablaufen der betreffenden Bewegung deutlich erhöht. Sie sinkt für ein bestimmtes Verhalten, wenn das Tier längere Zeit keine Gelegenheit hatte, die Bewegung abzureagieren. Die diesem Phänomen der Schwellenerniedrigung und dem Leerlauf zugrunde liegenden neuronalen Vorgänge sind noch ungenügend erforscht.

Innere Sinnesreize, Hormone, aber vor allem auch biochemische Vorgänge im Zentralnervensystem spielen bei der Motivation eine entscheidende Rolle. In den siebziger Jahren entdeckte man in den Hirnpeptiden und Hirnaminen eine Gruppe von Stoffen, die die Aktivität bestimmter Neuronenpopulationen selektiv hemmen oder fördern und damit die spezifische Handlungsbereitschaft (»Gestimmtheit«) des Tieres beeinflussen. Zu diesen Stoffen gehören die Endorphine (Hirnopioide), die angenehme Gefühlszustände (Wohlbehagen) auslösen und Schmerzempfindungen unterdrücken. Sie dürften auch das Sozialverhalten entscheidend beeinflussen. Jungtiere und bei geselligen Arten auch Erwachsene zeigen Erscheinungen des Trennungsstresses, wenn sie von der Mutter beziehungsweise ihren Gruppenmitgliedern getrennt werden. Bei Jungtieren minderten Drogen, die die Hirnopioid-Produktion anregen (Opioid-Agonisten), den Streß der Isolierten. Substanzen, die als Gegenspieler (Antagonisten) der Hirnopioide wirkten, steigerten dagegen die Unruhe der Alleingelassenen (Panksepp und Mitarbeiter 1985). Die Hirnopioide wirken triebbefriedigend und absättigend. Man entdeckte die Hirnopioide, als man sich fragte, wie Opiate wirken. Man fand, daß sie bestimmte Rezeptoren der Nervenzellen besetzen, und forschte nach den natürlichen, vom Körper selbst produzierten Substanzen, für die die Opiate offenbar die

Attrappen darstellen, die auf die Rezeptoren passen. Man entdeckte schließlich die Hirnopioide oder Endorphine. Ihre Gegenspieler sind die Katecholamine, die als Energetica antreiben und erregen, wie Norepinephrin, Epinephrin (= Adrenalin), Dopamin und Phenyläthylamin.

Hunger, Durst, sexuelle Appetenz und Aggression werden bei allen daraufhin untersuchten Völkern auf die gleiche Weise verursacht. Die Lehrbücher der Physiologie müssen also keineswegs für jedes Volk neu geschrieben werden. Es könnte quantitative Unterschiede etwa in der Aggressionsbereitschaft von Populationen verschiedener genetischer Zusammensetzung geben, doch ist hier die kulturelle Einflußnahme schwer von der genetischen zu trennen. Die subjektiv erlebten Emotionen gehören, soweit überhaupt feststellbar, zu den Universalien, ebenso wie die meisten der ihnen zugeordneten Ausdrucksbewegungen. Auch in diesem Bereich arbeiten die Physiologen an der Aufdeckung der hormonalen Wirkmechanismen. Mit der Entdeckung der Hirnpeptide eröffnete sich der Motivationsforschung ein vielversprechendes Arbeitsgebiet.

e) Lerndispositionen

Lernen soll adaptive Modifikation des Verhaltens bewirken. Es muß daher durch stammesgeschichtliche Anpassungen so ausgerichtet oder kanalisiert sein, daß Tier und Mensch das Richtige im Sinne der Eignung zur rechten Zeit lernen. Was zu ihrer Eignung beiträgt, das wechselt nun einmal von Art zu Art, und dementsprechend gibt es artspezifische Lernbegabungen. Sie stellen sicher, daß Tiere zur richtigen Zeit das Richtige lernen. Lorenz entdeckte, daß manche Vögel in einer bestimmten sensiblen Periode das Objekt ihrer Geschlechtshandlungen lernen und auf dieses prägungsartig fixiert werden. Er hatte Dohlen mit der Hand aufgezogen, um sie zu zähmen. Als die Vögel flügge waren, entließ er sie, damit sie sich einer freilebenden Dohlenkolonie anschließen konnten, was sie auch taten. Sie verhielten sich völlig normal. Daß etwas nicht stimmte, merkte man im folgenden Frühjahr, als die Dohlen geschlechtsreif waren. Denn nun balzten die Männchen die auf den Feldern arbeitenden Bauern der Nachbarschaft an. Sie verfolgten sie mit Nestlockrufen und versuchten gelegentlich sogar, auf ihnen in Kopulationsabsicht zu landen. Sie waren offenbar auf den Menschen geprägt worden.

In ähnlicher Weise werden die Jungen vieler Nestflüchter in ihrer Folgereaktion auf Eltern beziehungsweise Zieheltern geprägt, und zwar sowohl auf visuelle als auch auf akustische Signale. Und folgten sie während einer kurzen sensiblen Periode einem Objekt, dann bleiben sie künftig dabei.

Was sich bei der Prägung im Zentralnervensystem abspielt, haben Elisabeth Wallhäuser und Henning Scheich (1987) an Hühnerküken untersucht, deren Folgereaktion sie auf akustische Reize prägten. Sie fanden im Vorderhirn von Hühnerküken einen Typus großer Nervenzellen, deren Dendriten bei ungeprägten Küken viele kleine Fortsätze (»Spines«) aufwiesen. Es handelt sich um Oberflächenvergrößerungen für synaptische Kontakte mit anderen Nervenzellen, gewissermaßen um die »Lauschstellen« der Neuronen. Prägte man die Folgereaktionen der Küken auf einen reinen Ton, dann verminderte sich die Zahl der Spines auf wenige. Prägung auf die natürlichen Lautäußerungen der führenden Glucke, die ein breiteres Frequenzspektrum aufweist, bewirkte eine mäßige, aber ebenfalls deutliche Reduktion der Spines. Mit dem Prägungserlebnis scheint demnach eine irreversible Abstimmung der Neuronen auf ganz bestimmte Signale zu erfolgen. Die Prägung engt deren Empfangsbereich gewissermaßen ein.

Vorgegebene Programme legen fest, was womit assoziiert wird. Körperlicher Schmerz z. B. wird mit den beim Einsetzen des Schmerzes gegenwärtigen Reizen assoziiert, körperliche Übelkeit dagegen mit dem, was das Tier einige Stunden vorher verzehrte. Strafreize wirken keineswegs generell abdressierend, wie man lange vereinfachend annahm. Straft man einen Hahn, wann immer er imponiert, dann gewöhnt man ihm das ab. Straft man ihn aber, wann immer er submissives Verhalten zeigt, dann wird er nur noch submissiver: Der Strafreiz bekräftigt in diesem Fall die Antwort.

Viele Jungvögel und Jungsäuger laufen bei Gefahr zur Mutter. Erteilt man ihnen dafür elektrische Strafreize, so bekräftigt dies die Folgereaktion – die Kleinen folgen der Mutter nur mit größerer Intensität. Das gilt auch für uns Menschen. Von den Eltern mißhandelte Kinder erweisen sich als besonders fest an ihre Eltern gebunden. Das Bedenkliche an dieser Reaktion ist, daß wir in einer infantilen Übertragung bei Angst auch Ranghohe als Fluchtziel wählen. Angst infantilisiert und fördert diese Bindungsbereitschaft.

Angeborene Lerndispositionen befähigen den Menschen zum Erwerb der Sprache. Was ferner womit assoziiert wird, was bekräftigend und abdressierend wirkt, das ist ähnlich wie bei den Tieren durch Programme verschiedener Art vorgegeben. Es gibt sensible Perioden, in denen der Mensch für bestimmte Lernerfahrungen besonders empfänglich ist, und in der Neugier liegt eine eigene Motivation vor, die zum aktiven Erkunden und damit zum Wissenserwerb antreibt. Die Faktoren, die Lernen in bestimmter Weise ausrichten, sind zahlreich und verschiedener Art. So bedingt das Zeitmaß des biologischen »Jetzt« von etwa drei Sekunden, daß die Zeile als fundamentale, rhythmisch, semantisch und syntaktisch abgegrenzte Einheit der Dichtkunst in den daraufhin untersuchten Kulturen übereinstimmend 2,5 bis 3 Sekunden beträgt (Pöppel 1984).

f) Die Experimente der Kulturen

Kulturen sind die Ergebnisse von Experimenten, die über viele Jahrtausende liefen und in denen Menschen verschiedene Subsistenzstrategien und Sozialisationspraktiken erprobten. Oft allerdings setzten sich gegen die erzieherischen Ideale einer Kultur unerwünschte Verhaltenstendenzen durch. Und das ist bisweilen ganz aufschlußreich, denn es weist auf unterdrückte angeborene Dispositionen hin.

So hat man sich im Kibbuz darum bemüht, die Ideale des klassischen Sozialismus zu verwirklichen. Unter anderem wollte man die Frau durch ihre volle Eingliederung ins Berufsleben von der ökonomischen Vorherrschaft des Mannes und durch kollektive Aufzucht der Kinder von der Sklaverei der Mutterschaft erlösen. Die Kinder wurden eigens dafür angestellten Pflegerinnen anvertraut. Sie lebten in einem Kinderkollektiv und kamen nur abends für eine Spielstunde zu ihren Eltern. Man tolerierte die Ehe, feierte aber die Eheschließung nicht besonders und hoffte, auch dieses bürgerliche Erbe einmal zu überwinden. Die Gründergeneration der Kibbuzbewegung nahm dieses Anliegen ernst, lebte danach und versuchte, ihre Kinder in diesem Sinne zu sozialisieren.

Der amerikanische Soziologe Melford Spiro untersuchte 1954 einen nach diesen Idealen ausgerichteten Kibbuz und fand, daß dessen Bewohner nach diesen Idealen lebten. Die Familie, so schloß er daraus, sei nichts Natürliches, es gehe auch ohne sie. Als er jedoch eine Generation später den Kibbuz wieder besuchte, stellte er zu seiner Überraschung fest, daß die im Kibbuz Herangewachsenen der feministischen Revolution eine feminine Gegenrevolution entgegengestellt hatten. Sie fanden sich nicht mehr so voll damit ab, daß ihre Kinder in erster Linie von Fremden betreut wurden, sie schätzten die Ehe wieder höher ein. Die Frauen, die sich in der Gründerphase auch äußerlich den Männern in der Kleidung angeglichen hatten, kleideten sich nun wieder weiblich. Sie zogen sich aus den Männerberufen zurück, und ein großer Teil der erwachsenen Frauen zeigte mehr Interesse am familialen Geschehen als am politischen, was viele irritierte.

Spiro (1954, 1979), den diese Befunde selbst erstaunten, da er bei seiner ersten Erhebung durchaus an das Gelingen des Experiments geglaubt hatte, untersuchte die damals von ihm erhobenen Spieldaten und stellte fest, daß Kinder, obgleich sie in einem egalitären Milieu mit dem gleichen Spielzeug aufgezogen wurden, nach Geschlechtern unterschiedlich gespielt hatten. Die Buben hatten sich Männer als Modelle zum Vorbild genommen, die Mädchen Frauen. Aber von der Fülle der angebotenen Vorbilder hatten letztere selektiv nur das Vorbild der kinderbetreuenden Mutter gewählt. Das führt Spiro zu dem Schluß, daß auch die psychischen Geschlechtsrollen durch präkulturelle, d. h. biologische Faktoren entscheidend mitbestimmt werden. Kulturell können diese Dispositionen auf verschiedene Art gefördert, ausgestaltet oder sogar unterdrückt werden. Bei laufenden und geplanten kulturellen Experimenten sollte man stets die Auswirkung auf die Langzeit-Auswirkungen, gemessen am Fortpflanzungserfolg, im Auge behalten.

Die Experimente der Kulturen geben wichtige Aufschlüsse über die Modifikabilität menschlichen Verhaltens. Sie lassen erkennen, daß es sich bei Dispositionen, die sich in Rangstreben, Familialität, Bereitschaft zum Gefolgsgehorsam, Neigung zur Bildung geschlossener Gruppen, Gruppenintoleranz und Territorialität äußern, um anthropologische Konstanten handelt – um Dispositionen, die zwar erzieherisch unterdrückt oder anders sublimiert werden können, die sich aber manifestieren, wenn nicht dagegen erzogen wird.

7 Elementare Interaktionsstrategien

Der Vergleich der äußerlich oft recht verschiedenen Rituale verschiedener Kulturen läßt basale Gemeinsamkeiten erkennen, die darauf zurückzuführen sind, daß wir Menschen im Grunde überall nach den gleichen Regeln handeln. Eine dieser elementaren Regeln für den freundlichen sozialen Umgang lautet: »Respektiere deinen Mitmenschen, und gib dich respektabel.« Das heißt: Achte darauf, dein Ansehen nicht zu gefährden, und nimm auf das Ansehen deiner Interaktionspartner Rücksicht.

Aus dieser Regel folgt unter anderem, daß bei freundlicher Begegnung stets Appelle der Selbstdarstellung mit solchen freundlicher Respekterweisung kombiniert werden. So beobachtet man bei Ritualen freundlicher Kontakteröffnung in der Regel Appelle der Selbstdarstellung in Kombination mit bandstiftenden Appellen. Wenn ein Yanomami-Indianer als Festgast in das Dorf seiner Gastgeber kommt, dann tanzt er zunächst, in vollem Schmuck Pfeil und Bogen schwenkend und oft auch mit dem Pfeile zielend und mit imponierend abweisender Gebärde, eine Runde durchs Dorf (Abb. 16). Diese aggressive Selbstdarstellung verbindet er jedoch mit einem freundlichen Appell: Ein Kind tanzt mit ihm, das grüne Wedel schwenkt. Wenn in unserer Kultur ein Staatsbesuch empfangen wird, dann stellt sich der Gastgeber durch das angetretene Militär und durch Salutschießen imponierend dar, gleichzeitig läßt man dem Staatsgast jedoch Blumen überreichen, meist durch ein kleines Mädchen.

Kürzlich filmte ich den balinesischen Begrüßungstanz »Puspa wresti«, bei dem blumenstreuende Mädchen gemeinsam mit bewaffneten, sich kriegerisch darstellenden Burschen auf der

Abb. 16 Die Kombination von aggressiver Selbstdarstellung mit freundlich bindenden Appellen über das Kind beim Begrüßungstanz eines Yanomami-Mannes (oberer Orinoko/Venezuela), der als Festgast ein befreundetes Dorf betritt. Photo: I. Eibl-Eibesfeldt.

Tanzbühne tanzen (Abb. 17). Bei den Tboli-Blit (Mindanao) führte man uns einen Begrüßungstanz mit ähnlichem Aufbau vor: Vier Frauen tanzten langsam auf uns zu, gefolgt von vier Männern, die mit grimmigen Mienen Waffen schwenkten. Wenn bei den Medlpa (Neuguinea) anläßlich einer Totentrauer Gäste ankommen, dann werden diese von einer Gruppe lanzenschwingender Männer mit einem Scheinangriff empfangen und umkreist. Den Männern folgen aber Frauen, die grüne Cordylinenschößlinge schwenken. Bei einem Tiroler Schützenfest marschieren die Schützen mit männlichem Imponieren in Tracht, Bewaffnung und militärischem Auftreten in das Dorf der Gastgeber. Aber diese Selbstdarstellung verbindet sich mit einem freundlichen Appell, indem Ehrenjungfrauen neben dem Fahnenträger einhergehen.

Die Liste der Beispiele ließe sich um viele vermehren. Auch im persönlichen Gruß verbinden sich die beiden gegensätzlichen Appelle: Der kräftige Händedruck, mit dem wir grüßen, ist eine Selbstdarstellung. Man schätzt den Partner nach seinem Händedruck ein und hat das Bedürfnis, den Händedruck zu erwidern. Gelingt das nicht, weil der Grußpartner ungeschickt zufaßte, dann berührt uns das unangenehm. Die Selbstdarstellung verbinden wir in Antithese mit freundlichen Worten, Lächeln und Zunicken.

Was an der Oberfläche recht verschieden erscheint, erweist sich bei näherer Betrachtung als nach den gleichen Regeln strukturiert. Die Gründe, weshalb wir uns bei freundlicher Kontaktaufnahme zugleich imponierend verhalten, also auch beim Grüßen »die Keule schwingen«, liegen in unserer Motivationsstruktur. Unsere Beziehungen zum Mitmenschen sind zwiespältig. Mitmenschen aktivieren sowohl feindliche (agonale) als auch freundliche (affiliative) Verhaltenstendenzen (S. 105). Zeigt man bei Begegnung Schwäche, dann kann dies den Partner dazu verführen, eine Dominanzbeziehung herzustellen. Das trachtet man durch die Selbstdarstellung zu vermeiden; man will so seine Handlungsfreiheit bewahren.

Abb. 17 Die Kombination von aggressiver Selbstdarstellung und bandstiftenden Appellen im balinesischen Begrüßungstanz »Puspa wresti«. Während Mädchen Blumen streuen, stellen sich die Burschen durch einen Kriegstanz dar. Photo: I. Eibl-Eibesfeldt.

Aus der Ambivalenz unserer Beziehung zu Mitmenschen ergibt sich aber nicht nur die Notwendigkeit der aggressiven Selbstdarstellung als Vorsichtsmaßnahme gegen mögliche Dominanzversuche. Man muß vielmehr auch ausdrücken, daß man selbst keine Absicht hat, den Handlungsspielraum des Partners einzuengen und damit dessen Status zu gefährden. Das gilt grundsätzlich für alle affiliativen Strategien, die ja die Herstellung und Erhaltung freundlich-partnerschaftlicher Beziehungen zum Ziel haben.

Bei vielen der äußerlich oft recht verschiedenen Rituale handelt es sich um kulturelle Ausgestaltungen elementarer Interaktionsstrategien, deren gemeinsames Grundmuster für das ungeschulte Auge durch die kulturelle Einkleidung verborgen bleibt. Im Rahmen eines universalen Regelsystems können Handlungen verschiedenen Ursprungs, ja selbst verbale Aussagen einander als funktionelle Äquivalente ersetzen, was kulturelle Vielfalt der Erscheinungsformen bedingt. Es handelt sich jedoch um Ausformungen universaler Interaktionsmuster. Die Art und Weise, wie man sich darstellt, um Ansehen zu gewinnen, wie man Aggressionen abblockt, wie man es erreicht, daß einem ein anderer etwas gibt, wie man freundlichen Kontakt herstellt und anderes mehr, all dies geschieht über die Kulturen hinweg in prinzipiell gleicher Weise. Kleine Kinder handeln ihre Interaktionen meist nichtverbal ab, Erwachsene dagegen übersetzen diese elementaren Interaktionsstrategien in der Regel in Worte. Dazu ein paar Beispiele:

Die aus einem 16-mm-Film herauskopierten, im Grenzgebiet von Venezuela und Brasilien aufgenommenen Bilder (Abb. 18) zeigen einen Yanomami-Jungen, der einen anderen von einem Stützpfosten, an dem er gerade klettert, verdrängen will. Der Bedrängte weiß aus vorangegangenen Konflikten Bescheid um die Absicht des anderen und versucht zunächst einmal durch betontes Lächeln die Aggression abzublocken, was jedoch mißlingt: Der Angreifer schlägt zu. Nun ändert sich die Taktik des Angegriffenen: Er bricht den Blickkontakt betont ab und senkt

Abb. 18 Interaktionsstrategien: Beispiel einer Aggressionsabblockung (Yanomami, Sierra Parima/Venezuela). Ein Junge will einen anderen von seinem Kletterpfahl, an dem er spielt, verdrängen. Der Bedrohte versucht die Aggression durch ein betontes Lächeln abzublocken, was jedoch nicht verfängt. Er wird geschlagen und reagiert daraufhin mit Kontaktverweigerung, Kopfsenken und Schmollen. Daraufhin stellt der Angreifer seine Aggressionen ein und geht fort. Aus einem 16-mm-Film; Bild 1, 18, 46, 52, 63 und 140 der mit 25 Bildern/s aufgenommenen Sequenz. Photo: I. Eibl-Eibesfeldt.

den leicht schräg geneigten Kopf, und diese Strategie verfängt. Der Angreifer zieht sich zurück und überläßt dem anderen das Feld. In dem Appell des Buben verbindet sich die demonstrative Verweigerung des Blickkontaktes mit einem Appell der Submission. Es wäre jedoch falsch, das Verhalten als Unterwerfung einzustufen, denn der Angegriffene gewinnt ja bei der Auseinandersetzung. Als Waffe setzt er die Androhung des Kontaktabbruchs ein.

Es handelt sich um eine sehr wirksame Strategie, denn wir leben von unseren sozialen Bindungen. Ohne sie sind wir allein und als gesellige Wesen verloren. Wenn also ein Gruppenmitglied damit droht, daß es bereit ist, Bindungen zu kappen, dann stellt der so Bedrohte in der Regel Angriffe ein, die die Bindung weiter gefährden könnten. Voraussetzung für die Wirksamkeit dieser Strategie ist allerdings das Vorhandensein einer persönlichen Bindung. Fehlt diese, dann verhallt der Appell oft wirkungslos, wie manche der brutalen Großstadtverbrechen lehren.

Als Strategie der Aggressionsabblockung gibt es die Androhung des Kontaktabbruchs in allen von uns untersuchten Kulturen. Die Strategie wird auch ins Verbale übersetzt. »Ich rede nicht mehr mit dir«, sagen z. B. die Eipo in Westneuguinea, wenn sie sich gekränkt fühlen. Und daß wir nicht viel anders können, lehrt die Tatsache, daß wir diese Strategien auch im internationalen Verkehr einsetzen: Wenn ein Staat sich von einem anderen gekränkt fühlt, droht er mit dem Abbruch der diplomatischen Beziehungen, was dann oft Bemühungen um Versöhnung einleitet, meist über vermittelnde Dritte, denn es gilt, das Ansehen zu wahren.

Das nächste Beispiel betrifft den Funktionskreis des Teilens und Gebens. Bereits Kleinkinder zeigen eine erstaunlich große Bereitschaft, mit anderen zu teilen. Diese Bereitschaft setzt allerdings voraus, daß der Partner den anderen durch sein Verhalten als Besitzer respektiert. Die aus einem meiner Filme herauskopierte Bildserie (Abb. 19) möge das belegen. Die beiden Yanomami-Mädchen (Waika-Indianer) der Sierra Parima (Venezuela) essen verträglich nebeneinander Früchte. Als die im Bilde links Sitzende mit ihren Früchten fertig ist, greift sie, einem spontanen Impuls folgend, nach den Früchten ihrer Freundin. Das ist ein Regelverstoß, der mit Verweigerung beantwortet wird: Die Freundin zieht ihre Hand mit den Früchten zurück. Nun bittet die andere wie beiläufig mit der offenen Hand. Die Freundin gibt ihr daraufhin sofort. Der Regelverstoß ist vergessen, denn nun hat ja ihre Partnerin sie als Besitzerin respektiert und es ihr überlassen, zu geben.

Die Bereitschaft, zu geben, ist sehr ausgeprägt, und Objekte spielen als Vermittler von sozialen Beziehungen im Verhalten des Menschen ganz allgemein eine sehr große Rolle. Das Geben setzt aber generell voraus, daß der Bittende die Besitznorm achtet. Das gilt auch für verbales Bitten. Im Imperativ zu fordern ist statthaft, wenn ein starkes Ranggefälle herrscht, aber es ist Ausdruck der Dominanz. Freundliche Beziehungen würden dadurch gestört, da ja der Imperativ den Handlungsspielraum des Partners einengt. Wir beobachten dementsprechend als Regel die indirekte oder verblümte Anfrage. Ein Yanomami, dem die Feder eines Freundes gefällt, würde z. B. kommentieren: »Du hast hier eine schöne Feder.« Das läßt es dem Angesprochenen auch offen, zu erklären, daß er sie von einem anderen Freunde habe, weshalb er sich von ihr nicht trennen könne. Er kann so indirekt verweigern, ohne daß die Beziehung gestört würde. Und so wahren beide das Ansehen.

Die Variabilität kultureller Rituale und Bräuche führte früher zu einer einseitigen Betonung der zweifellos vorhandenen Wan-

Abb. 19 Zwei Yanomami-Mädchen (Sierra Parima/Venezuela) essen blaue Früchte. Die eine zeigt ihrer Freundin ihre blaue Zunge. Nachdem sie ihre Früchte verzehrt hat, greift sie impulsiv nach den Früchten der Freundin, die ihre Früchte dem Zugriff entzieht. Die andere merkt ihren Verstoß gegen die Regel und wartet mit beiläufig aufgehaltener Hand. Da sie in ihrem Verhalten nunmehr ausdrückt, daß sie ihre Freundin als Eigentümerin respektiert, wird ihr bereitwillig gegeben. Aus einem 16-mm-Film. Photo: I. Eibl-Eibesfeldt.

a

b

c

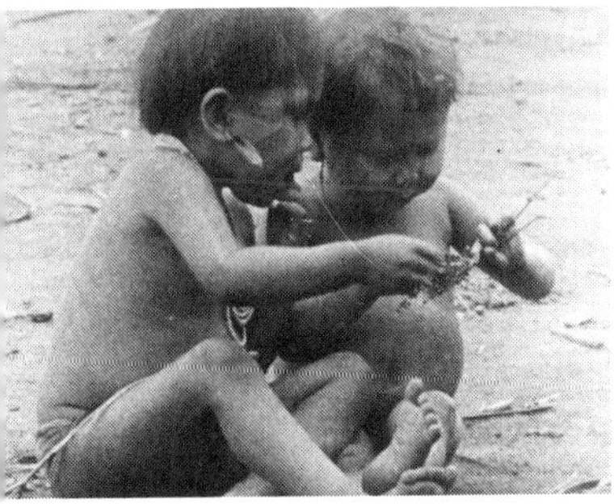

d

e

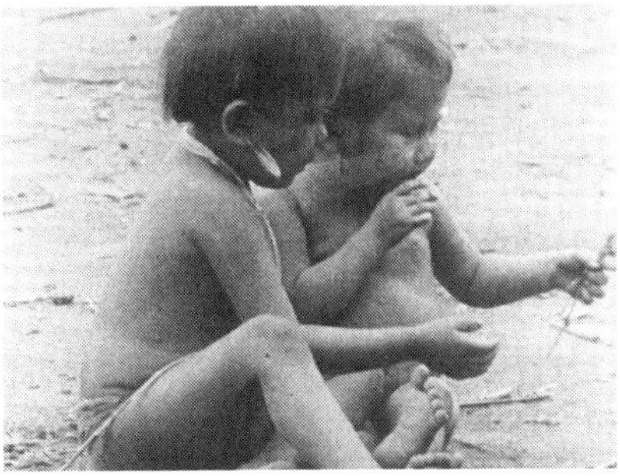

f

g

h

delbarkeit menschlichen Verhaltens. Man übersah darüber die Universalität sowohl einzelner Verhaltensweisen als auch bestimmter Interaktionsstrategien. Hat man das Prinzip der Austauschbarkeit von Handlungen als funktionelle Äquivalente erkannt, dann wird man feststellen, daß auch komplexere und äußerlich recht verschieden aussehende Rituale häufig nach gleichen Regeln strukturiert sind. Wir sind natürlich noch weit davon entfernt, das Repertoire der elementaren Interaktionsstrategien des Menschen zu kennen, aber einige wichtige Regeln sind uns bekannt. Wir können dabei allgemeine Regeln, die für eine Vielzahl von Strategien gelten, von spezielleren unterscheiden.

Nach den Hauptzielen teilen wir die Strategien sozialen Umgangs in zwei große Kategorien ein:

1) die agonalen Strategien, über die eine Person oder Personengruppe Dominanz über andere zu erzielen strebt, und

2) die synagonalen oder affiliativen Strategien, die auf die Erhaltung oder Herstellung freundschaftlicher Beziehungen abzielen.

Dem agonalen Bereich sind die verschiedenen Strategien des Angreifens, Verteidigens, Flüchtens und der Unterwerfung zuzuordnen. Eine vergleichende Untersuchung von agonalen Auseinandersetzungen zwischen Gruppenmitgliedern zeigt, daß in den meisten Fällen der direkte physische Angriff auf einen Mitmenschen vermieden wird. Über Drohen schätzt man den Partner ein, und oft beschränkt sich die Auseinandersetzung auf einen verbalen Disput. Nur in kritischen Situationen, die keinen anderen Ausweg gestatten, z. B. bei Überraschung, kann es zum unvermittelten Angriff kommen. Mit anderen Worten: Man meidet das Risiko, zu verlieren oder verletzt zu werden, schätzt dazu den Partner ein und versucht, wenn möglich, ohne Kampf die Auseinandersetzung für sich zu entscheiden.

Ein Schlüssel zum Verständnis der affiliativen Strategien ist die schon erwähnte Tatsache, daß wir unseren Mitmenschen gegenüber mit einer Mischung von Zugewandtheit und angstmotivierter Scheu reagieren. Der Mensch zeichnet sich nicht nur durch freundliche, bandstiftende Verhaltenstendenzen aus. Er strebt auch nach Dominanz über andere, vor allem, wenn er z. B. Schwächen des Partners wahrnimmt. Soll eine freundliche Begegnung stattfinden, dann gilt es für beide Partner, eventuell vorhandene Dominanzbestrebungen von vornherein abzublokken; andererseits müssen beide deutlich machen, daß sie den Handlungsfreiraum des anderen nicht einschränken wollen. Daraus geht schon hervor, daß direkte Fragen, die eine Ja/Nein-Antwort erfordern, nicht nur wegen des Risikos einer Ablehnung vermieden werden, die weitere Interaktionsmöglichkeiten blockieren würde, sondern auch, weil dadurch der Partner unter einen Handlungsdruck gesetzt würde. Eine solche Einengung des Entscheidungsspielraums gilt als »unhöflich«. Die Interakteure müssen, mit anderen Worten, alles vermeiden, was sowohl das Ansehen des Partners als auch den eigenen Status gefährdet.

Diese Grundregel kann man verletzen, wenn man jemanden herausfordern oder vor den Kopf stoßen, also agonale Auseinandersetzungen einleiten will. Wünscht man aber partnerschaftlich-freundliche Beziehungen, dann muß man sie beachten. Das wird aus Unwissenheit oft übersehen. So, wenn Politiker der westlichen Welt, die sich bei der Dritten Welt anzubiedern suchen, sich als schuldige Ausbeuter anklagen und damit selbst herabsetzen. Das bringt keine Sympathien ein, denn diese haben die gegenseitige Achtung zur Voraussetzung – wer es an Selbstachtung fehlen läßt, dem erweist man keine Achtung. Man fühlt sich ihm gegenüber vielmehr zur explorativen Aggression ermuntert (S. 210).

Viele der elementaren Strategien der Bandstiftung und Bandbekräftigung nützen Verhaltensweisen, die sich von Verhaltensweisen der mütterlichen Betreuung und den sie auslösenden kindlichen Appellen ableiten. Das Bewirten, das Teilen und Schenken von Nahrung ist ein solches Verhalten. Es wird in vielen bindenden Ritualen kulturell ausgestaltet. Bereits Kinder, die noch nicht sprechen können, bieten anderen Essensgaben an, um freundlichen Kontakt herzustellen. Sie teilen auch bereitwillig, vorausgesetzt, der Partner beachtet die Besitznorm. Viele der hochdifferenzierten Schenkrituale, wie jene, die man anläßlich der Palmfruchtfeste der Yanomami oder anläßlich des Kula der Trobriander beobachten kann, sind kulturelle Ausgestaltungen elementarer Interaktionsstrategien. Der bandstiftende Objekttransfer basiert auf Reziprozität. Geschenke muß man erwidern können – und darin liegt ein Keim möglichen Konflikts. Einer kann ja so viel geben, daß sein Partner nicht mehr in der Lage ist, zurückzugeben. Das beschämt und führt zu Gesichtsverlust. Will man freundlich sein, dann spielt man die Bedeutung der eigenen Gabe oft herab. »Nimm diesen unansehnlichen Hund«, sagt z. B. ein Yanomami, der einem Gast einen Hund schenkt. Und die Trobriander werfen ihre Gaben dem Kula-Partner* wie achtlos hin, so ebenfalls deren Bedeutung herabspielend. Man kann allerdings auch durch prahlerisches Geben das ursprünglich freundliche Ritual in eines der Selbstdarstellung und damit agonalen Charakters verwandeln. Dann kämpft man mit Geschenken und sucht den Partner zu beschämen wie beim Potlatsch der Kwakiutl-Indianer der Westküste Kanadas.

Die Verpflichtung zur Reziprozität wird in vielen Strategien genützt. Die Verkaufswerbung macht sie sich zunutze, indem sie z. B. freie Kostproben anbietet. Auch Scheinkompromisse arbeiten nach dieser Regel. Man fordert Unzumutbares, gibt dann nach und verpflichtet damit den anderen zu einem Entgegenkommen. In seinem bemerkenswerten Buch über Verkaufsstrategien bringt Robert Cialdini (1984) dazu einige Beispiele. Ein Pfadfinder bot ihm einmal Karten zur Teilnahme an einer Veranstaltung um 5 Dollar an. Als er ablehnte, bot der Pfadfinder Schokoladenriegel um 1 Dollar an, und obwohl Cialdini keine Schokolade ißt, nahm er sie. In einem Versuch forderte man eine Gruppe von Personen auf, Behinderte für einige Stunden in den Zoo zu begleiten. Die meisten lehnten ab. Einer anderen Gruppe stellte man das Ansinnen, sich für die Betreuung von Behinder-

* Kula ist ein Ritual des Geschenketausches.

ten mehrere Stunden wöchentlich über einen Zeitraum von zwei Jahren zur Verfügung zu stellen. Das lehnten natürlich fast alle ab. Aber anschließend befragt, ob sie bereit wären, die Behinderten auf einem Zoobesuch zu begleiten, sagten die meisten zu. Nach der ersten Ablehnung waren sie bereit, auf ein vermeintliches Entgegenkommen einzugehen. Verkäufer bieten oft eine Ware teuer an und gewähren dann Preisnachlaß. Das schafft beim potentiellen Kunden ein Gefühl der Verpflichtung.

Bindung wird ferner über gemeinsam aufeinander abgestimmtes Tun bekräftigt. Es drückt wie im Tanz Übereinstimmung aus, kann sich aber auf der verbalen Ebene in Frage und zustimmender Antwort äußern. Die vom informativen Gehalt völlig bedeutungslose Feststellung »Schönes Wetter heute«, mit der jemand nach der Begrüßung den Dialog eröffnet, hat hohe soziale Bedeutung. Sie fordert Zustimmung heraus, und zwar auf eine Weise, die völlig unproblematisch ist. Denn dem, daß schönes Wetter herrscht, kann man wohl stets zustimmen, es sei denn, es regnet gerade.

Ebenso bindet gemeinsame Anteilnahme. Man erkundigt sich nach dem Wohlergehen und gibt sich betrübt oder freut sich mit dem anderen, der Situation gemäß.

Bei der Untersuchung von Festen und Grußbegegnungen fiel mir eine prinzipielle Übereinstimmung des Gesamtablaufes auf. Er gliedert sich in drei Abschnitte: Auf die Phase der freundlichen Kontakteröffnung folgt eine Phase bandbekräftigender Interaktion, die ein formeller Abschied beschließt. Ein Beispiel:

Wir erwähnten den Begrüßungstanz der Yanomami, in dem sich Selbstdarstellung mit bandstiftenden Appellen über das Kind verbindet. Die einzeln eintanzenden Krieger zeigen ferner tanzend die mitgebrachten Geschenke und verlassen dann wieder den Dorfplatz. Nach den Einzelvorstellungen tanzen schließlich alle Besucher gemeinsam eine Runde. Anschließend verteilen sie sich auf die verschiedenen Familien der Gastgeber. Sie geben sich noch zurückhaltend, rasten in den Hängematten, doch beginnen Gespräche auf persönlicher Basis. Die jungen

Krieger zeigen einander Pfeilspitzen aus ihren Köchern. Sie tauschten sie mit anderen und erklären nun einander, von wem sie sie haben. Sie breiten gewissermaßen ihr soziales Beziehungsnetz aus und stellen sich damit als bedeutend dar, ähnlich wie es viele von uns über das Gästebuch tun.

Es folgt die Bewirtung der Gäste. Man trinkt gemeinsam Bananensuppe. Die Männer schnupfen dann eine stark berauschende Droge, durch die sie die Herrschaft über Geister zu erringen glauben, die sie gemeinsam zu den Feinden senden, auf daß sie Schaden stiften mögen. So verbünden sich Gastgeber und Gäste in Aggression gegen Dritte. Sie trauern gemeinsam um die Verstorbenen, deren Asche sie in einem besonderen Ritual in Bananensuppe gemischt trinken.

Und erst nachdem sie über Bewirtung, gemeinsame Trauer, Tanz, gemeinsame Aggression in dieser Phase der Bandbekräftigung gewissermaßen einig wurden, kommt es zu den Kontraktgesängen, in denen die Gäste ihre eigentlichen Wünsche und Anliegen vortragen. Das Fest endet mit einem formalisierten Abschied, in dessen Verlauf durch den Austausch von Geschenken, die Bindung für die Zukunft bekräftigt wird.

Den prinzipiell gleichen Aufbau zeigen nicht nur Feste, sondern generell alle Rituale freundlicher Begegnung. Auch bei einer voll durchgespielten Grußbegegnung folgt der Kontaktaufnahme (Begrüßung) mit Selbstdarstellung und bindenden Appellen eine Phase freundlicher Interaktion mit verbaler Bekundung von Gemeinsamkeit und Anteilnahme. Dem folgt schließlich das allmähliche Lösen der Dyade, durch die man demonstriert, daß kein Kontaktabbruch vorliegt, und schließlich der formale Abschied mit guten Wünschen, was einem verbalen Geschenketausch gleichkommt (Einzelheiten bei Eibl-Eibesfeldt 1970, 1984).

Bereits Kleinkinder strukturieren ihre Interaktionen nach diesem Muster. Ich habe z. B. gefilmt, wie Kleinkinder der Eipo im westlichen Bergland von Neuguinea am Morgen mit ihren Spielpartnern Kontakt aufnehmen. Sie stimmen die Partner ein, indem sie sie durch Vormachen zum Mitmachen einladen, greifen Anregungen durch Imitieren auf und bauen so die Beziehung schrittweise auf unter Vermeidung von Direktheit. Bei ihren Interaktionen beschenken sie einander, und sie gehen schließlich nicht formlos auseinander.

Die kulturellen Ausdifferenzierungen dieser elementaren Interaktionsstrategien bedeuten nicht allein kulturspezifische Ausgestaltung zum Zwecke der ethnischen Absetzung. Vielmehr wird dadurch auch die Anzahl der Handlungsschritte vermehrt. Damit ergeben sich auch mehr Entscheidungspunkte für Handlungsalternativen, und das eigentliche Anliegen kann noch indirekter, verblümter vorgetragen werden. Kultivierung bedeutet Vermehrung der Handlungsschritte.

Es wird oft gesagt, man solle die ganzen Höflichkeiten und Floskeln der Etikette aufgeben. Das sei ohnehin alles ohne Inhalt und zum Teil gar nicht aufrichtig gemeint und überdies oft die reine Verschwendung, man denke nur an Staatsempfänge. Geradeheraus und direkt solle man sein. Wer so argumentiert, vergißt, daß wir mit bestimmten Erwartungen an eine Begegnung herantreten. Wir erwarten, daß der Partner uns ebenso Respekt erweist wie wir ihm und daß wir im Anschluß an die erste Begegnung mit Freundlichkeiten und Anteilnahme eingestimmt und eingebunden werden, ehe wir über gemeinsame Anliegen verhandeln.

Man spricht von Herzensbildung, und wer es an ihr fehlen läßt, tritt direkt und damit als Rüpel auf. Die Erwartungen, die wir mit einer Begegnung bestimmter Art verknüpfen, sind uns angeboren. Sie werden in eine kulturspezifische Etikette gekleidet. Höflichkeit, das heißt Rücksicht auf die Einstellungen und Erwartungen des Partners – seine Respektierung –, ist Öl auf das Getriebe sozialen Lebens. Das sollte sich jeder, der an der Harmonisierung zwischenmenschlichen Zusammenlebens interessiert ist, immer wieder in Erinnerung rufen. Gerade im Gedränge der anonymen Großgesellschaft bedürfen wir dieser Freundlichkeiten mehr denn je. Puritanische Nüchternheit ist hier fehl am Platze.

Wir sind auf Interaktionen von Antlitz zu Antlitz programmiert. Das ist ebenso familiales Kleingruppenerbe wie die Tatsache, daß die Beziehungen zum Fremden und damit auch zu anderen Gruppen primär agonal getönt, das heißt von Angst und Ablehnung bestimmt werden. Bereits der sechs Monate alte Säugling reagiert nach diesem Muster, wenn er auf ihm fremde Personen mit Angst anspricht (S. 105) und damit gewissermaßen von der Annahme ausgeht: »Fremde sind potentiell gefährlich«, eine Hypothese, die sich offenbar in der Selektion bewährte. Heute stört uns das in mancher Beziehung, und wir bemühen uns, die Zwischengruppenbeziehungen freundlich-kooperativ zu gestalten. Dabei unterlaufen uns auch Fehler, so wenn wir im Zwischengruppenverkehr einseitigen Altruismus praktizieren. Wir sind auf solche Art Altruismus vorbereitet, weil wir ihn als parentalen Altruismus gegenüber unseren Kindern, Enkeln und anderen hilfsbedürftigen Verwandten praktizieren. Der paternale und maternale Altruismus erwartet keine Gegenleistung. Er macht sich genetisch bezahlt, da er ja der Verbreitung der eigenen Gene dient. Wir neigen nun dazu, diesen parentalen Altruismus im Zwischengruppenverkehr zu praktizieren, vor allem dann, wenn die Fremdgruppe arm ist. Das wird dann problematisch, wenn der Altruist dabei seine eigenen Fortpflanzungschancen zugunsten der anderen einschränkt, denn genetisch macht sich eine einseitige Investition in den anderen nicht bezahlt. Hier ist also auf ein gewisses Maß an Reziprozität zu achten. Kooperation auf Gegenseitigkeit ist immer möglich.

8 Gefährdung durch Angst

> *»Es ist ein Grundzug der Kultur, daß der Mensch dem außerhalb seines eigenen Kreises lebenden Menschen aufs tiefste mißtraut, also daß nicht nur ein Germane einen Juden, sondern auch ein Fußballspieler einen Klavierspieler für ein fast unbegreifliches und minderwertiges Wesen hält. Schließlich besteht ja das Ding nur durch seine Grenzen und damit durch einen gewissermaßen feindseligen Akt gegen seine Umgebung; ohne den Papst hätte es keinen Luther gegeben und ohne die Heiden keinen Papst, darum ist es nicht von der Hand zu weisen, daß die tiefste Anlehnung des Menschen an seinen Mitmenschen in dessen Ablehnung besteht.«*
>
> Robert Musil: *Der Mann ohne Eigenschaften, S. 25*

a) Ursachen tierischer und menschlicher Angst

Wir Menschen veranstalten Feste, um uns freundlich mit dem Nachbarn zu mischen, und wir errichten Zäune, um ihn uns vom Leibe zu halten. Vertrauen und Mißtrauen bestimmen unser Verhalten zu Mitmenschen, und das ist nicht bloß Ausdruck europäischer Gespaltenheit. Auch anderswo mischt sich Zuneigung mit Scheu im zwischenmenschlichen Umgang.

Angst und Mißtrauen gehören sicher zu den ältesten Gefühlsregungen. Es gibt zwei Hauptursachen tierischer Angst: die Angst vor dem Freßfeind und die Angst vor Artgenossen. Die Angst vor dem Freßfeind ist vermutlich die ursprünglichste aller

Ängste, denn tierisches Leben lebt von der Vernichtung anderen, oft hochorganisierten Lebens. Sind die Opfer Pflanzen, dann stört uns das nicht weiter, aber Marder fressen bekanntlich die Eichhörnchen und Eulen die Singvögel und so fort bis hinab zu den Fischen, bei denen der jeweils Größere den Kleineren verschlingt. Manchen Philosophen hat dies zu Überlegungen über das Übel in der Welt veranlaßt. Wir Biologen pflegen es als »matter of fact« hinzunehmen, obgleich es auch mich im geheimen stört, wenn meine nette, liebe Katze mir in den frühen Morgenstunden eine süße, zitternde Maus ins Zimmer bringt, um mir beizubringen, wie man Mäuse fängt.

In einer Welt, wie sie nun eben einmal ist, wäre Vertrauen gewiß zunächst unangebracht. Im Dienste der Feindvermeidung entwickelten Tiere die verschiedensten Anpassungen – Stacheln, Gifte und verschiedene Techniken des Flüchtens, Sich-Verbergens und Abwehrens – und vor allem ein gesundes Mißtrauen, eine Wachsamkeit, die sich in einem Verhaltensmuster äußert, das wir Sichern nennen.

Fressen Sperlinge, dann sehen sie immer wieder auf, einzelne häufiger und auch länger als in Gruppen fressende, wobei die Aufblickhäufigkeit und -dauer mit der Gruppengröße abnimmt (Abb. 20). Das gleiche Muster beobachten wir bei Gazellen, und der Mensch macht da keine Ausnahme. Als Hans Hass Menschen mit der nach ihm benannten Spiegeltechnik aufnahm, stellte er fest, daß vor allem einzeln sitzende Personen immer wieder ihre Tätigkeit – z. B. das Essen – unterbrechen, aufblikken, mit den Augen den Horizont abtasten und dann wieder in ihrer Tätigkeit fortfahren. Monika Wawra (Wirtz und Wawra 1986) hat dieses Sichern genauer untersucht und festgestellt, daß auch bei uns die Aufblickhäufigkeit und Aufblickdauer mit der Gruppengröße abnimmt. Einzeln Essende schauen praktisch nach jedem Bissen auf, den sie zum Munde führen. Die Aufblickhäufigkeit nimmt also mit zunehmender Gruppengröße ab (Abb. 21). Noch in anderer Weise äußert sich die Urangst vor dem Feind: Wenn sich Menschen irgend-

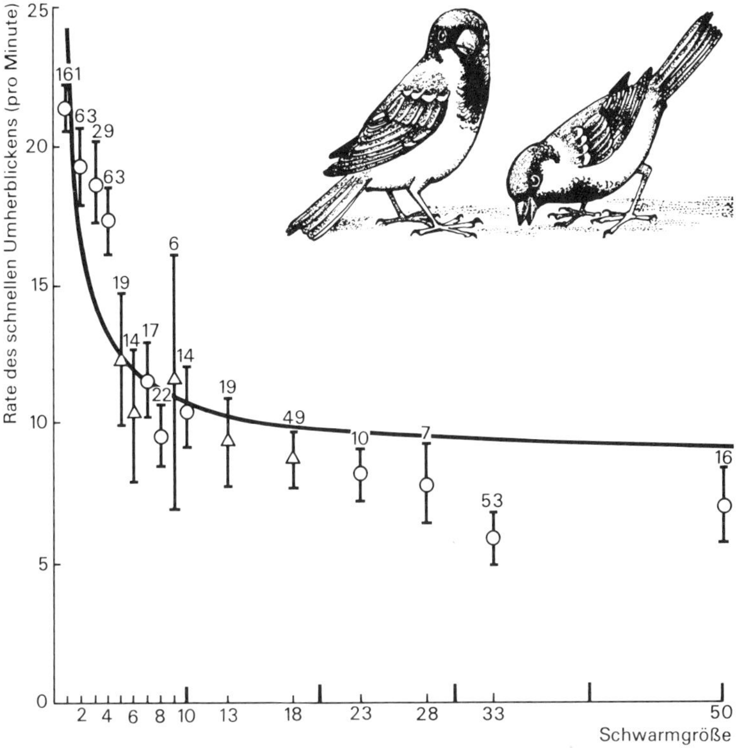

Abb. 20 Das Sichern von Haussperlingen in Abhängigkeit von der Gruppengröße. Aus M. A. Elgar und C. P. Catterall (1981).

wohin zum Rasten setzen, dann suchen sie bevorzugt Orte auf, die Rückendeckung und Ausblick gewähren. An solchen Orten fühlen sie sich sicher, behaglich, geborgen. In Restaurants werden dementsprechend zuerst die Nischenplätze besetzt, die Deckung und Ausblick auf den Gastraum bieten, zuletzt die frei im Raum stehenden Stühle.

Mancher Leser wird nun vermutlich der Meinung sein, daß Ängstlichkeit in der modernen Zeit nicht mehr notwendig sei. Wer wird denn heute schon von einem Löwen, Bären oder Wolf angefallen? Das ist richtig, aber für uns Menschen ist auch der

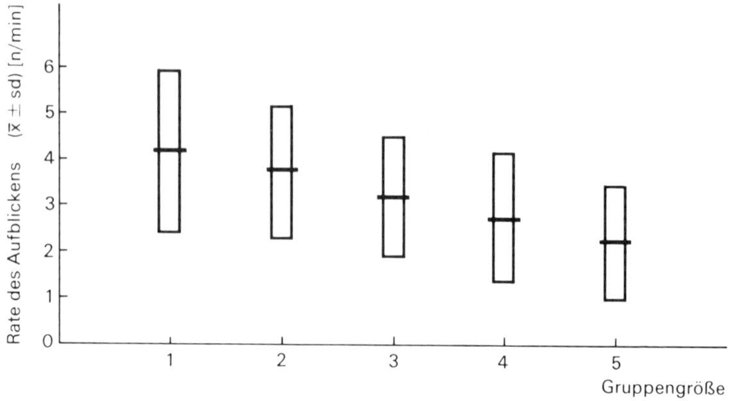

Abb. 21 Das Sichern (Aufblicken) in Abhängigkeit von der Gruppengröße beim Menschen. Aus P. Wirtz und M. Wawra (1986).

Mitmensch ein potentieller Feind, und auch das ist keineswegs eine neue Errungenschaft. Vielmehr ist der Artgenosse bei sehr vielen Wirbeltieren in verschiedenen Funktionszusammenhängen Rivale und Feind. Viele Fische, Reptilien, Vögel und Säuger besetzen Territorien, die sie dann gegen ihresgleichen verteidigen. Sie können das einzeln, paarweise oder in Gruppen tun. In ihrem Gebiet geben sie sich fremden Eindringlingen gegenüber intolerant. Sie bedrohen Fremde und bekämpfen sie. Auf diese Weise sichern sich Tiere die für ihr Überleben wichtigen Ressourcen. Männchen kämpfen ferner auch um Weibchen. Die Kämpfe zielen keineswegs immer auf die physische Beschädigung oder Tötung des Rivalen ab. Innerartliche kämpferische Auseinandersetzungen sind oft zu unblutigen Turnieren ausgestaltet.

Das Verhalten der Reptilien ist durch eine agonale Sozialität ausgezeichnet. Auch die Verhaltensweisen, mit denen ein Männchen wirbt, leiten sich vom Kampfrepertoire ab. Das Gegenstück zu dieser männlichen Dominanzsexualität ist eine weibliche Unterwerfungssexualität: Sind Weibchen paarungswillig, dann signalisieren sie dies durch Unterwerfungsverhalten. Erst mit der Erfindung der Brutpflege kam eine affiliative Sozialität in die Welt, die Freundlichkeit kennt.

Das heißt allerdings nicht, daß damit das Mißtrauen und die Angst vor dem Artgenossen oder vor dem Mitmenschen aus der Welt geschafft war. Wir Menschen neigen zunächst einmal dazu, nur denjenigen Personen zu vertrauen, die wir gut kennen. Grundsätzlich ist unser Verhalten zum Mitmenschen ambivalent. Wir fühlen uns zum anderen hingezogen und scheuen ihn zugleich. Die Angst des Menschen vor dem Mitmenschen gehört zu den Primärängsten, die keine persönlichen negativen Erfahrungen zur Voraussetzung haben.

Im Alter von sechs Monaten beginnen Säuglinge zwischen bekannten und ihnen fremden Personen zu unterscheiden. Während sie bis dahin jedermann freundlich anlächelten, lösen nunmehr nur noch ihnen bekannte Personen so eindeutige Zuwendungsreaktionen aus. Fremden Personen gegenüber reagieren sie mit scheuer Zurückhaltung. Zwar lösen auch Fremde Reaktionen der Zuwendung aus, diese Reaktionen der Zuwendung mischen sich jedoch mit solchen der Abkehr, ja manchmal sogar der Abwehr. Im typischen Fall lächelt der Säugling den Fremden an, birgt sich dann scheu an der Mutter und nimmt nach einer Weile wieder freundlichen Blickkontakt auf. Bleibt der Fremde auf Distanz, dann kann sich das Kind an ihn gewöhnen, und die Scheu verliert sich. Kommt er jedoch näher, ohne dem Kind Zeit zu lassen, dann löst auch sein gutgemeinter Versuch, den freundlichen Kontakt herzustellen, beim Säugling Furcht, ja oft sogar panischen Schrecken aus. Diese Fremdenfurcht hat keinerlei schlechte Erfahrungen mit Fremden zur Voraussetzung. Auch wenn einem Säugling von einem Fremden nie etwas Böses widerfuhr, zeigt er dieses Reaktionsmuster. Wir müssen daher annehmen, daß der Säugling aufgrund von Reifungsprozessen zu diesem Zeitpunkt in der Lage ist, bestimmte Signale des Mitmenschen, die Angst einflößen, zu erkennen. Diese Aussage wird durch die Tatsache gestützt, daß wir in allen daraufhin untersuchten Kulturen, z. B. bei den Buschleuten der Kalahari ebenso wie bei den Yanomami des oberen Orinoko oder den Eipo im Bergland Neuguineas, diese Fremdenscheu nachweisen können, ganz unabhängig von den jeweiligen Sozialisationspraktiken, die in diesen Kulturen üblich sind (Abb. 22–24).

Einige der Signale, die beim Menschen neben Zuwendung auch Meidereaktionen auslösen, sind uns bekannt. Von besonderer Bedeutung ist dabei der Blickkontakt. Er wird als Zuwendung interpretiert, als Mitteilung, daß die Kanäle für die Kommunikation offen sind, und wir brauchen ihn, wenn wir uns mit einem Mitmenschen unterhalten wollen. Allerdings dürfen wir den Partner nie zu lange anschauen, sonst empfindet dieser den Blickkontakt als Starren, und Anstarren wird als Ausdruck der Dominanz und Drohung aufgefaßt. Aus diesem Grund vermeiden es Sprechende, den Blickkontakt ins Starren eskalieren zu lassen, indem sie von Zeit zu Zeit den Blick abwenden. Der Zuhörer dagegen darf unentwegt schauen, er muß ja auf die nichtverbalen Zeichen achten, mit denen ihm das Gespräch übergeben wird. Spricht er dann selbst, ist es an ihm, den Blickkontakt von Zeit zu Zeit zu unterbrechen.

Daß Blickkontakt die Interaktionspartner erregt, kann man auch durch physiologische Messungen nachweisen. Blickkontakt erhöht z. B. die Pulsrate. Nun sind die Bezugspersonen eines Säuglings sicher ebenfalls Träger von Merkmalen, die Scheu auslösen könnten. Wir sind jedoch so konstruiert, daß persönliche Bekanntheit die Wirkung der angstauslösenden Signale stark abschwächt, so daß die freundlichen Zuwendungsreaktionen überwiegen. Bekanntheit schwächt die angstauslösende Wirkung von Signalen ab, und das Verhalten wird im Umgang mit Bekannten in Richtung auf Vertrauen verschoben.

Abb. 22 a–h Die Scheu des Menschen vor dem Mitmenschen: Auf Blickkontakt mit einem fremden Buschmann zeigt der weibliche G/wi-Buschmann-Säugling ein ambivalentes Verhalten, in dem sich freundliche Zuwendungsreaktionen mit solchen der Abkehr mischen und überlagern. Aus einem mit 25 Bildern/s aufgenommenen 16-mm-Film; Bild 1, 40, 199, 244, 247, 275, 287 und 332. Photo: I. Eibl-Eibesfeldt.

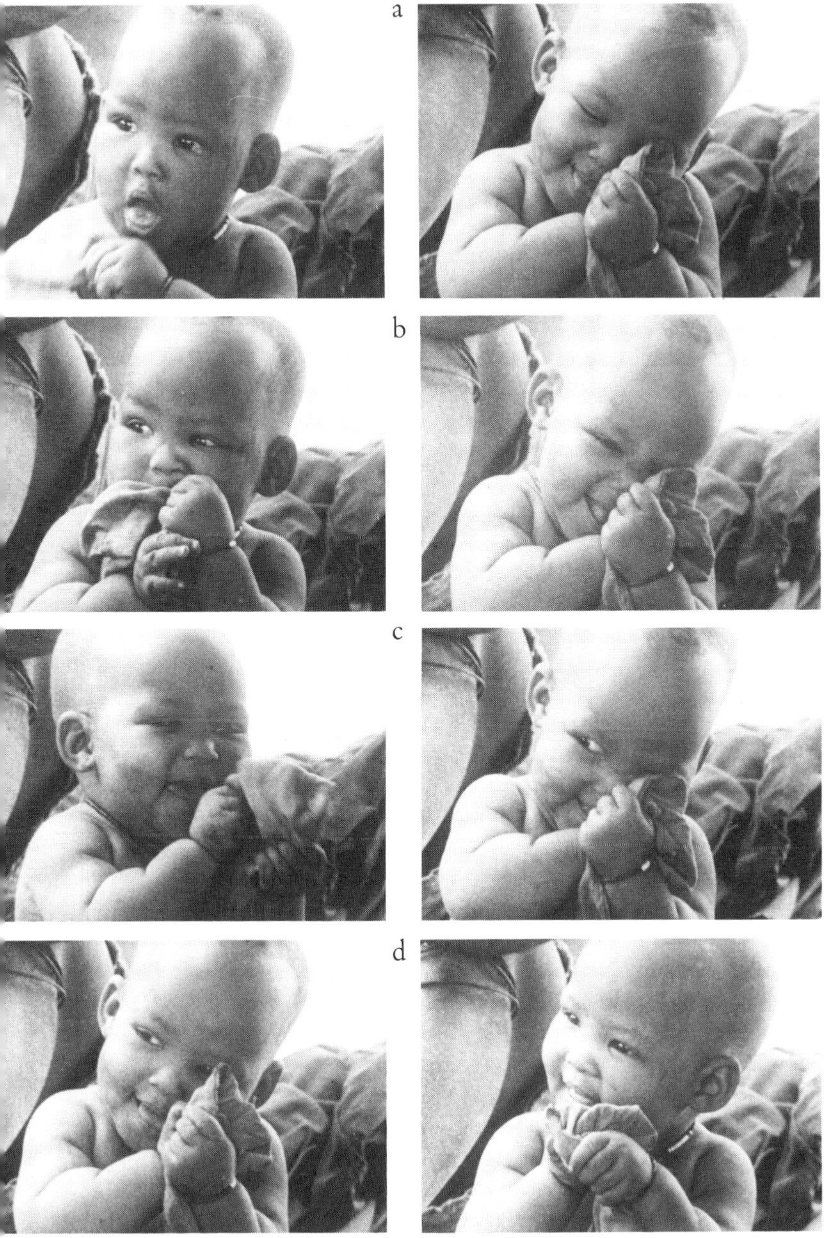

a e b f c g d h

Abb. 23 Die Ambivalenz von Zuwendung und Abkehr im Verhalten eines 3½jährigen Jungen von Kaileuna (Trobriand-Inseln): Auf Blickkontakt mit einer Besucherin antwortet der Junge »verlegen«: Reaktionen der Zuwendung und Abkehr

e g f h

mischen sich. Aus einem mit 25 Bildern/s aufgenommenen 16-mm-Film; Bild 1, 39, 88, 96, 113, 129, 181 und 221. Photo: I. Eibl-Eibesfeldt.

Bei Begegnungen mit Fremden dagegen kommen die angstauslösenden mitmenschlichen Signale voll zum Tragen, und das Verhalten verschiebt sich dementsprechend in Richtung auf Mißtrauen.

b) Angst und Gruppenverhalten

Dieses einfache soziale Reaktionsmuster hat für unser zwischenmenschliches Zusammenleben weitreichende Konsequenzen. Unter anderem wird dadurch bewirkt, daß wir uns in kleinen, geschlossenen Gruppen wohl fühlen und Fremden mit einer gewissen Reserviertheit gegenüberstehen.

Das führt zur Abgrenzung der Gruppen voneinander, oft durch kulturelle Kontrastbetonung in Sitte, Kleidung und Sprache, ganz ähnlich wie sich im Tierreich gerade nah verwandte Arten, die in Nachbarschaft leben, dadurch voneinander absetzen, daß sie z. B. verschiedene Rufe oder Gesänge entwickeln. Für den kulturell analogen Vorgang, den die biologische Subspeziation des Menschen wohl oft nach sich zog, prägte Erik Erikson den treffenden Begriff »kulturelle Pseudospeziation«.

Die Vertrauensbeziehung im Kleinverband beruht unter anderem auf der Tatsache, daß Personen, die einander kennen, auch das Verhalten des Partners mit einer gewissen Verläßlichkeit voraussagen können. Das gewährt Sicherheit. Es ist in diesem Zusammenhang bemerkenswert, daß Mitglieder einer Gruppe, die sich aberrant verhalten, zunächst Zielscheibe des Spottes der anderen werden. Es handelt sich um eine normie-

Abb. 24 Verlegenheit einer 15jährigen der Trobriand-Inseln: Die Ambivalenz drückt sich hier subtil in Augensprache und Mimik aus. Den Zuwendungsreaktionen (Blickkontakt und Lächeln) folgen Blickabkehr und leises Naserümpfen (Querfalten an der Nasenwurzel), das distanzierende Verhaltenstendenzen anzeigt; anschließend Zuwendung mit starkem Lächeln, aber auch mit dem Ansatz, das Untergesicht hinter der Hand zu verbergen. Aus einem mit 25 Bildern aufgenommenen 16-mm-Film; Bild 1, 15, 21, 42, 71, 126, 151 und 170 der Sequenz. Photo: I. Eibl-Eibesfeldt.

a
b
c
d
e
f
g
h

rende erzieherische Aggression, durch die eine Angleichung des abweichenden Verhaltens an die Gruppennorm erzwungen werden soll. Gelingt das nicht, dann kann es zu heftigen Ausstoßreaktionen kommen.

Diese Reaktion ist altes Erbe. Bereits Schimpansen stürzen im Kollektiv über Gruppenmitglieder her, die sich von der Norm abweichend verhalten. Als einige der Schimpansen in der Gruppe, die Jane Goodall beobachtete, an Kinderlähmung erkrankten und sich infolgedessen auf absonderliche Art fortbewegten, wurden sie von ihren bisherigen Gefährten heftig angegriffen.

Auch wir Menschen erliegen leicht dieser blinden Ausstoßreaktion. Im harmlosen Fall lachen wir über Außenseiter, und die Witzseiten in den Illustrierten lehren, daß wir das gerne tun. Wir müssen es *lernen,* nicht über die Gebrechen und andere Sonderbarkeiten eines Mitmenschen zu lachen, und Schulkinder hänseln oft in rücksichtsloser Weise die Dicken, Stotternden oder Rothaarigen. Arik Brauer hat diese Neigung in einem seiner Lieder treffend bloßgestellt.

Die Gruppe vereinigt sich gegen den Außenseiter. Das mag in steinzeitlichen Kleingruppen durchaus sinnvoll gewesen sein, denn dort hing das Überleben der Gemeinschaft wohl davon ab, daß man sich konform und damit voraussagbar verhielt. In der heutigen Großgesellschaft ist diese Reaktion aber sogar schädlich, da viele der Außenseiter sich durch Sonderbegabungen auszeichnen, die der Gemeinschaft nützlich sind. Dennoch ist die Reaktion auf Außenseiter nicht überwunden, und sie kann sich als Meutesyndrom des Gruppenhasses auch gegen Minoritäten richten. In der Geschichte wurde dies von den führenden Politikern oft genützt, um von inneren Schwierigkeiten abzulenken. Die Minoritäten wurden zu Sündenböcken erklärt, an deren abweichendem Verhalten man Anstoß nahm und gegen die die Gruppe ihre Aggressionen in einer Art Meutereaktion entlud; in Europa waren vor allem die Juden Opfer. Dies mit nüchternen Worten hinzuschreiben erfüllt mit Ohnmacht, weil es der Katastrophe unangemessen erscheint. Aber für das Unbegreifliche haben wir kaum Worte. Die neue Bezeichnung »Holocaust« versachlicht den Schrecken, macht ihn aber nicht begreiflich.

Das Meutesyndrom ist auch in den internationalen Beziehungen wirksam. Als Sündenböcke eignen sich vor allem Staaten, die wenig Möglichkeit haben, sich zu wehren. In solchen Fällen verbindet sich die erzieherische Funktion des Gruppenhetzens mit einer Ventilfunktion. Man reagiert seine eigenen Aggressionen am Prügelknaben ab.

Von normierenden Aggressionen betroffene Individuen sind im allgemeinen bestrebt, ihr Verhalten der Gruppennorm anzupassen. Kleingruppen dagegen setzen sich in einem Solidarisierungseffekt oft kontrastbetont von ihren Angreifern ab.

Die Bereitschaft des einzelnen, sich der Gruppennorm anzugleichen, ist sehr stark. In ihrem Bedürfnis, der Mehrheit zu folgen, handeln Menschen sogar wider alle Vernunft. Läßt man Personen die Länge verschieden langer Strecken schätzen, dann gelingt ihnen das im allgemeinen recht gut. Es handelt sich ja um eine objektive, emotionell neutrale Einschätzung. Läßt man nun die Personen vor der gleichen Aufgabe beobachten, wie Komplizen des Versuchsleiters in einem fingierten Experiment konsequent die längere Strecke als die kürzere einschätzen, dann folgen die meisten Versuchspersonen diesen Vorbildern: Sie trauen ihrem eigenen Urteil nicht mehr und gehen mit der Menge (Asch 1952). Elisabeth Noelle-Neumann (1980) legte über das Mitläufer-Syndrom eine höchst bemerkenswerte Untersuchung vor.

Auch um solche Bereitschaften muß man wissen. Es gehört Zivilcourage dazu, die eigene Meinung gegen eine Mehrheit zu vertreten. Wir neigen dazu, mit dem Strom zu schwimmen, ohne erst kritisch zu prüfen, ob die Mehrheit wirklich vernünftig handelt. Diese Bereitschaft zur Konformität wird dann gefährlich, wenn sie sich mit Aggression verbindet. Die Wurzeln sind alt. Viele Leser werden sicher das Hassen der Singvögel gegen eine ausgesetzte Eule kennen. Vergleichbare Reaktionen gibt es selbst bei Fischen. Auf den Malediven beobachtete ich einmal einen Schwarm von Füsilieren, der im Sturzschwimmen auf eine Muräne hinabtauchte, sie knapp überschwamm und den Angriff so oft wiederholte, bis sich der Räuber schließlich verzog. Beim Menschen wird durch das Hetzen gegen den Außenseiter ein bis dahin zur Gruppe gehörender Mitmensch zum Fremden, ja Feind erklärt. Die Verbindung von Konformität und Aggression kann eine erschreckende Dynamik entfalten.

Zwischen Gruppenmitgliedern sind die agonalen Tendenzen abgeschwächt und kontrolliert. Man ist mit dem Partner und dessen Reaktionsweisen vertraut und damit auch vor Überraschungen sicher.

Über die längste Zeit der Geschichte lebte der Mensch in Kleingruppen, in denen jeder jeden kannte und in denen daher persönliche Beziehungen des Vertrauens vorherrschten. Das hat sich mit der Ausbildung der Massengesellschaft geändert. Wir verbringen heute den Alltag mit Menschen, die wir nicht näher kennen, und dies bedingt, daß der Mitmensch in der Großstadt in gewisser Hinsicht zum Stressor wird, zu einer Belastung, da die nicht durch Bekanntheit in ihrer Wirksamkeit abgeschwächten distanzierenden Signale ständig auf uns einwirken. Das wirkt sich in mehrfacher Weise auf unser Verhalten aus. Zunächst einmal stellen wir fest, daß Menschen in der anonymen Gesellschaft den Kontakt mit anderen Menschen meiden. Sie hasten aneinander vorbei, und zwar um so schneller, je größer die städtische Besiedlungsdichte ist. Marc H. Bornstein (1979) maß die Gehgeschwindigkeit von Menschen in verschieden großen Städten Europas und fand eine deutliche Zunahme der Gehgeschwindigkeit, je größer die Stadt war.

In der anonymen Gesellschaft meiden die Menschen insbesondere den Blickkontakt mit anderen. Das läßt sich experimentell leicht nachweisen. Postiert man Personen vor einem Postamt oder einem Geschäft und zählt man aus, wie viele Blickkontakte mit Passanten sie bekommen, dann stellt man fest, daß mit zunehmender Stadtgröße und damit zunehmender Anonymität die Zahl der Blickkontakte signifikant absinkt. Jeder, der einen Hotelaufzug in einer Großstadt benützt, kennt das Phänomen. Erving Goffman (1971) sprach in diesem Zusammenhang von »polite inattention«, von einem höflichen Übersehen – aber diese Höflichkeit geht sicher dann zu weit, wenn man an Mitmenschen, die in Not gerieten, vorbeihastet und sie nicht weiter beachtet. Die Kontaktmeidung äußert sich ferner darin, daß Menschen in der anonymen Gesellschaft ihren Ausdruck maskieren. Es gehört zum guten Ton, in der Öffentlichkeit seine Gefühlsregungen nicht zu verraten, einerseits wohl, um die Mitmenschen nicht zu belästigen, und andererseits zum Selbstschutz, denn wer seine Gefühle zeigt, öffnet sich der Kommunikation und macht sich damit verletzlich. Die Maske, die wir in der Öffentlichkeit tragen, zeigt einen neutralen Ausdruck oder den der Entschlossenheit und Strenge, also einen dem agonalen System zuzuordnenden Gesichtsausdruck.

Das Maskieren des Ausdrucks kann zu einer so gefestigten Gewohnheit werden, daß die betreffenden Personen ihre Maske zuletzt selbst im vertrauten Familienkreis nicht mehr ablegen können und damit kommunikationsgestört handeln. Dies ist einer der Gründe, weshalb Kommunikationstherapien in unserer Zeit eine so große Bedeutung gewonnen haben.

Die Anpassungen an die anonyme Gesellschaft bestehen im wesentlichen in Meidung und Abschirmung. Darüber hinaus bemühen wir uns um unauffälliges Auftreten. Vor allem Männer gleichen sich in Gebaren und Kleidung aneinander an. Wir verbergen uns im grauen Alltagsanzug in der Masse. Im Protest dagegen rebellieren zwar einzelne und Randgruppen durch betont individuelles Auftreten – und erregen damit auch oft Anstoß. Schleust man auffällig und normal gekleidete Versuchspersonen in eine vor einem Schalter wartende Schlange ein, dann stellt man fest, daß die Wartenden zu den auffällig Gekleideten einen größeren Abstand einhalten.

Der Bart des Mannes dürfte im wesentlichen ein agonales Imponierorgan sein. Geraten die Medlpa Neuguineas in Wut, dann drohen sie, indem sie ihren Bart am unteren Ende mit beiden Händen ergreifen und seitlich auseinanderziehen. Übelbannende Figuren an alten Kirchen Europas stellen das gleiche Bartweisen dar (Eibl-Eibesfeldt und Sütterlin 1985). In der anonymen Gesellschaft rasieren sich viele Männer.

All diese Erscheinungen belegen eine Aktivation des agonalen Systems. Die Menschen meiden in der modernen Großgesellschaft den Kontakt, sie leben nebeneinander. Sie klagen über ein Zuviel an zwischenmenschlichen Kontakten und zugleich über die Einsamkeit in der Masse – ein Widerspruch, wie es scheint, der sich jedoch auflöst, wenn man differenziert. Als zuviel wird der Kontakt mit dem Unbekannten empfunden, als zuwenig der Kontakt mit befreundeten oder gut bekannten Personen, denn dank unserer Mobilität leben Familienmitglieder, Freunde und Bekannte oft über weite Gebiete verstreut. Die einst für den Menschen typische Drei-Generationen-Familie hat sich ebenso aufgelöst wie der Sippenverband und die individualisierte Kleingruppe. Wir empfinden dies als einen gewissen Verlust. Dem stehen allerdings erhebliche Gewinne gegenüber: Erst die Großgesellschaft ermöglicht unter anderem jene Höchstleistungen im wissenschaftlich-technischen Bereich sowie in der Kunst, an denen wir uns erfreuen. Darüber hinaus ermöglicht die anonyme Gesellschaft die Entfaltung von Sonderbegabungen, die unter dem Normierungsdruck der Kleingesellschaft untergehen würden.

c) Wege zur Verringerung der Angst

Dennoch wäre es wichtig, die Folgen sozialer Deprivation in der Großgesellschaft aufzuheben oder zu mildern, denn die ständige durch Fremdenkontakt angeregte Angst schafft eine Handlungsbereitschaft, die nicht unbedenklich ist. Bei Angst neigen wir Menschen dazu, uns Personen oder Ideologien anzuvertrauen, die Sicherheit bieten. Das haben Demagogen zu allen Zeiten zu nützen gewußt, und viele Tyrannen gingen als »Große« in die Geschichte ein; sie genossen sogar »Ehrfurcht«. Sie wußten unter anderem Ängste zu schüren, um eine Gefolgschaft zu binden. Der Mensch der anonymen Gesellschaft ist dafür besonders anfällig. Die durch Angst aktivierten Gefolgschaftstendenzen sind älteres Erbe, das in der Brutpflege seinen Ursprung hat. Wir erwähnten bereits, daß Jungvögel vom Nestflüchtertypus und ebenso viele Jungsäuger ihrer Mutter folgen und bei Gefahr zu ihr flüchten und daß Strafreize diese Folgereaktion bekräftigen.

Angst infantilisiert auch uns Menschen, und sie schafft eine für das Bestehen liberal-demokratischer Regierungsformen bedenkliche Folgebereitschaft. Es gilt daher, die Anonymität in der Großgesellschaft zu mildern, ein soziales Klima des Vertrauens zu schaffen und so die Angst zu beseitigen. Wer aufmerksam das Zeitgeschehen verfolgt, wird merken, daß wir von einem solchen Ziel noch weit entfernt sind. Zur Zeit wird unentwegt Angst geschürt. Zahlreiche Gruppen betreiben dieses Gewerbe über Presse, Rundfunk und Fernsehen, um sich zugleich als Befreier und Beschützer anzubieten. In ihrer Gesamtheit erzeugen sie heute fast eine Art Untergangsstimmung, stumpfen aber zugleich gegen die wirklich anstehenden sozialen und ökologischen Probleme ab. Denn der einzelne weiß bald wirklich nicht mehr, was an den verschiedenen Unheilprophezeiungen wohlbegründet ist. Er ist ganz allgemein verunsichert, ängstlich und deshalb schließlich bereit, jenen Predigern des Heils zu folgen, die ihm am besten Sicherheit verkaufen.

Dem kann man wahrscheinlich nur durch Aufklärung entgegenwirken, denn zu erwarten, daß die nach Macht strebenden politischen und religiösen Gruppierungen – die Sekten inbegriffen – darauf verzichten, die menschliche Ängstlichkeit für ihre Zwecke auszunützen, ist utopisch. Uns bleibt nur die Möglichkeit, immer wieder auf die Wirkungsweise der Angstbindung hinzuweisen und damit zu einer kritischeren Haltung gegenüber all jenen zu erziehen, die sich als Führer aus der Not anbieten.

Es wäre ferner sicher hilfreich, wenn Politiker es etwas genauer mit der Wahrheit hielten. Dadurch, daß heute die Lüge in der Innen- wie Außenpolitik gang und gäbe ist und, einmal aufgedeckt, nur als Kavaliersdelikt gilt, wird natürlich das Mißtrauen in der Gesellschaft gefördert.

Konkrete Maßnahmen zur Milderung der Folgen der Anonymität lassen sich im städtebaulichen Bereich durchführen. Der Wohnbereich und das Wohnumfeld in der Großstadt haben ja eine Reihe von Bedürfnissen des Menschen zu erfüllen. Einige davon gehören zum Biogramm des Menschen, das heißt, sie ergeben sich aus seiner stammesgeschichtlich gewachsenen Konstitution. Dazu gehört im sozialen Bereich das Bedürfnis nach familialer Abgrenzung in einer Atmosphäre der Privatheit, aber auch das Bedürfnis nach Einbindung in eine Gemeinschaft von Personen, die man näher kennt (Eibl-Eibesfeldt 1984). Letzteres haben die Städteplaner allerdings erst relativ spät erkannt. Erst als Vandalismus die im Rahmen des sozialen Wohnbaus erstellten Blöcke heimsuchte, erkannte man, daß der Mensch doch nicht alles anzunehmen bereit ist, was man hinbaut. Man begann mit Hobbyräumen zu experimentieren, in der Hoffnung, diese würden soziale Beziehungen zwischen den Bewohnern stiften helfen, aber der gewünschte Erfolg blieb aus. Vielleicht, weil in einem solchen Raum der Kontakt mit dem fremden Mitmenschen zu unvermittelt ist.

Es ist das Verdienst des Wiener Architekten Harry Glück, im Schwimmbad einen sozialen Katalysator entdeckt zu haben. Er legte Schwimmbäder auf den Dächern verschiedener sozialer Wohnbauten an. Diese Bäder wurden von den meisten Bewohnern der Wohnblöcke regelmäßig besucht, und zwar nicht, um soziale Kontakte herzustellen, sondern um hier zu baden. Menschen sind aber von Natur aus auch freundliche, gesellige Wesen, und wenn sie einander zwanglos begegnen, kommt es fast automatisch auch zur Bekanntschaft. Man tauscht Grußworte und unverbindliche Floskeln aus, über die im Laufe der Zeit Gespräche angebahnt und Bekanntschaften geschlossen werden. Die Bäder wirken gewissermaßen sozialintegrativ. In den Bauten, die mit ihnen ausgestattet sind, spielt Vandalismus eine geringe Rolle. Selbst in der Wohnbauanlage Alt Erlaa, die für 6000 Personen in Hochbauweise erstellt wurde, bildete sich eine Gemeinschaft. Über zwanzig Vereine und eine gemeinsame Zeitschrift drücken Verbundenheit auf verschiedenen Ebenen aus.

Die hohe Wohnqualität wird durch Fragebogenerhebungen und durch die direkte Verhaltensbeobachtung bestätigt. W. Schiefenhövel und K. Grammer (1988) zählten mit ihren Mitarbeitern aus, wie oft und wie lange sich Personen, die einander im Freien vor den Wohnblöcken begegnen, begrüßen, stehenbleiben und sich miteinander unterhalten. Es zeigte sich, daß in Anlagen, die schon bei der architektonischen Planung Wert auf sozialintegrative Strukturen legten, die Rate der freundlichen Interaktionen höher war als in Anlagen ohne solche sozialintegrativen Strukturen. Bäder bewährten sich dabei besonders, da sie Menschen zwanglos zusammenführten. Die Kontakte wurden dadurch erleichtert, daß die Personen einander im Badeanzug, also ohne kennzeichnende Statussymbole, in einer Atmosphäre der Gleichheit begegneten. Das heißt natürlich nicht, daß nur Bäder diese Funktion erfüllen können, sie tun es aber besonders gut, und bisher ist anderen Architekten nichts Besseres eingefallen.

Mit der Bildung individualisierter Gemeinden in der anonymen Gesellschaft gewinnt der einzelne einen sicheren Rückhalt und damit jene Unabhängigkeit des Angstfreien, die es ihm erlaubt, auch Fremden mit freundlicher Sicherheit entgegenzutreten, die auf einem grundsätzlichen Vertrauen basiert. Auch entwickelt der Mensch im vertrauten Kleinverband jene Werthaltungen, die es ihm schließlich erlauben, selbst in den ihm fremden Personen Brüder und Schwestern zu sehen. Letztlich basiert das Staatsethos auf einer Erweiterung des biologisch begründeten Familien- und Sippenethos. Eine humanitär ausgerichtete Gesellschaft hat individualisierte Beziehungen zur Voraussetzung, denn ohne diese gibt es keine Liebe. Familie und individualisierter Kleinverband bilden in diesem Sinne die Basiseinheiten der anonymen Gemeinschaft eines Staatsvolkes. Es gab extrem totalitäre Sozialutopien, die absolute Loyalität zum Staate forderten und meinten, Familie und persönliche Freundschaft stünden dem hinderlich entgegen. Sie irrten, denn die Fähigkeit zum engagierten Einsatz für die größere Gruppe setzt die Fähigkeit zu Liebe und Vertrauen voraus, und beide sind familiales Erbe. Verkümmert diese Basis, dann läßt sich auch kein Sinn für die größere Gemeinschaft entwickeln.

9 Von der Hypothese zur Doktrin

Großinquisitor: Vor dem Glauben gilt keine Stimme der Natur.
Schiller: *Don Carlos V/10*

a) Hypothesen als geistige Zuflucht

Hypothesen sind Annahmen, die wir entwickeln, um irgendein Geschehen oder eine Erscheinung ursächlich zu erklären. Mit ihrer Hilfe versuchen wir vorauszusagen, was unter bestimmten Umständen eintreffen wird. Treffen die Voraussagen nicht ein, dann verwerfen wir sie. Der naturwissenschaftliche Fortschritt basiert auf der Bereitschaft, Hypothesen, die sich nicht als tragfähig erwiesen, über Bord zu werfen. Nach Konrad Lorenz sollten wir diese Tugend bei jedem Frühstück üben. Das fällt allerdings nicht leicht, denn wir lieben diese Kinder unseres Geistes. Sie liefern uns ja Erklärungen und vermitteln uns damit Orientiertheit in dieser Welt. Das gibt uns Sicherheit, denn im Rahmen unserer Hypothesen können wir quasi-vernünftig handeln und glauben so, die Ereignisse auch kontrollieren zu können. So wie die Maus sich erst dann sicher fühlt, wenn sie sich in ihrer kleinen Welt orientiert, um deren Gefahren weiß und um ihre Mauselöcher als Zuflucht, so bieten viele unserer Hypothesen als geistige Mauselöcher unseren Ängsten Zuflucht. Kein Wunder also, daß wir dazu neigen, uns an ihnen festzuklammern. Das ist allerdings weniger harmlos, als wir glauben, denn Hypothesen können auf diese Weise zur Doktrin und damit zu Gefängnissen unseres Geistes werden.

Das Bemühen, eine geistige Ordnung in diese Welt zu tragen, ist wohl so alt wie die Menschheit und sicher nicht erst Errungenschaft der Hochkulturen. Die Buschmänner der zentralen Kalahari, die als Jäger und Sammler das Modell eines altsteinzeitlichen Volkes verkörpern, verfügen über ein Repertoire an Hypothesen, mit deren Hilfe sie die Welt erklären. Krankheiten erklären sie mit der Annahme, Dämonen oder Feinde hätten unsichtbare Pfeile in den Körper der Erkrankten gezaubert. Damit ist der Fall erklärt, und man kann nun handeln. Durch stundenlange Tänze versetzen sich einzelne Männer in Trance. In diesem Zustand glauben sie, die unsichtbaren Pfeile herausziehen zu können. Und der Glaube daran hilft auch dem Patienten, denn er wird durch die Anteilnahme der anderen und durch die Sicherheit, mit der die Heiler agieren, von Angst befreit. Damit aber werden Kräfte zur Selbstheilung freigesetzt, die die Angst als Stressor unterdrückt.

Verständlich, daß man auf dieser Entwicklungsstufe die Sicherheit bietenden Hypothesen ungern aufgibt. Hält man aber an ihnen fest, dann werden sie zu einem Merkmal der Gruppe, das diese von den anderen absetzt. Solche Merkmale werden allmählich zum Glauben und können dann nur mehr schwer ohne Identitätsverlust aufgegeben werden. Die geistigen Freiheiten sind bei einer so gearteten Entwicklung entscheidend eingeschränkt.

Nun werden viele meinen, daß solche Entwicklungen in unserer Zeit nicht mehr zu befürchten seien. Aber die Neuzeit lehrt, daß selbst wissenschaftliche Hypothesen gegen eine derartige Entwicklung nicht gefeit sind. Die Gefahr, daß Hypothesen zur Doktrin erstarren, ist vor allem dann gegeben, wenn ein genialer Geist ein in sich schlüssiges Hypothesengebäude präsentiert, dem dank der inneren Ordnung und Kohärenz neben einem hohen Erklärungswert eine ästhetische Faszination anhaftet, und wenn es überdies Entwicklungen verspricht, die dem Bedürfnis der Menschen nach Freiheit, Frieden, Wohlstand, Befreiung von Angst, Krankheit und Not, kurz gesagt, nach einem Leben im Glück entgegenkommen. Aus positivem sozialem Engagement werden dabei bestimmte Endziele gesetzt, denen grundsätzlich jeder zustimmen kann. Welcher vernünftige Mensch hätte etwas gegen das Ideal der Gleichheit vor dem Gesetz, die individuelle Freiheit oder eine mitmenschliche, brüderliche Haltung einzuwenden? Die Kontroversen beginnen erst bei der Diagnose der Ursachen der gegenwärtigen Misere und den daher zu ihrer Beseitigung für erforderlich gehaltenen Sozialtechniken und anzustrebenden Zwischenzielen, über die der ideale Endzustand erreicht werden soll. In diesen Punkten gehen die Meinungen auseinander, und das erlaubt, sich über Programme zu profilieren und von anderen abzusetzen, die bei grundsätzlich gleicher Zielsetzung eine andere Diagnose stellten und dementsprechend andere Therapien vorschlagen. Die Neigung, in Kontrastbetonung Gegensätze zu verschärfen, führt schließlich zu dogmatischer Verschließung, und eine Korrektur der »Weltanschauung« an der Wirklichkeit wird dementsprechend schwerer.

b) Von der Hypothese zur Doktrin: Beispiel Milieutheorie

Der Marxismus hat in gewisser Hinsicht eine solche Entwicklung durchgemacht. Ihm liegen Hypothesen der Wirtschaftslehre und Gesellschaftslehre zugrunde, die zu Glaubenssätzen wurden, über die sich heute ein Teil der Menschheit abgrenzt. In einer bemerkenswerten Parallele zur religiösen Sektenbildung entwickelten sich in relativ kurzer Zeit Untergruppen mit eigenen Bekenntnisvarianten, Ritualen und Sozialtechniken. Das starre Festhalten an bestimmten Grundthesen förderte zunächst deren Verbreitung, denn Prediger, die Zweifel an ihren eigenen Thesen aussprechen, gewinnen weniger leicht Gefolgschaft als jene, die sich ihrer Sache sicher geben. Dagegen wäre auch nichts einzuwenden, denn wir brauchen Experimente dieser Art, und nur Zuversicht läßt uns Experimente wagen. Doch bedarf es der

Offenheit für die Korrektur durch die Wirklichkeit, d.h. über »Bewährung«. Schließlich haben wir als rationale Wesen die Begabung, Hypothesen anstelle von Individuen sterben zu lassen. Wir müssen nicht erst unter der Geißel der Selektion aus Katastrophen lernen. Aber das fällt uns aus den schon dargestellten Gründen nicht leicht.

Die Notwendigkeit im Leben, Hauptursachen zu erkennen, verführt uns zu linearem, monokausalem Denken (S. 50). Viele Hypothesen sind davon geprägt. Kein Mensch wird z.B. bestreiten wollen, daß wir Menschen viel lernen. Wir lernen den Wortschatz unserer Sprache, ihre Grammatik, das Brauchtum unserer Kultur und noch vieles andere mehr. Jeder von uns wurde zweifellos von seiner Kultur und damit seiner Umwelt geprägt. Die Milieutheorie (Environmentalismus) generalisierte diese Feststellung zu der Aussage, das Verhalten einer Person werde primär nicht durch ihre Erbanlagen, sondern durch die Umwelt bedingt. Von Geburt an seien alle Menschen gleich veranlagt, und alle Unterschiede etwa im Verhalten der Geschlechter oder zwischen den Vertretern verschiedener Rassen seien auf unterschiedliche Erfahrungen zurückzuführen. Über Erziehung, so meinte man, ließe sich dem Menschen jede gewünschte Verhaltensweise oder Werthaltung beibringen. John B. Watson (1930) faßte diese Ansicht so zusammen: »Give me a dozen healthy infants, well-formed, and my own specified world to bring them up and I'll guarantee to take any one at random and train him to become any type of specialist I might select – doctor, lawyer, artist, merchant-chief and, yes, even beggar-man and thief, – regardless of his talents, penchants, tendencies, abilities, vocation, and race of his ancestors« (S. 104).

Die Milieutheorie basiert letztlich auf zwei Annahmen:

1) der Annahme, daß dem Menschen nichts angeboren sei, er also frei von jeder Art Vorprogrammierung durch stammesgeschichtliche Anpassungen quasi als unbeschriebenes Blatt zur Welt komme, und

2) der Annahme, daß alle Menschen gleich seien.

Nun werden die Behauptungen des klassischen Behaviorismus in den Wissenschaften vom menschlichen Verhalten kaum noch in ihrer extremen Form vertreten. Dies läßt das von den biologischen Verhaltenswissenschaften erarbeitete Wissen gar nicht mehr zu. In der Politik und im populären psychologischen Schrifttum bestimmen die veralteten milieutheoretischen Vorstellungen dagegen nach wie vor das Denken, Handeln und auch die öffentliche Meinung.

Hans Peter Duerr veröffentlichte 1988 ein bemerkenswertes Buch über die Scham. Seine Untersuchung belegt, daß es sich um eine anthropologische Konstante handeln dürfte, denn das Verhalten tritt in allen Kulturen, soweit bekannt, auf und erweist sich offenbar gegen Veränderungsbemühungen als resistent. In einem in der Zeitschrift »Psychologie Heute« (1988, Nr. 15) abgedruckten Interview meinte der Gesprächspartner, auf diese Aussage Bezug nehmend, daß Duerr damit doch den Verhaltensforschern nahestehe:
PH: Mit diesen Auffassungen befinden Sie sich in enger Nachbarschaft zu ebenfalls oft heftig kritisierten Wissenschaftlern – den Verhaltensforschern...
Duerr: Wunderbar. Ich habe nichts gegen die Verhaltensforscher...
PH: ... aber einige ihrer Theorien haben weitreichende politische Implikationen...
Duerr: Die deutschen Intellektuellen haben – aus der jüngsten deutschen Geschichte heraus verständlich – eine Art Neurose. Diese Neurose äußert sich in permanentem Ideologie-Verdacht. Wenn immer hier jemand etwas schreibt, wird er von den Kritikern in geradezu obszöner Weise auf seine Weltanschauung hin abgetastet, so wie ein Hähnchen vom Metzger befühlt wird. Wenn jedoch bestimmte wissenschaftliche Thesen bestimmte politische Implikationen haben sollen, die uns nicht in den Kram passen, dann mag das zwar bedauerlich sein, aber es ist kein Argument gegen ihre Wahrheit. Vielleicht ist die alte Behaup-

tung, daß die Wahrheit letzten Endes glücklich macht, nur ein Traum ...

PH: Warum aber dann die Wahrheit – ohne Glück?

Duerr: Nietzsche hat einmal gesagt: »Der Mensch strebt nicht nach Glück. Das tun nur die Engländer« (S.36).

Ich möchte dem ergänzend hinzufügen, daß Wissen und Wahrheit uns wohl besser gegen die Unsicherheiten der Zukunft absichern dürften als Unwissenheit und Lüge und damit wohl langfristig unserem Glück besser dienen werden. Verdrängung der Wahrheit und Selbstbetrug mögen vielleicht kurzfristig das Leben bequem gestalten helfen, eine glückliche Zukunft garantieren sie nicht.

Die milieutheoretischen Thesen sind zur Doktrin erstarrt. Worin liegt ihre Anziehungskraft?

Zunächst einmal liegt der milieutheoretischen Doktrin sicher ein starkes humanitäres Engagement zugrunde. Es verbindet sich mit der Zielvorstellung eines besseren und glücklicheren Menschen, der durch Bildung herangezogen werden soll. Diesen erzieherischen Optimismus sollte man gewiß beibehalten. Wir teilen ihn und meinen, daß das Wissen um unsere biologische Natur – um das, was durch stammesgeschichtliche Anpassungen angelegt ist – uns in dem Bemühen weiterhilft, uns erzieherisch zu kultivieren. Die Anhänger der milieutheoretischen Doktrin sehen dagegen im Angeborenen eher ein Hindernis für die erzieherischen Bemühungen. Sie vertreten vielfach die Ansicht, daß die Akzeptanz uns angeborener Verhaltensdispositionen, etwa in Form einer eigenen Motivation zur Aggression, zum Fatalismus führen müsse, denn gegen Angeborenes könne man ja nichts unternehmen. Das ist aber keineswegs die notwendige Schlußfolgerung. Schließlich wissen wir, daß unser Triebleben durchaus kulturell gezähmt wird. Keinem Menschen würde es einfallen, von einem unkontrollierbaren Sexualtrieb zu sprechen und mit dem Hinweis auf dessen physiologische Bedingtheit ein rücksichtsloses Ausleben der Triebhaftigkeit zu rechtfertigen. Statt die Tatsache zu akzeptieren, daß wir Menschen partiell mit stammesgeschichtlichen Anpassungen ausgerüstet zur Welt kommen, wird dieses Wissen einfach verdrängt. Man spielt die Bedeutung des Angeborenen entweder herab, oder man leugnet seine Existenz. Ich vermute, daß dabei auch die Angst eine Rolle spielt, Vorprogrammierungen in unserem Verhalten würden die Freiheiten unseres Handelns so einengen, daß wir gleich Schienenfahrzeugen auf vorgegebenen Bahnen laufen müßten. Daß davon nicht die Rede sein kann, haben wir oft betont. Angeborenes dient vielmehr zur Entlastung und Absicherung gegen überlebensgefährdendes Handeln. Erst über die Entlastungsfunktion eröffnen sich uns Freiheiten. Ein Beispiel dafür ist die Integration der menschlichen Motorik. Mario von Cranach (1987) schreibt dazu: »Müßte die gesamte Koordinationslast bis zur Kontrolle der einzelnen Muskelfasern von den höchsten kortikalen Instanzen getragen und bewußt reflektiert werden, so würde die Tätigkeit unweigerlich an einem Informationsverarbeitungs-Notstand scheitern« (S. 13).

Hier besteht eine gewisse Analogie zur Sprache. Beim Sprechen sind wir ohne Zweifel an das recht starre Regelsystem der Grammatik und den uns im wesentlichen durch Tradition vorgegebenen Wortschatz gebunden. Verletzen wir die Regeln, gebrauchen wir die Worte falsch, dann wird man uns sprachliche Inkompetenz vorwerfen. Dennoch zweifelt wohl keiner, daß man im Rahmen der strengen Regeln der Grammatik und mit dem vorgegebenen Wortschatz Aussagen formulieren und Gedichte schreiben kann, die noch nie zuvor gemacht wurden. Ja, erst das internalisierte Instrumentarium der Sprache erlaubt es, höhere gedankliche Operationen durchzuführen. Regeln, gleich ob sie uns angeboren sind oder ob wir sie über Lernprozesse erwarben und verinnerlichten, entlasten, da wir uns nicht stets von neuem überlegen müssen, was wir tun sollen. Damit gewinnen wir Freiheiten, die höheren Leistungen des Intellekts zugute kommen.

Verleugnen wir die Tatsache der partiellen stammesgeschichtlichen Programmiertheit unseres Verhaltens, laufen wir Gefahr, gelegentlich auch über diese unsere Anlagen zu straucheln. Wir diskutierten bereits einige dieser Fallgruben unseres Verhaltens und werden uns in den folgenden Kapiteln noch weiter mit ihnen auseinandersetzen. Zur Selbstkontrolle bedarf es der Aufklärung über uns selbst. Jede Verdrängung der Wahrheit ist in diesem Sinne anti-emanzipatorisch.

Des weiteren sollten wir nicht übersehen, daß hinter der Lehre von der beliebigen erzieherischen Wandelbarkeit auch ein Machtanspruch jener steckt, die den Menschen nach den Vorstellungen ihrer Ideologie formen wollen. Angeborenes wäre dabei möglicherweise hinderlich, nicht weil man es nicht erzieherisch unter Kontrolle bringen könnte, wohl aber weil unsere biologische Programmierung manchen Umerziehungsbemühungen Widerstände entgegensetzen würde. Geht man davon aus, daß es keine Vorprogrammierungen dieser Art gibt, dann braucht man darauf auch keine Rücksicht zu nehmen. Das führt allerdings leicht zu unnötig repressiven Sozialtechniken und Erziehungspraktiken. Geht man ferner davon aus, daß dem Menschen keinerlei Vorwissen um Gut und Böse angeboren sei, dann delegiert man die Normensetzung allein den Ideologen. Das führt zu einem kulturellen Relativismus, der nicht ganz unproblematisch ist. Denn schließlich könnte das, was eine Ideologie für sich als richtig und damit als gut definiert, für eine andere schädlich, ja tödlich sein. Man denke nur an die elitäre Überheblichkeit des Nationalsozialismus.

c) Von der Hypothese zur Doktrin: Beispiel Feminismus

Welche Konsequenzen die ideologische Verdrängung unseres Wissens über die stammesgeschichtlichen Vorprogrammierungen im menschlichen Verhalten haben kann, lehrt eindrucksvoll die Diskussion um die Gleichberechtigung der Geschlechter. Der Diskussion liegt das berechtigte Anliegen der Frauen zugrunde, sich von der zum großen Teil unerträglichen männlichen

Dominanz zu lösen. Deren Ausbildung wurde durch die arbeitsteilige Art des Geldverdienens gefördert, die den Mann zum ausschließlichen ökonomischen Versorger der Familie machte. Die Wurzeln des Rangstrebens reichen zwar weit ins Primatenerbe, und männliche Dominanz ist nicht erst eine Erfindung der Neuzeit, doch scheint die Beziehung der Geschlechter bei Naturvölkern weit weniger von Dominanz und weit mehr von Kooperation geprägt zu sein als in unserer Gesellschaft. Bei Naturvölkern sind Beziehungen arbeitsteilig kooperativ mit klarer Zuteilung männlicher *und* weiblicher Dominanzbereiche, und beide Geschlechter tragen in der Regel zur ökonomischen Versorgung des Haushaltes bei. Mit der industriellen Revolution geriet die Frau in eine höchst problematische ökonomische Abhängigkeit, aus der sie sich heute durch aktive Teilnahme am politischen und wirtschaftlichen Leben zu lösen sucht. Um dieses Ziel zu erreichen, setzte sich die Frauenbewegung für die Gleichberechtigung der Frau im beruflichen und politischen Leben ein. Sie erwirkte unter anderem das Wahlrecht für Frauen und ihre Zulassung zu allen Studienfächern der Universitäten sowie zu den meisten Berufen.

Im Kampf für die Frauenrechte verfielen jedoch einige Verfechter der Gleichberechtigung in einen Extremismus, der sowohl den berechtigten Anliegen der Frauenbewegung als auch der Gemeinschaft Schaden zufügen kann. Anstatt Möglichkeiten zu diskutieren, wie man auch die traditionelle Rolle der Frau als Mutter aufwerten könnte, vertritt diese Fraktion mit Nachdruck die Ansicht, eine Frau könne sich beruflich nur im traditionellen Berufsleben selbst verwirklichen, d. h. emanzipieren und zur vollen souveränen Persönlichkeit entwickeln. Die Mutterschaft wird als Sklaverei abgewertet, als Falle, vor der man sich hüten müsse. Man setzt in einer grotesken Verkennung der Problematik auf Männermimikry. Um nun den Frauen den vollen Einstieg in die männliche Berufswelt schmackhaft zu machen und damit sie auch Zuversicht fassen, werden ihnen die Dogmen einer längst überholten Milieutheorie präsentiert, denen zufolge die männlichen und weiblichen Geschlechtsrollen den Personen ausschließlich kulturell aufgeprägt seien. Zwar würden sich Mann und Frau anatomisch und physiologisch aus Anlage unterscheiden, aber ihr unterschiedliches Verhalten werde kulturell durch unterschiedliche Erziehung bedingt.

Die Behauptung überrascht, denn seit über 200 Millionen Jahren gebären, pflegen und nähren Säugetierweibchen Junge, während sich Männchen eher mit Rivalen auseinandersetzen und um Weibchen werben, im übrigen aber nur in seltenen Fällen an der Brutpflege mitwirken. Männchen sind daher in der Regel muskulöser und größer; die Muskelleistung, auf den gleichen Muskelquerschnitt bezogen, ist größer, ebenso die Muskelmasse, bezogen auf das Körpergewicht. Die Physiologie der Geschlechter ist in einigen bemerkenswerten Punkten verschieden. Das alles soll keine Auswirkungen auf das Verhalten haben? Und erst recht soll es keine geschlechtstypischen oder geschlechtsspezifischen Verhaltensprogramme geben? Das ist doch höchst unwahrscheinlich!

Was man in der Tat beobachtet, sind kulturenübergreifende geschlechtstypische Verhaltensmuster, und wo im Kibbuz gegen die traditionelle weibliche Geschlechtsrolle erzogen wurde (S. 86), setzten sich letztlich doch die traditionellen Muster durch. Es gibt eine große Zahl von Daten, die auf angeborene Geschlechtsunterschiede im Verhalten hinweisen. So ist der Balken, jene Faserbrücke, die die beiden Hirnhälften miteinander verbindet, bei Frauen im hinteren Abschnitt viel dicker als bei Männern, d.h. die beiden Hirnhälften sind durch viele Millionen Fasern mehr miteinander verbunden als beim Mann. Dementsprechend funktionieren Rechts- und Linkshirn noch mehr als Einheit, und traumatische Schäden im Linkshirn können bei der Frau leichter kompensiert werden als beim Mann, bei dem solche Schäden in der Regel z. B. zu Sprachverlust führen. Frauen reagieren ferner im allgemeinen weniger leicht gefühlskalt als Männer, neigen aber, wie mir scheint, auch weniger zum Gefühlsüberschwang, sie sind ausgeglichener.

Wie sehr die Hormonphysiologie das mitbestimmt, was wir als weibliches oder männliches Verhalten zu nennen gewohnt sind, zeigen jene Fälle, in denen genetisch weibliche Föten den Einflüssen männlicher Hormone ausgesetzt waren. Solche Mädchen vermännlichen unter anderem auch im Verhalten. Sie zeigen z. B. andere Spielinteressen als ihre normalen Geschlechtsgenossinnen. Daß die Geschlechtszuweisung durch die Umwelt nur begrenzt wirkt, zeigen schließlich jene merkwürdigen Mutanten, die in drei Dörfern der Dominikanischen Republik gehäuft auftreten. Wegen eines mangelnden Enzyms wird bei genetischen Knaben die Verwandlung von Testosteron in Dihydrotestosteron verhindert. Das muß aber normalerweise im Gewebe der Vorläufer der fötalen Geschlechtsorgane stattfinden, damit sich diese in männliche Richtung entwickeln. Die Knaben kommen daher als Mädchen zur Welt, und sie werden auch als solche erzogen, da man ja ihre genetische Männlichkeit nicht erkennt. Mit der Pubertät wird Testosteron wirksam, das die Keimdrüsen absondern, denn Dihydrotestosteron ist nur bis zur Geburt für die Ausbildung der männlichen Geschlechtsmerkmale verantwortlich. Unter diesem Testosteroneinfluß wächst die Klitoris in einen Penis aus. Die Hoden wandern in die Hodensäcke, und das Verhalten vermännlicht sich, obgleich die Kinder wie Mädchen erzogen wurden. Sie zeigen männliches Sexualinteresse und können auch mit Mädchen verkehren, doch sie sind unfruchtbar, da ihr Ejakulat durch ein Loch an der Penisbasis abgeht.

Es gibt also eine Fülle von Untersuchungen, die angeborene Unterschiede belegen und auch die Wirkmechanismen ihres Zustandekommens aufzeigen, aber keine, die Gleichheit der Veranlagung belegen würden. Um so dogmatischer sind die Äußerungen jener, die das behaupten. Ich habe in meinem »Grundriß der Humanethologie« Material und Interpretationen zur Geschlechtsrollenbestimmung ausführlich erörtert. Hier gilt es, auf mögliche Irrwege eines dogmatischen Feminismus hinzuweisen, die letztlich das in meinen Augen durchaus berechtigte Anliegen der Frauenbewegung gefährden. Ich bin der Ansicht, daß die Lösung des Problems nicht allein darin bestehen kann, daß Frauen in den bisherigen Männerberufen tätig werden und sich von der traditionellen Frauenrolle als Mutter abwenden. Vielmehr sollte auch diese Rolle als berufliche Alternative gesehen und sozial und finanziell so abgesichert werden, daß eine ökonomische Unabhängigkeit vom Manne garantiert ist. Damit allein dürfte es allerdings noch nicht getan sein. Durch die Entwicklung der isolierten Kleinfamilie wird eine Mutter auch emotionell überlastet, wenn sie ausschließlich und allein Kleinkinder betreut. In traditionellen Gesellschaften werden die Mütter durch viele andere Bezugspersonen der kleinen Gemeinschaften entlastet, die sich zwischendurch mit den Kindern beschäftigen. Hier muß geholfen werden, denn Mütter brauchen wir immerhin auch. Oder wollen wir unser Aussterben betreiben? Manchmal hört sich das so an, so, wenn Alice Schwarzer (1976) meint, die Frau solle sich vor der Falle der Mutterschaft und Ehe hüten.

Die Ablehnung der traditionellen Frauenrolle ist oft ziemlich radikal, und zur Rechtfertigung hält man sich an milieutheoretische Hypothesen. Um das Gewissen der Frauen zu beruhigen, die sich die Frage stellen, wie sie ihr berufliches Leben mit ihren Pflichten als Mütter in Einklang bringen können, wird neuerdings sogar behauptet, daß Mütterlichkeit und Mutterliebe erst Erfindungen der Spätzivilisation seien. Bei Naturvölkern, heißt es, würden die Kinder nicht viel zählen. Man verschmerze ihren Verlust leicht, da man gewohnt sei, daß kleine Kinder oft sterben. Auch würde man Neugeborene ohne weiteres töten, wenn dies aus irgendeinem Grund erforderlich sei.

Wahrhaft erstaunliche Behauptungen für jeden, der Naturvölker kennt! Sie sind in ihrer Herzlosigkeit kaum zu übertreffen. Ich habe viele Nächte in der Hängematte unter den Pultdächern der Yanomami (Waika-Indianer) verbracht. Zu den unauslöschlichen Eindrücken gehören die Totenklagen der Mütter in den frühen Morgenstunden. Unvermittelt wird die Stille der

Nacht durch Weinen und Klagen unterbrochen. Eine Mutter erinnert sich an ihr verstorbenes Kind. Es ist schon seit Monaten tot, aber in diesen langen Stunden zwischen Nacht und Tag kommt der Schmerz wieder hoch, und sie klagt: »Mein Kind, warum bist du von mir gegangen – warum? Nun wird mir niemand Blumen bringen.« Und sie weint bitterlich. – Ich war dabei, als ein kleiner Bub in den Armen seines Vaters starb. Der Vater lag in der Hängematte und umfing mit einem Arm den Kleinen, der hin und wieder mit großen fragenden Augen um sich schaute. Der Vater weinte und klagte. Die Mutter kauerte weinend vor ihm, und um die Gruppe war das ganze Dorf in Trauer versammelt und klagte mit.

Nein – die Kinder sind nicht »billig« bei diesen Völkern, und nur ein Ignorant kann behaupten, daß Mutterliebe eine Erfindung der Spätzivilisation und nicht als »biologischer Imperativ«* angeboren sei. Ich habe bei Naturvölkern viele tausend Meter Film aufgenommen, die vergnügte Mütter mit glücklichen Säuglingen zeigen. Sie herzen und küssen sie ebenso wie wir und reden voll zärtlichen Stolzes in Anbetung dieses kleinen Wunders, das in die Welt zu setzen ihr Privileg war. Und daß das Töten von Neugeborenen bei Naturvölkern »leichten Herzens« vollzogen würde, wie es ein Autor ausdrückte, ist eine Behauptung, die wohl dazu dienen soll, den Infantizid in unserer Kultur als etwas ganz Natürliches, nicht weiter Belastendes hinzustellen. Man spricht übrigens bei uns bezeichnenderweise in einer Verschleierung der Problematik von »Schwangerschafts-*Unterbrechung*«, als wäre der Akt nichts Endgültiges, als könnte man die Unterbrechung auch wieder beenden.

* Dieser Begriff ist keine Erfindung der Biologen. Er wird uns in den Mund gelegt, um zu implizieren, wir würden keine Offenheit für Alternativen kennen. Natürlich anerkennt auch der Biologe alternative Frauenrollen, aber er sieht auch, daß die Frau für ihre Aufgabe als Mutter in besonderer Weise durch stammesgeschichtliche Anpassungen vorbereitet ist. Ein Wunder, wenn sie es nicht wäre.

Wenn bei Naturvölkern Neugeborene getötet werden, so geschieht dies aus Not und keineswegs leichten Herzens. Die Mütter können ihre Kinder ferner nur unmittelbar nach der Geburt töten, solange sich noch keine persönliche Bindung festigte. Dennoch belastet sie der Vorgang. Als Napoleon Chagnon (1976) eine junge Yanomami-Mutter, die gerade geboren hatte, nach dem Verbleib ihres Kindes fragte, brach die Mutter in Tränen aus, und der Ehemann bat Chagnon, sie nicht weiter zu bedrängen: »›Was ist mit dem Baby geschehen?‹ flüsterte ich Bahimi zu. Wir saßen geduckt unter dem Rand des großen überhängenden Daches in dem runden Dorf. Bahimis Wangen waren mit schwarzer ›Traurigkeit‹ verschmiert: eine Kruste aus Schmutz, vermischt mit Tränen – ein Zeichen ihrer Totenklage. Alle Frauen des Dorfes kommen mit Brennholz heim. Bahimi starrte sie an, ohne sie zu sehen. ›Sie lebt nicht mehr ... ich ... ich.‹ Erneut kullerten Tränen aus ihren sanften, braunen Augen, und ich wußte jetzt, daß sie ihre Tochter bei der Geburt getötet hatte. Kaobawa, ihr Ehemann, der Häuptling des Dorfes, drückte meinen Arm leicht und flüsterte leise: ›Frag nicht weiter, mein Freund, unser anderes Baby wird noch gestillt, es braucht die Milch‹« (S. 211).

Grete und Wulf Schiefenhövel filmten eine Eipo-Frau (West-Neuguinea) bei der Geburt. Die Frau hatte erklärt, sie würde das Baby töten, wenn es ein Mädchen sei, da sie schon mehrere Mädchen habe*. Sie gebar eine Tochter und begann, das Kind mit Farnblättern zuzudecken. Sie legte auch eine Pflanzenranke bereit, um das Ganze zu einem Paket zu verschnüren. Aber die Gegenwart der Beobachter verzögerte die Tat. Nachdenklich saß die Mutter vor dem Bündel Farnblätter, hörte das Schreien und sah, wie sich die rosa Füßchen und Hände lebenshungrig durch die Blätter kämpften. Sie ging weg. Nach zwei Stunden

* Zum Zeitpunkt der Aufnahme waren die Eipo eben erst kontaktiert worden. Der Infantizid dient hier der Bevölkerungskontrolle (G. und W. Schiefenhövel 1978). Das unerwünschte Kind wird in Farnblätter gewickelt und im Gelände abgelegt.

kam die Mutter wieder, durchtrennte die Nabelschnur und nahm das Kind zu sich. Es wäre ja so kräftig, erklärte sie, als wollte sie sich entschuldigen.

Mutterliebe und Mütterlichkeit sind keineswegs erst Erfindungen der Neuzeit. Ihre Wurzeln reichen vielmehr sehr weit zurück. Die ersten Ansätze bildeten sich mit der Entwicklung der Säuger. Seit gut 250 Millionen Jahren werden Junge geboren, gestillt, verteidigt und gepflegt, und die hormonalen und neuronalen Grundlagen des Brutpflegeverhaltens sind in allen Säugetiergruppen die gleichen, uns Menschen inbegriffen. Wir lernen gewiß dazu – aber am wenigsten im emotionalen Bereich.

Zur Zeit wirken starke Strömungen des Feminismus auf eine Abwertung der traditionellen Frauenrolle hin. Feministische Gegenströmungen, die sich auf eine neue Weiblichkeit berufen und Mutterschaft bejahen, werden als neokonservativ, ja als reaktionär beschimpft. Dabei greift man selbst zum Mittel der Diffamierung. Unter den Grünen der Bundesrepublik Deutschland kursierten Flugblätter, auf denen das Wort Mutterschaft mit dem Hakenkreuz kombiniert war. Fairerweise muß ich erwähnen, daß der Vorstand der Grünen sich davon sofort distanzierte. Da die traditionelle Frauenrolle bestimmten Anlagen der Frau entspricht, ist zu erwarten, daß viele Frauen gar nicht glücklich sind, wenn man ihnen ein Leben in dieser Rolle vergällt, indem man sie als »Heimchen am Herd« zu disqualifizieren sucht.

Sieht man von einigen akademischen und handwerklichen Berufen ab, dann ist das Berufsleben der meisten Männer gar nicht so erstrebenswert. Viele Feministinnen übersehen, daß Hunderttausende von Männern im Straßenbau, in Bergwerken, Stahlgießereien und anderen gesundheitsgefährdenden Berufen tätig sind. – Ich war einmal vom Norddeutschen Rundfunk zu einer Podiumsdiskussion eingeladen, bei der einige Vertreterinnen des Feminismus die Forderung aufstellten, daß jede Frau den Beruf mit ihrem Manne teilen solle. Ich schlug daraufhin vor, man möge die anwesenden Arbeiterfrauen doch einmal fragen, ob sie das gerne täten. Es stellte sich heraus, daß man vergessen hatte, Arbeiterfrauen einzuladen. Man meinte dazu, daß diese Frauen ja gar nicht wüßten, was für sie gut sei, da sie völlig auf die traditionelle Art geprägt seien. Selbst wenn diese Frauen anderer Ansicht wären, sei es die Aufgabe der Feministinnen, sie zu vertreten.

Ein radikaler Feminismus hat dazu geführt, daß viele Frauen es in der Tat erstrebenswerter finden, in einem Büro oder einem Betrieb zu arbeiten, als einen Haushalt zu führen und Kinder aufzuziehen. Dabei sind diese Aufgaben, wenn man sie ernst nimmt, vielseitig und anregend. Das berufliche Leben ist in der Regel monotoner. Ein glückliches Kind entschädigt viele Male für alle Mühen, und seine Entwicklung zu verfolgen ist nicht nur für den Verhaltensforscher interessant.

Viele Frauen erkennen das heute, leider meist viel zu spät. Sie wurden durch gezielte Propaganda irregeführt. Wollte man Völker durch Propaganda vernichten, man könnte es nicht besser betreiben. Viele Frauen schoben ihren Kinderwunsch auf, weil niemand sie darauf hinwies, daß die Wahrscheinlichkeit, ein Kind zu empfangen, nach dem 30. Lebensjahr bereits deutlich absinkt*. Auch sagt ihnen niemand, daß jede Abtreibung ein Risiko darstellt. Sterilität kann eine Folge sein.

Noch eine andere mögliche Folge der kinderarmen Gesellschaft sollte bedacht werden: Kinder werden nicht nur von uns erzogen, sie erziehen in gewisser Weise auch uns zu Toleranz, Freundlichkeit und Opferbereitschaft. Sie aktivieren über ihre freundlichen Signale das unmittelbare warme emotionelle Engagement, das nur der erfährt, der mit Kindern lebt. Es gibt viele Anzeichen dafür, daß unsere kinderarme Gesellschaft zu einer unfreundlichen Gesellschaft egozentrischer Rüpel wird, denen

* Bis zum 31. Lebensjahr führen Bemühungen um künstliche Befruchtung innerhalb eines Zeitraumes von zwölf Zyklen in 74% der Fälle zum Erfolg. Bei der Altersgruppe von 31–35 Jahren fällt der Prozentsatz der Erfolge auf 61% und in der Gruppe der 36- bis 40jährigen Frauen auf 54% (Schwartz und Mayaux 1982).

die Abstellplätze für Autos wichtiger werden als Kinderspielplätze und die ihre Alten in Heime abschieben und ihre mangelnde Herzensbildung hinter plakativ-humanitärem Gebaren tarnen.

Gegenwärtig werden in der Bundesrepublik Deutschland jährlich 600000 Kinder geboren, aber 200000 Föten abgetrieben. Die Argumentationskette für die Abtreibung versteigt sich bis zu so inhumanen Behauptungen wie jener, daß der Embryo ja nur ein parasitäres Leben führe (Leserbrief einer Frau in der »Süddeutschen Zeitung« vom 20./21. 10. 1984), womit man ihm offenbar das Lebensrecht leicht absprechen kann. Abtreibung läßt sich nur bei schwerer wirtschaftlicher und seelischer (sozialer) Not rechtfertigen. Was sich heute hinter den Argumenten versteckt, ist oft eine als Selbstverwirklichung getarnte Unmenschlichkeit. Etwa die Hälfte der heute in der Bundesrepublik Deutschland abtreibenden Frauen sind verheiratet.

Das neue Schwangerschaftsberatungsgesetz, das in der Schwangeren den Wunsch wecken und bekräftigen soll, das ungeborene Leben zu erhalten, interpretierte die »ZEIT« als eine Attacke gegen die Humanität, die sich die Frauen in den siebziger Jahren schwer erkämpft hätten. Die Schwangere verkomme dabei zum Objekt wild entschlossener Lebensschützer. Offenbar haben die Abtreibungsbefürworter die Humanität für sich gepachtet. Als Biologe anerkenne ich durchaus berechtigte Gründe für eine Abtreibung, z. B. wenn das Kind durch Vergewaltigung gezeugt wurde, wenn zu erwarten ist, daß es mit schweren Schäden geboren wird, oder bei sozialer Notlage. Aber auch ich finde, daß man Frauen dazu ermuntern sollte, gesunde Kinder zu gebären, und das sollte uns auch eine finanzielle Unterstützung wert sein. Es ist geradezu grotesk, daß auf der einen Seite Agenturen sich darum bemühen, Babies in der Dritten Welt einzukaufen, um sie auf dem deutschen Adoptionsmarkt zu vermitteln, während Tausende gesunder Kinder unter humanitärer Verbrämung abgetrieben werden. Zu den Ungereimtheiten gehört auch, daß die gleichen Befürworter der

Abtreibung aus »Ehrfurcht vor dem Leben« die künstliche Befruchtung erschweren wollen und mit moralischer Entrüstung gegen die Vermittlung von Leihmutterschaften Sturm laufen. Ich finde diese weit weniger bedenklich als die Abtreibung gesunder Kinder, denn schließlich wird Leben gespendet, und man müßte eigentlich nur gesetzlich sicherstellen, daß eine Leihmutter das von ihr geborene Kind auch behalten darf, wenn sie sich dazu entschließen sollte, ohne daß ihr daraus erhebliche rechtliche und finanzielle Probleme erwachsen.

Die Werbung für das Berufsleben und die Abwertung der traditionellen Frauenrolle haben in der westlichen Welt zu einem drastischen Geburtenrückgang geführt. Um den Bevölkerungsstand der Bundesrepublik Deutschland zu erhalten, müßten pro 100 Frauen 216 Kinder geboren werden. Mit 130 Kindern pro 100 Frauen werden diese Erfordernisse gegenwärtig nicht erfüllt (Schwarz 1981; Höhn und Schulz 1987). Die Familiengröße ist geschrumpft; Vier-Kinder-Familien gehören zu den Seltenheiten. 40% der Kinder sind Einzelkinder, und jedes dritte Kind wird von Frauen geboren, die über dreißig Jahre alt sind. In anderen europäischen Ländern ist die Lage ähnlich. Nun könnte ein Gesundschrumpfen für die ökologische Gesundung Europas durchaus vorteilhaft sein, würde dies nicht gleichzeitig durch eine völlig irrationale Einwanderungspolitik zunichte gemacht. Auf lange Sicht ist der Geburtenrückgang jedoch nicht zu verantworten.

Man sollte daher meinen, daß Politiker aller Parteien der BRD sich um Abhilfe bemühten. Schließlich haben sie sich dazu verpflichtet, die Interessen des deutschen Volkes wahrzunehmen. Aber weit gefehlt – es gilt als schick und progressiv, wenn man sich dafür einsetzt, daß Frauen ihre traditionelle Rolle aufgeben und ins Berufsleben eintreten*. Und immer wieder

* In Schweden zwingt man die Frauen sogar durch fiskalische Maßnahmen zur beruflichen Arbeit. Junggesellen und Verheiratete werden dort gleich hoch besteuert, so daß eine Familie finanziell nur zurecht kommt, wenn beide Ehepartner

wird diskutiert, ob man nicht doch auch die Frauen zum Dienst an der Waffe verpflichten sollte (so von Vertretern der FDP). Daß man damit das Gebäralter der Frau noch weiter hinausschieben würde, diese Idee kommt den vom Egalitätswahn Besessenen gar nicht. Ebensowenig wie jenem Politiker, der im »Rheinischen Merkur« 1987 für ein soziales Pflichtjahr der Frau eintrat. Er begründete dies mit sozialer Gerechtigkeit!

Das einzige, was unsere Öffentlichkeit zu bewegen scheint, ist die Frage, wer einmal für unsere Renten aufkommen wird. Es grenzt an Zynismus, wenn man dazu in einem »ZEIT«-Artikel über die wirtschaftliche Entwicklung bei Bevölkerungsschwund beschwichtigend darauf hinweist, daß ja wohl kaum Inder, Tamilen und andere davon abgehalten werden könnten, einzuwandern*. In der Bundesrepublik Deutschland gebe es zwar künftig voraussichtlich weniger Deutsche, aber sicher nicht weniger Menschen. Das Geburtendefizit werde durch Einwanderung ausgeglichen. Auch das sind die Auswirkungen einer mißverstandenen Gleichheitsdoktrin. Sie blockiert die Einsicht, daß man nur in eigenen Nachkommen überlebt.

Mittlerweile hat sich in der Frauenbewegung eine zunehmend stärkere Gruppierung gebildet, die das Problem erkannte und sich um eine Aufwertung der traditionellen Frauenrolle bemüht. – Dem berechtigten Anliegen der Frauen in der technisch-zivilisierten Gesellschaft nach Gleichstellung mit dem Mann in ökonomischer und gesellschaftlicher Hinsicht wird mit dem Argument der gleichen Veranlagung ein Bärendienst erwiesen. Denn die Unterschiede sind nun einmal gegeben, und sie haben eine lange Geschichte. Es geht nicht um ihre Aufhebung, sondern um ihre gleichberechtigte Anerkennung, und das heißt: um die Befreiung der Frau von der Dominanz seitens des Mannes. Dabei sollten sich der Frau auch alternative Möglichkeiten zur

verdienen. Die Kinder müssen dann in die vom Staat bereitgestellten Kinderkrippen und sind damit schon früh staatlicher Beeinflussung zugänglich.

* Peter Christ in der »ZEIT« vom 18.9.1987, S.34.

traditionellen Rolle als Mutter und Hausfrau eröffnen. Zugleich aber sollte die traditionelle Rolle durch finanzielle und soziale Absicherung so aufgewertet werden, daß weiterhin so viele Kinder pro Familie geboren werden, wie notwendig sind, damit ein Volk nicht ausstirbt.

Die Vorstellung, daß der Mensch als unbeschriebenes Blatt zur Welt komme und daß alle Menschen gleich seien, geistert durch die populäre psychologische und soziologische Literatur, und sie bestimmt als Doktrin das Verhalten vieler Politiker. Es gehört Mut dazu, dagegen aufzutreten. Denn die Antwort besteht nicht in sachlichen Argumenten, sondern in Diffamierung. Viele Politiker sind daher auch gegen besseres Wissen »Mitläufer«, die nicht auszusprechen wagen, was sie wirklich denken.

In unserer aufgeklärten Zeit wandelten sich Hypothesen wiederholt zu Glaubensbekenntnissen. Das läßt sich am Marxismus ebenso nachvollziehen wie an der Freudschen Psychoanalyse und ihren vielfach sektenartigen Abkömmlingen (Zimmer 1986). Auch der Erklärungsanspruch der Frustrations-Aggressions-Hypothese entwickelte doktrinäre Züge. Wir werden uns mit dieser Hypothese noch auseinandersetzen (S. 210). Grundsätzlich vermitteln solche Gedankengebäude wertvolle Denkanstöße, und wir sollten stets für neue Sichtweisen und Ideen offenbleiben. Wir sollten es uns aber auch zur Tugend machen, gelegentlich eine beliebte Hypothese zu revidieren. Weshalb uns das schwerfällt, haben wir bereits ausgeführt. Angst vor Einbuße an Sicherheit und Verlust der Identität spielt dabei eine entscheidende Rolle, ebenso die Angst, unser Ansehen zu verlieren (s. o.). Das Eingeständnis eines Irrtums wird von unseren Mitmenschen gern als Zeichen der Schwäche aufgefaßt und ausgenützt, um Dominanzbeziehungen herzustellen.

Wie eingangs dargestellt, bilden Anpassungen Wirklichkeit mit einem verschiedenen Raster oder Auflösungsgrad und auf bestimmte eignungsrelevante Facetten bezogen ab. Diese Aussage läuft neuerdings Gefahr, verdreht zu werden. Es wird nämlich gefolgert, daß damit jede Weltansicht, gleich ob religiöser, naturwissenschaftlicher oder politisch-ideologischer Art, als gleichwertig anzusehen sei. Nun verarbeiten gesellschaftliche Systeme (Physik, Biologie, Kunst, Religion etc.) Wirklichkeit sicher auf verschiedene Weise, aber doch auch mit verschiedenem Objektivitätsgrad. Und wir können eben doch feststellen, wieweit der subjektiven Wirklichkeit eine objektive Wirklichkeit entspricht (siehe S. 49).

Um den Relativismus zu begründen, der letzten Endes Ideologien aufwerten soll, wird gerne behauptet, daß es Objektivität gar nicht gäbe. Kein Naturwissenschaftler sei frei von ideologischen Bindungen, und das würde sich auch in der Art und Weise seines Forschens, in seinen Interessen und in den Ergebnissen seiner Forschertätigkeit niederschlagen. Diese Behauptung hält einer kritischen Überprüfung nicht stand. Daß ein Naturwissenschaftler Interessen hat – der eine für Schmetterlinge, der andere für Vögel oder für physikalische Phänomene –, diese Feststellung ist trivial. Jeder Mensch hat Interessen, deren Entwicklung oft auf frühkindliche Erfahrungen zurückgeht. Doch Interessen legen einen Menschen nicht notwendigerweise weltanschaulich fest.

Es stimmt ferner, daß Naturwissenschaftler von bestimmten Hypothesen ausgehen. Aber Hypothesen mit Ideologien gleichsetzen heißt wesentliche Unterschiede verwischen. Der Naturwissenschaftler ist sich der Gefahr des Vorurteils für die Datenerhebung durchaus bewußt, und er bemüht sich daher, durch besondere Techniken der Datenerhebung diese Vorurteile auszuschalten. Für bestimmte Untersuchungen werden gelegentlich die zu beobachtenden Individuen mit Hilfe einer Tabelle mit Zufallszahlen aus einer Gruppe ausgewählt (Zufallsstichprobe). Auch für die Verhaltensbeobachtung entwickelten die Psychologen eine Reihe von Verfahren der Stichprobenerhebung. Ziel ist es, einen Datensatz zu erarbeiten, der es erlaubt, die Hypothesen des Forschers auf ihre Tragfähigkeit zu prüfen mit der Bereitschaft, diese zu verwerfen. Genau das unterscheidet die Hypothese des Naturwissenschaftlers von der Ideologie. Den Ideologen – Anhänger einer Ideologie – kennzeichnet der völlige Mangel an Bereitschaft, seine Ansichten zu revidieren. Er will sie bestenfalls bestätigt wissen und sucht selektiv nach allem, was in sein Gedankengebäude paßt und somit seine Ansichten bekräftigt. Es handelt sich um eine grundsätzlich unterschiedliche Geisteshaltung.

Nicht jede Weltsicht ist daher als gleichwertig zu betrachten. Damit wird den Ideologien eine Ebene der abbildenden Wirklichkeit nicht abgesprochen. So spiegelt der religiöse Glaube unter anderem oft unsere Ängste wider. Insofern sind Schutzengel als Kinder unseres Hirns auch Abbild einer Realität. Dennoch fährt sicher grundsätzlich derjenige besser, der sich von der Festigkeit der Brücke überzeugt, bevor er sie betritt, als jemand, der sich (beim so oft im Bilde dargestellten Gang über die tiefe Schlucht) auf seinen Schutzengel verläßt.

d) Zielscheibe Wissenschaft

Zur Zeit kommt eine gewisse antirationalistische Strömung auf uns zu, die ich für bedenklich halte. Sie äußert sich in Angriffen gegen die Wissenschaft und die von ihr entwickelte Technik, der man die Schuld an vielen Übeln der Gegenwart zuschiebt. Man beschuldigt ferner die Wissenschaftler zu unbefangen, vom Baume der Erkenntnis zu naschen. Am besten wohl, sie unterließen es überhaupt und überließen den Ideologen das Feld. Es sind diesmal nicht religiöse Eiferer, die den Wissenschaftlern gerne vorschreiben würden, was, wann, wo und wie geforscht werden dürfe, sondern höchst weltliche Ideologen. Den Forschern mangle es sehr oft, so hört man, an einem Gefühl für Verantwortung. Auch das im Jahr 1968 geprägte Schlagwort von der gesellschaftspolitischen Relevanz taucht in diesem Zusammenhang immer wieder auf. Nachdem sich die Forschung in einem mehrere hundert Jahre währenden Kampf von der Vormundschaft der Kirche befreien konnte und heute beide einander respektieren und miteinander das Gespräch pflegen, droht nun von weltlichen Ideologen die Kuratel. Der freie, forschende Geist soll entmündigt werden.

Bedrückend ist, daß weite Kreise der Gesellschaft diese Gefahr nicht zu erkennen scheinen. Sie nicken beifällig, wenn sie von der Bedrohung ihrer Existenz durch die Wissenschaft lesen, und hinterfragen das, was sie lesen, nicht weiter kritisch. Täten sie es, würden sie schnell gewahr, daß es gewiß nicht »die Wissenschaft« und die ihr entsprungene Technik ist, die uns bedrohen, sondern daß Gefahr eher von den Nichtwissenschaftlern droht, die das Wissen in den Dienst ihrer Eigeninteressen stellen. Und daran sind wir nun alle irgendwie beteiligt – in erster Linie als Konsumenten. Bleiben wir bei der Umweltzerstörung durch uns Nutznießer der Technik: Einer der Hauptschadensverursacher ist das Auto. Aber es ist gewiß nicht der Erfinder des Benzinmotors, der das Unglück über die Welt brachte und den man des Baummordes bezichtigen muß. Der Markt bestimmt die Entwicklung, und es ist nun einmal eine traurige Tatsache, daß viele Menschen aus reinem Protzentum schnelle, starke Autos fahren, die Unmengen Benzin schlucken. Irgendwo las ich, daß in Deutschland mehrere Kraftwerke eingespart werden könnten, wenn jeder Haushalt eine Vierzig-Watt-Lampe pro Tag einige Stunden weniger lang brennen lassen würde. Sicher eine zu einfache Rechnung, aber ein Kern Wahrheit steckt darin. Wir sind Verschwender. Nicht die böse Wissenschaft ist schuld daran, daß wir im Wohlstandsmüll ersticken und der Chemie bedürfen, um unsere Äcker zu düngen und die Lebensmittel zu konservieren. Jeder will billig und im Wohlstand leben – an Disziplin und Sparsamkeit mangelt es.

Die Forschung ist zunächst nur Zulieferer von Wissen. Wir können dieses Wissen verantwortlich oder auch unverantwortlich nützen. Bliebe noch der Vorwurf, daß sich Wissenschaftler für gewisse Zwecke einspannen lassen, etwa für die Wehrforschung. Aber die Auftraggeber sind dann unter anderem die demokratisch – also vom Volk – gewählten Regierungen, die es als ihre Aufgabe ansehen, ihr Land notfalls gegen Angriffe verteidigen zu können. Die Vorstellung, böse, machtbesessene Wissenschaftler steckten irgendwo dahinter, um die Welt in die Luft zu jagen, paßt allenfalls in Science-Fiction-Filme. Die Naturwissenschaft ist an der prekären Weltlage sicher nicht schuld, und das pauschale Gerede von der mangelnden Verantwortlichkeit der Wissenschaftler bleibt Gerede und wird auch durch die klischeehafte Wiederholung nicht Wahrheit. Vielmehr verdanken heute viele Millionen Menschen der Wissenschaft ihre Existenz. Will man die pharmazeutische Forschung verbieten und die chemischen Werke schließen? Sollen Millionen verhungern und an Seuchen sterben? Was soll das Wehgeschrei der Gazetten? Welche Alternativen bieten sie an? Eine von Ideologen kontrollierte Forschung? Es liegt gewiß vieles im argen, aber im Grunde hat die freie Grundlagenforschung uns mehr gegeben als genommen. Wissenschaft fördert Wissen, und das kann nun einmal auf verschiedene Weise genützt werden – auch für Wehrzwecke. Aber in diesem Fall entscheiden die Ideologen, wann ein Krieg »gerecht« ist. Ideologenkritik ist daher angebracht, und vor Ideologen sei gewarnt. Da sie wissen, daß wir uns gern von einer ideologischen Betrachtungsweise dieser Welt distanzieren, versuchen sie unsere Position zu relativieren, mit der Behauptung, auch hinter jeder Forschung stecke Ideologie, es gäbe gar keine ideologiefreie Forschung. Aber diese Behauptung hält einer Prüfung nicht stand. Es gibt zwar Forschung im Dienste einer Ideologie, aber nicht jede Forschung ist ideologiegebunden, es sei denn, man setzt Annahme mit Ideologie gleich, was, wie wir schon ausführten, nicht zulässig ist.

Wie das von dem einzelnen Wissenschaftler erarbeitete Wissen von anderen instrumental genützt wird, entzieht sich im allgemeinen der Verantwortung des Wissenschaftlers. Diese Feststellung, so meinen manche, sei eine typische Verteidigungshaltung, die verschleiern solle, daß Wissenschaftler Verantwortung nicht übernehmen wollten. Das stimmt nicht. Es wird gerade in Fachkreisen sehr viel über die Verantwortung des Wissenschaftlers diskutiert. Aber sie kann sich nur auf die Einhaltung eines bestimmten ethischen Kodex beschränken. Dieses wissenschaftliche Ethos ist bemerkenswerterweise das einzige international anerkannte Wertsystem. Hans Mohr (1979) hat in einer untadeligen Untersuchung die Gebote aufgelistet. Sie lauten: Sei ehrlich, fair, genau, ohne Vorurteil hinsichtlich der Daten und Ideen deines Rivalen, akzeptiere Information unabhängig davon, ob sie in dein Überzeugungsmuster paßt oder nicht, versuche stets ein Problem zu lösen, prüfe die Alternativen zu der von dir bevorzugten Hypothese, beachte stets empirische Daten als letzte Appellationsinstanz, und sei schließlich bereit, Hypothesen zu modifizieren oder zu ersetzen, falls sich innere Widersprüche zeigen oder neue empirische Daten dies nahelegen.

Hinzu kommt, daß ein Wissenschaftler natürlich an die Regeln der Gesellschaft gebunden ist, von denen einige heute zumindest dem Bekenntnis nach allgemein anerkannt werden. Dazu gehört die Achtung vor dem Leben und den Persönlichkeitsrechten der Mitmenschen. Der Wissenschaftler steht nicht als Guru außerhalb der Gesetze. Auch das unterscheidet ihn von Ideologen, die oft meinen, Sendungsbewußtsein im Dienste der höheren Aufgabe rechtfertige notfalls auch das Verbrechen.

Der Forscher sollte ferner die Zivilcourage besitzen, sein Wissen auch dann nach bestem Gewissen zu vertreten, wenn es der öffentlichen Meinung nicht entspricht, und nicht der Menge nach dem Munde reden. Voraussehen, in welcher Weise seine Entdeckungen und Erkenntnisse auch mißbraucht werden könnten, das vermag er in vielen Fällen sicher nicht. Immerhin sollte er sich bemühen, möglichen Mißbrauch zu erkennen und davor zu warnen. Das tat Mel Konner (1984) am Ende seines bemerkenswerten Buches »Die unvollkommene Gattung«. Er weist dort auf die Gefahren der Verhaltensbiologie hin und schreibt als Warnung: »Der Inhalt dieses Buches ist als gefährlich bekannt« (S. 424). Damit meint er nicht, daß alle verhaltensbiologischen Ideen potentiell gefährlich seien, wohl aber hätte sich herausgestellt, daß sie politische und soziale Tendenzen ermuntert und sogar verursacht haben, die zu unmenschlichen politischen Programmen führten, welche heute jeder anständige Mensch zutiefst bedauere und verurteile. Konner stellt die Frage: Wenn das so ist, warum weiter solche Ideen liefern? Er antwortet: »Weil manche Ideen der Verhaltensbiologie wahr sind.« Und für rationales Handeln ist nun einmal die Wahrheit unentbehrlich. Aber Wahrheit kann verdreht und falsche Handlungsanweisungen können aus ihr abgeleitet werden. Auf solche Möglichkeiten des Mißbrauchs will Konner hinweisen. Dem schließe ich mich voll an.

In der »Süddeutschen Zeitung« vom 28. März 1988 lesen wir die Behauptung: »Der biologische Determinismus legitimiert Vorurteile.« Die Vorwürfe richten sich pauschal gegen die Soziobiologie und den Neodarwinismus, im besonderen gegen die Behauptung, es gebe »biologische Tatsachen«, die unser soziales Verhalten bestimmen. Gemeint sind wohl stammesgeschichtliche Anpassungen, die unser Verhalten in gewisser Weise vorprogrammieren.

Als Beispiel für die »Auswirkungen der Theorie von der biologischen Vorherbestimmung« wird die Äußerung des britischen Sozialministers Patrick Jenkins zitiert, der 1980 in einem Interview behauptet haben soll, daß Mütter nicht das gleiche Recht auf Arbeit hätten, weil Kleinkinder aus biologischen Gründen auf ihre Mutter angewiesen seien. Nun würde ich diesen Schluß in einer so vereinfachten Form sicher nicht akzeptieren. Immerhin wissen wir aber, daß es für das Wohlergehen des Kindes in der Tat sehr wichtig ist, in ein nicht allzusehr in seiner Zusammensetzung wechselndes soziales Beziehungsnetz eingebettet zu sein, in dem einige Personen als Bezugspersonen verläßlich zur Verfügung stehen müssen. Von diesen sind einige wenige – meist Eltern und Geschwister – von besonderer Bedeutung. Soll man solches Wissen aus ideologischen Gründen nicht zur Kenntnis nehmen? Soll man wirklich allen Frauen einreden, daß es besser sei, im Büro zu sitzen oder am Fließband, statt Kinder aufzuziehen? Wir haben uns ja mit dieser Frage bereits eingehender befaßt.

Als anderes Beispiel wird in dem genannten Zeitungsartikel die Bemerkung des CDU/CSU-Fraktionsvorsitzenden Alfred Dregger genannt, der auf die ethnischen Unterschiede zwischen Ausländern und Deutschen hinwies. Eine verantwortliche Asylpolitik müsse daher, meint er, die ethnische Überfremdung und die Ausländerfeindlichkeit verhindern. Auch das ist etwas gerafft ausgedrückt. Aber im Grunde muß man dies schon bedenken und es auch aussprechen dürfen. Und vor allem soll man angesichts dessen, was sich überall in der Welt abspielt (auf Sri Lanka, auf den Fidschi-Inseln, zwischen Armeniern und Turkmenen in der UdSSR, im Baskenland, im Libanon ... die Liste ließe sich verlängern), nicht so tun, als gäbe es das Konfliktpotential nicht – als wäre alles in bester Ordnung, wenn da nur nicht die Volksverführer wären, die die Menschen gegeneinander aufhetzten und ohne die hier in Europa und anderswo Einwanderer und Ansässige einander um den Hals fallen würden.

Wir Menschen neigen zu selektiver Wahrnehmung dessen, was uns in den Kram paßt. Was unsere Ansichten ins Wanken bringt und uns also verunsichert, blenden wir gerne aus. Schon Kinder tun das, wenn sie bei Angst mit beiden Händen Gesicht und Augen verdecken, damit sie die Bedrohung nicht mehr wahrnehmen. (Ich konnte das übrigens in allen Kulturen beobachten, in denen wir gearbeitet haben.) Erwachsene übertragen diese fälschlich dem Vogel Strauß zugeschriebene Verhaltensweise der Flucht ins Geistige. Wir wollen ungern wahrnehmen, was unserer Meinung nach nicht sein darf, und schließen dazu die Augen vor Problemen. Das kann in der Politik zu Fehlentscheidungen führen. Man handelt nur dann verantwortlich, wenn man sich zunächst um wissenschaftliche Erklärung des Phänomens bemüht und Wissen zur Kenntnis nimmt. Denn erst aus einem Verständnis heraus kann man wirksame Maßnahmen zur Harmonisierung des zwischenmenschlichen Zusammenlebens planen. Auch Biologen sind in der Mehrzahl sozial engagierte moderne Leute, die am Glück und Wohlergehen ihrer Mitmenschen interessiert sind und die am Trauma des Holocaust tragen, selbst wenn ihnen die »Gnade der späten Geburt« zuteil wurde. Wir zeigten, daß es in der Tat anthropologische Konstanten gibt, die der Fremdenablehnung zugrunde liegen. Sie manifestieren sich bereits im Säuglingsalter und haben nachweislich *nicht* zur Voraussetzung, daß das Kind einmal schlechte Erfahrungen mit Fremden gesammelt hat (S. 109). Diese Konstanten und anderes disponieren uns zur In- und Outgruppenbildung, was seine positiven und seine negativen Seiten hat. Wir verdanken dem einerseits die Vielfalt der Kulturen, andererseits auch deren Dominanzstreitigkeiten, die bis zum Völkerhaß und Krieg führen können. Es gilt Wege zu finden, diese Agonalität zu überwinden, ohne gleichzeitig über eine Weltdiktatur die Vielfalt der Kulturen zu zerstören. Unsere Erde sollte eine bunte Wiese bleiben: Wissen möge uns dafür rüsten!

Zu den Vorwürfen, die biologische Verhaltensforscher oft zu hören bekommen, gehört die pauschale Anschuldigung, einem »biologischen Reduktionismus« zu huldigen. Nun verdanken die analytischen Naturwissenschaften ihre Erfolge einem pragmatischen Reduktionismus. Man deckt die Gesetzmäßigkeiten eines Geschehens auf und schreitet dabei vom besonderen Fall zum allgemeinen. Der Wissenschaftler bemüht sich, unter Berücksichtigung des Schichtenaufbaus dieser Welt, die Phänomene einer Ebene auf die Gesetzlichkeiten der nächsttieferen Ebene zurückzuführen. Er ist sich allerdings der Tatsache wohl bewußt, daß mit zunehmender Komplexität der erforschten Systeme auch neue Systemeigenschaften auftreten, die nicht unmittelbar aus den Eigenschaften der sie konstituierenden Teile ableitbar sind. Das hat unter anderem Konrad Lorenz wiederholt betont und den aus Kondensator und Spule aufgebauten Schwingkreis als Beispiel angeführt. Auch der Biologe bemüht sich analytisch-reduktionistisch um eine Erklärung elementarer Lebenserscheinungen, so wenn er die Atmung oder das nervöse Geschehen auf biochemische Vorgänge zurückführt. Das ist legitim, und der Vorwurf reduktionistischen Denkens besteht nur dann zu Recht, wenn man glaubt, mit einer Reduktion auf die elementaren Gesetzlichkeiten alles erklärt zu haben. Wer so vorgeht, klammert eine wichtige Dimension des Verstehens aus. So gehört zum Verstehen, daß Organismen durch eine von der Selektion aufgezwungene Organisation ausgezeichnet sind und daß es daher sinnvoll ist, nach dem Beitrag zu fragen, den eine Struktur oder ein Verhalten zur Eignung leistet. Wir wissen ferner, aus Introspektion und vom Verhalten unserer Mitmenschen rückschließend, daß wir Menschen Absichten verfolgen, können also durch Befragung nach den Zielsetzungen als Motiven menschlichen Handelns forschen. Soll Forschung fruchtbar sein, dann muß sich Analyse mit Synthese, reduktionistische mit ganzheitlicher Betrachtungsweise verbinden.

10 Freiheit und das Streben nach Macht

»Nichts errät ein Mensch so schnell wie die innere Unsicherheit eines anderen und fällt darüber her wie eine Katze über einen krabbelnden Käfer.«

Robert Musil: *Der Mann ohne Eigenschaften, S. 1352*

a) Rationale und soziale Freiheit

Freiheit ist ein gängiger und emotionell besetzter Begriff. Aber wie so oft bei vielgebrauchten Begriffen, sind sich die meisten, die ihn verwenden, nicht wirklich darüber im klaren, was der Begriff bedeutet. Den meisten genügt er als nicht weiter definiertes Schlagwort, das sich auch in der papageienhaften Wiederholung nicht abzunützen scheint.

Viele verbinden mit dem Worte Freiheit die Vorstellung von »frei« im Gegensatz zu »ursächlich bestimmt« oder »determiniert«. Man meint etwa, der Mensch handle nur dann frei, wenn er sich ohne Gebundenheit an vorgegebene Verhaltensprogramme entscheiden könne, dies zu tun und jenes zu unterlassen, anders als etwa ein Insekt, das ja in vielen Bereichen wie ein Schienenfahrzeug auf vorgezeichneten Bahnen läuft. Diese Ansicht ist auch einer der Gründe für die oft leidenschaftliche Ablehnung des Gedankens an eine teilweise biologische Programmierung menschlichen Verhaltens. Dabei wird jedoch übersehen, daß uns auch die Kultur programmiert, die uns ja religiöse und politische Wertsysteme vermittelt und einprägt. Aufgrund solcher Programmierung handeln wir ebenfalls ziemlich voraussagbar.

Der Wunsch nach einem von Vorgaben »freien Willen« führte zu sonderbaren Gedankengängen. Pascual Jordan veröffentlichte 1932 seine »Verstärkertheorie der Willensfreiheit«. Er ging von einer angeblichen Akausalität atomarer Reaktionen aus, die sich im Organismus zu einer »makroskopisch wirksamen Akausalität« verstärken würden. Damit wären, so meinte er, gewisse Bereiche des menschlichen Handelns der Kausalität nicht mehr unterworfen und die Verneinung der Willensfreiheit durch die Erfahrungen der Atomphysik widerlegt. Die Zufallstheorie der Willensfreiheit wurde von den Biologen schnell wieder verworfen. Eine Freiheit, die wir dem Zufall verdanken, wäre ja in der Tat sehr zweifelhaft. Jede Verantwortlichkeit wäre aufgehoben (Hassenstein 1979). Physikalische Akausalität spielt bei der Entscheidung menschlicher Handlungen sicher keine Rolle. Handelten wir nicht verläßlich, wir könnten nicht miteinander kommunizieren. Unsere Motivation bestimmt in gesetzmäßiger Weise unser Handeln. Bereits Schopenhauer (1839) meinte dazu: »Ich kann tun, was ich will, ich kann, *wenn ich will*, alles was ich habe, den Armen geben und dadurch selbst einer werden – wenn ich *will*, aber ich vermag nicht, es zu *wollen*, weil die entgegenstehenden Motive viel zu viel Gewalt über mich haben, als daß ich es könnte« (S. 212).

Subjektiv aber erleben wir Freiheit als eine Gegebenheit. Wir überlegen und entscheiden uns – subjektiv frei –, dies oder jenes zu tun. Und wenn wir die Handlungsalternativen ins Auge fassen und sie mit jenen vergleichen, über die Tiere verfügen, dann sind uns auch mehr Möglichkeiten der Entscheidung gegeben. Wir handeln ferner keineswegs immer nach einem automatischen Reiz-Antwort-Schema. Wir verdanken das unserer Fähigkeit, Handlungen von den sie antreibenden Systemen abkoppeln zu können und damit ein entspanntes, von Emotionen entlastetes Feld zu schaffen, in dem wir die Folgen verschiedenen Tuns abschätzen und damit die Handlungsalternativen rational erwägen können. Das führt zu dem subjektiv frei gefaßten Entschluß, Bestimmtes zu tun.

Objektiv allerdings entscheiden wir aufgrund der zahlreichen individuellen Erfahrungen, die wir im Laufe unseres Lebens sammelten, ferner aufgrund der Erziehung, die wir genossen und die uns das reiche Kulturgut der Gemeinschaft tradierte, der wir angehören. In die Überlegungen gehen die Werthaltungen ein, denen wir aufgrund religiöser und politischer Indoktrinierung anhängen, und schließlich spielen die uns als biologisches Erbe vorgegebenen Programmierungen (Motivationen) bei der Entscheidungsfindung eine große Rolle. Wir denken nach und bemühen uns um einsichtige Problemlösungen, aber unsere Entscheidungen werden durch vielerlei Ursachenverknüpfungen bestimmt. Insofern sind wir also nicht frei. Der gesamte Schatz – oder auch die Belastung – der biologischen, kulturellen und individuellen Erfahrungen bestimmen unser Handeln in einer bestimmten Situation.

Beim Freiheitsproblem sind im Grunde zwei Aspekte zu beachten: der *rationale* und der *soziale*. Beim rationalen Aspekt geht es um die Frage, ob eine Person Herrschaft über sich und damit über ihre zum Teil archaischen Antriebe hat, ob sie daher rational verantwortlich handeln kann. Diese Fähigkeit zu einsichtig-vernünftiger Entscheidung erfordert als Voraussetzung, Handlungen von Antrieben abkoppeln zu können und damit ein »entspanntes Feld« zu schaffen. Diese Fähigkeit wurde bei Säugern entwickelt, um spielerisch lernen zu können. Beim Menschen kam über die unterschiedliche Hemisphärenspezialisation die Fähigkeit zur Selbstreflexion hinzu. Mit unserer linken Hemisphäre können wir gewissermaßen uns selbst beobachten: unser rechtshemisphärisches, emotionales Ich (Näheres dazu in meinem »Grundriß der Humanethologie«). Die Fähigkeit, rational zu entscheiden, hängt ferner von dem individuell erworbenen Wissen ab: Je mehr ein Mensch weiß, desto mehr Möglichkeiten hat er, Handlungspläne zu entwerfen und geistig auf ihre Folgen hin abzuhandeln. Und entsprechend können wir sagen, sein Verhalten habe mehr Freiheitsgrade.

Aber was wir unmittelbar als Freiheit erleben, ist etwas ganz anderes: Es ist die soziale Freiheit. Wir fühlen uns frei, wenn wir aufgrund unseres eigenen Willens ohne Einschränkung durch andere entscheiden können. Können wir z. B. unsere Meinung aussprechen, ohne daß andere uns dabei einschränken, dann glauben wir, uns frei zu äußern, auch wenn unsere Äußerung ein höchst dogmatisches – und damit ein geistig unfreies – Bekenntnis zu einer bestimmten Ideologie ist. Wir sprechen in solchen Fällen von der Möglichkeit der »freien Meinungsäußerung«. Und diese Freiheit wird nicht nur erlebt, sie wird in liberalen Gesellschaften auch gesetzlich garantiert. Erst wenn man einer Person den Mund verbietet, schränkt man ihre Freiheit ein. Es geht also im Grunde um die Freiheit von Bevormundung durch Mitmenschen, um die Erhaltung des eigenen Handlungsspielraumes, den man nicht durch andere eingeengt wissen will.

Nun ist dieser Handlungsspielraum in der Praxis nicht bei allen Menschen gleich. Unterschiede in den Einzelbegabungen und im persönlichen Werdegang führen dazu, daß Personen unterschiedliche Kompetenzen und damit auch wieder unterschiedliche Rechte erwerben. Der Kapitän eines Schiffes oder der Manager eines Unternehmens haben mehr Freiheiten als ein Matrose oder Angestellter, deren Freiheiten durch vielerlei Anordnungen eingeschränkt sind. Das gilt in sozialistischen Zentralverwaltungswirtschaften grundsätzlich ebenso wie in liberaldemokratischen Systemen und für die politische oder militärische Führung ebenso wie für die Privatwirtschaft. In allen Gesellschaften verfügen Menschen über individuell erworbene Rechte und damit auch individuelle Freiheiten, und sei es auch nur das Recht des Jägers und Sammlers, die erlegte Jagdbeute verteilen oder über das selbst hergestellte Gerät frei verfügen zu dürfen.

Je mehr Möglichkeiten der einzelne hat, durch Eigenleistung den eigenen Handlungsspielraum zu erweitern – sich also frei zu entfalten –, als desto freier gilt die Gesellschaft. Allerdings geht die Erweiterung des Freiraums einer Person auf Kosten der Freiräume anderer, ein Problem, das wohl schon seit Beginn der menschlichen Gemeinschaft diskutiert wird. Es würde den Rahmen unseres Vorhabens sprengen, wollten wir es hier erörtern. Soviel scheint heute anerkannt: Macht über Mitmenschen sollte nicht mit Gewalt errungen werden. Wo Führungshierarchien für das Funktionieren eines Betriebes, Staates oder sonstiger Organisationen und Gemeinschaften nötig sind, sollten die Führenden aufgrund ihrer besonderen Begabungen und Leistungen von neutralen und kompetenten Ausschüssen mit der Aufgabe betraut oder, wie im Falle der Politiker, von den zu Führenden selbst gewählt werden. Auch sollte die wirtschaftliche Not und der Stellenmangel nie so groß sein, daß ein Stellensuchender gezwungen wäre, sich einem rücksichtslosen Ausbeuter unterzuordnen.

Von diesen Idealvorstellungen sind wir sicher noch weit entfernt, aber wir haben uns ihnen in den letzten hundert Jahren immerhin ein gutes Stück angenähert, und sie sind weiterhin Leitbild, und zwar nicht nur für das Leben innerhalb der Gemeinschaft eines Staates, sondern auch für die Beziehungen der Staaten untereinander. Vernunft und Einsicht leiten unser Wollen in diese Richtung, denn es leuchtet ein, daß es dem einzelnen ebenso wie dem Gemeinwohl zuträglich ist, wenn soziale Spannungen und damit die Risiken sozialer Unruhen und Kriege vermindert werden.

Aber wir sehen auch, daß dieses Wollen nicht hinreichend verwirklicht ist. Nun hat es sich eingebürgert, in solchen Fällen irgendeinem Feind der Freiheit die Schuld zuzuweisen – der repressiven Gesellschaft etwa oder den Kapitalisten, den Sozialisten oder gar den Eltern. Irgendwer ist immer daran schuld, daß die Ideale von Freiheit und Gleichheit nicht verwirklicht sind. Mit solcher Schuldzuweisung macht man es sich zu einfach. Ich möchte hier wie bisher die Frage stellen, ob nicht in uns allen etwas steckt, was uns als Anführer oder Geführte unvernünftig handeln läßt.

Daß wir Menschen einige soziale Eigenschaften als Primatenerbe mitbekamen, ist heute allgemein anerkannt. Dazu gehört die bereits erwähnte ambivalente Haltung Mitmenschen gegenüber. Wir suchen die Nähe des anderen, zeigen aber auch eine gehörige Portion Sozialangst, die allerdings durch persönliche Bekanntheit gemildert wird. Wir neigen aufgrund dieser Disposition dazu, uns in Kleinverbänden abzusondern. Innerhalb der Kleinverbände bilden sich in der Regel in einem Prozeß der Selbstorganisation Rangordnungen aus, ein Muster, nach dem auch die modernen Großgesellschaften strukturiert sind.

c) Rangordnung

Das Phänomen der Rangordnung wurde in den frühen zwanziger Jahren von dem Psychologen Thorleif Schjelderup-Ebbe an Hühnern entdeckt. In der Folge hat man ihre Ausbildung in den verschiedensten Wirbeltiergruppen nachweisen können. Bei dem uns nah verwandten Schimpansen bilden sich Rangordnungen sowohl unter den Männchen als auch unter den Weibchen aus. Die Männchen verstehen es beim Rangstreit geschickt, sich mit anderen zu verbünden. Sie setzen Gruppenmitglieder gewissermaßen als Werkzeuge ein. Sind die Rangpositionen ausgefochten, dann tritt der Ranghohe keineswegs als Tyrann auf. Er zeigt zwar beim Zusammentreffen mit anderen Gruppenmitgliedern oft eindrucksvolles Imponiergehabe, ist aber im übrigen freundlich und schützt auch Rangniedere gegen Übergriffe anderer. Nach Streit bemühen sich die Kontrahenten um die Wiederherstellung freundlicher Beziehungen. Die Versöhnungsbereitschaft ist geradezu ein Kennzeichen dieser Tiere (DeWaal 1978, 1982).

Ranghohe Affen stehen im Blickpunkt der Aufmerksamkeit der anderen. Zählt man aus, wer von den anwesenden Tieren am meisten von den anderen angesehen wird, dann sind es stets die Ranghohen. Bei uns Menschen ist das ähnlich, was sich schon in der Redewendung, eine Person genieße »Ansehen«, ausdrückt. Die Wahrung oder Verbesserung dieses Ansehens ist ein zentrales Anliegen jeder sozialen Interaktion (S. 89). Kaum etwas ist schlimmer als Gesichtsverlust.

Barbara Hold-Cavell (1974, 1977) hat in Kindergärten verschiedenen Erziehungsstils die Selbstorganisation der Kindergruppen untersucht und festgestellt, daß sich Rangordnungen nicht nur in den traditionellen, sondern auch in den antiautoritär geführten progressiven Kindergärten ausbilden. Sie fand ferner, daß nicht die aggressivsten Kinder im Zentrum der Aufmerksamkeit stehen, sondern jene, die zwar in der Lage sind, ihre Rangposition zu verteidigen, darüber hinaus jedoch – dies war entscheidend – über positive soziale Eigenschaften verfügen, wie Einfallsreichtum und Initiative bei der Organisation von Spielen, Bereitschaft zu teilen, Fähigkeit, Streit zu schlichten, Spielgefährten zu trösten und dergleichen. Aufgrund dieser Eigenschaften wurde ihre Führungsposition nach anfänglichen Rangkämpfen schnell anerkannt, und die rangniederen Kinder suchten aktiv die Nähe der Ranghohen, sie zeigten den Ranghohen in Kontaktinitiative Dinge, richteten Fragen an sie und gehorchten. Eine weitere Untersuchung von Hold-Cavell in Buschmann-Kindergruppen und in japanischen Kindergärten ergab das gleiche Bild.

Rangordnungen bilden sich überall aus, wo Menschen über längere Zeit in Gruppen leben, es sei denn, besondere Regeln der Kultur unterbinden ihre Entwicklung. Die Buschleute der Kalahari kennen Hauptmänner, die ihre Gruppe als Sprecher nach außen vertreten, innerhalb der Gruppe aber relativ wenig zu sagen haben. Einzelpersonen genießen unterschiedliches Ansehen aufgrund von Leistungen in verschiedenen Bereichen: So gibt es den guten Trancetänzer oder den guten Jäger. Allerdings gilt es in dieser Gesellschaft als ungehörig, mit Leistungen, etwa dem Jagderfolg, zu prahlen. Was einer tut, entscheidet er für sich. Die Hauptmänner haben keine Befehlsgewalt.

Das gilt nicht für alle traditionellen Stammeskulturen. Dort, wo kriegerischer Einsatz gefordert ist, bilden sich Häuptlingshierarchien aus, und Häuptlinge entscheiden sehr vieles. In solchen Kulturen wird dann auch im Alltag die hierarchische Ordnung gepflegt und bekräftigt. Ein Beispiel dafür mögen die mir gut bekannten Himba liefern, die im Kaokoland südlich von Angola in Südwestafrika (Namibia) leben. Als Rinderhirten in einer Trockensavanne führen sie ein gefährdetes Leben. Rinder sind eine begehrte Beute, und da die Bevölkerung der Himba sich in kleinen Kralgemeinschaften über ein weites Gebiet verteilen muß, leben die Himba gefährdet. In ihrer Geschichte wurden sie auch wiederholt von Hottentotten überfallen, die ihnen ihre Rinder abnahmen. Daß sie nicht untergingen, verdanken sie ihrer Fähigkeit, sich nach solchen Überfällen schnell zu schlagkräftigen militärischen Verbänden zusammenzuschließen, die dann mehrere Gemeinschaften oder sogar den ganzen Stamm umfassen und unter der Führung einer Häuptlingshierarchie Kriegszüge zur Vergeltung und Rückgewinnung der geraubten Rinder ausführen. Das Gelingen solcher Unternehmungen setzt Gefolgsgehorsam voraus, und dieser muß im Alltag bekräftigt werden, wenn man für den Ernstfall vorbereitet sein will.

Der dressurmäßigen Bekräftigung des Gefolgsgehorsams dient das Ritual »Okumakera«, auch Milchschmecken genannt. Jeden Morgen werden die Rinder von den verschiedenen Familien der Kralgemeinschaft gemolken. Die Milch kann aber von den Eigentümern der Rinder nicht sogleich genossen werden. Der Häuptling muß sie erst freigeben. Dazu kommen die Frauen, Männer und Kinder nach dem Melken mit den Milchgefäßen zum Häuptling. Sie reichen ihm das Gefäß, er nimmt einen Schluck oder taucht nur kurz den Finger hinein, leckt ihn ab und reicht dann das Gefäß zurück. Gelegentlich berührt er das Milchgefäß nur mit einer Hand. Erst nach diesem »Milchschmecken« darf die Milch genossen werden. Das tägliche Ritual bekräftigt die Unterordnung unter den Häuptling, und folgt einer einmal nicht, dann kann der Häuptling über Rüge und sozialen Druck den Rebellen zur Räson bringen.

Vergleichbare Rituale der Gehorsamsbekräftigung gibt es auch bei uns. Der Morgenappell mit dem Grüßen der Fahne erfüllt beim Militär diese Funktion. In den Vereinigten Staaten und in Großbritannien gab und gibt es morgens in den Schulklassen vergleichbare Grußrituale. Und die Schweizer Überlieferung vom Landvogt Gessler, der seinen Hut auf einer Stange ausstellte, damit jeder ihn grüße, ist in die Literatur eingegangen.

Es gibt aber auch Kulturen, die eine Ausbildung von Rangordnungen durch bestimmte Maßnahmen verhindern. Bei den Maoris z.B. gab man Personen, die Reichtümer ansammelten, unter irgendeinem Vorwand zur Plünderung frei. Allerdings wurde in einem solchen Fall Egalität offensichtlich gegen eine vorhandene Disposition erzwungen. Die so bewirkte Egalität diente der Erhaltung der traditionellen Häuptlingshierarchien. Häuptlinge waren nämlich von der Plünderung ausgenommen. Es ist nicht ganz von der Hand zu weisen, daß Besteuerung und Geldentwertung in manchen Staaten auch der westlichen Welt manchen Politikern als Mittel dienen, um über egalisierende Nivellierung ihre Machtposition zu zementieren und gegen heranwachsende Konkurrenz abzusichern. Gewisse Ähnlichkeiten moderner Steuerpolitik mit dem Plünderungsritual der Maoris sind unverkennbar.

Mao und seine Anhänger verfolgten mit der Kulturrevolution eine Strategie der Egalisierung mit dem gleichen Ziel. Sie wollten so die Entstehung neuer Rangstrukturen verhindern und die etablierte Parteihierarchie absichern.

Ohne repressive Maßnahmen dieser Art bilden sich dank der unterschiedlichen Begabung, Bildung und Lebensschicksale in allen menschlichen Gemeinschaften Rangordnungen. Hat jeder die Chance, sich aufgrund eigener Verdienste zu profilieren, dann dürfte dies wohl auch akzeptabel sein, zumal die Gemeinschaft vom Leistungsstreben des einzelnen profitieren kann. Auch in den am egalitären Ideal ausgerichteten Gesellschaften kann sich der einzelne durch Leistungen auszeichnen, und es gibt Aufstiegsmöglichkeiten und Orden als Statussymbole in Ost und West.

Das Bedürfnis nach Ansehen äußert sich in einer pluralistischen Gesellschaft auf vielfältige Weise. Unter anderem bauen sich Menschen, wie Desmond Morris betonte, Ersatzpyramiden, um sich an deren Spitze zu stellen, etwa als Taubenzüchter oder Hobbyarchäologe. So äußert sich das Rangstreben auf harmlose und in vielen Bereichen sogar kulturfördernde Weise.

d) Problematische Auswirkungen des Rangstrebens

Während in früheren Zeiten ranghohe Personen auch einen höheren Fortpflanzungserfolg aufwiesen und das Streben nach Rang daher »angepaßt« war, ist dies heute nicht mehr so eindeutig der Fall. Um heute eine angesehene Position zu erreichen, muß der einzelne viel mehr Zeit als früher in seine Ausbildung investieren. Das durchschnittliche Promotionsalter an den deutschen Universitäten liegt mittlerweile bei 32 Jahren. Damit kommen die Betreffenden aber auch später zur Familiengründung, so daß jene Bevölkerungsschichten, die beruflichen Erfolg und gute Ausbildung schätzen, heute im allgemeinen weniger Kinder aufziehen als weniger erfolgreiche. Anders als früher wird Aufstieg also nicht mehr mit reproduktivem Erfolg belohnt. Das Rangstreben erweist sich damit in vielen Fällen als »fehlangepaßt«, denn es mindert den Fortpflanzungserfolg der nach Ansehen Strebenden und bewirkt eine genetische Aussiebung von Begabungen. Noch sind das keine alarmierenden Entwicklungen, doch müssen wir sie im Auge behalten.

Noch in anderer Weise ist das Rangstreben in der heutigen Zeit problematisch. In der individualisierten, kleinen Gemeinschaft waren ihm durch den ausgleichenden Normierungsdruck der anderen Grenzen gesetzt. Der Ranghohe konnte seine Stellung nur bei Zustimmung der anderen halten, und diese Zustimmung wurde ihm sicher verweigert, wenn er gegen die Normen der Gesellschaft verstieß, charakterliche Mängel zeigte oder sonst den Unwillen der anderen erweckte. Ansehen hing von der Persönlichkeit ab, die in einer kleinen Gemeinschaft durch das jahrelange Zusammenleben mit den anderen auch gut eingeschätzt werden konnte. In der anonymen Großgesellschaft dagegen mangelt es an persönlicher Vertrautheit. Was weiß denn Mr. Miller schon über seinen Präsidenten? Doch nur das, was ihm die Werbung einredete. Präsidentschaftskandidaten werden wie Coca Cola angepriesen und verkauft. Entscheidend ist oft nicht die Qualität der Person, sondern die Stärke der hinter ihr stehenden Interessengruppen und die Qualität ihrer Werbung. Die Eigenschaften, die das Publikum an einer führenden Persönlichkeit schätzt, kann die Propaganda leicht vortäuschen, vorausgesetzt, der Kandidat kann reden und schauspielern.

Des weiteren gilt, daß in der anonymen Gesellschaft das Verhalten aus schon erwähnten Gründen angstbelastet ist. Das begründet ein starkes Bedürfnis, sich schutzsuchend Führungspersönlichkeiten anzuvertrauen, und mindert die Kritikfähigkeit. Der Mensch wird in der anonymen Masse infantilisiert und anschlußhungrig. Zum anderen bedingt die Aktivation des agonalen Systems eine gewisse Rücksichtslosigkeit und Skrupellosigkeit der verschiedenen miteinander konkurrierenden Interessengruppen. Sie sind nicht durch persönliche Bindungen in ihren Aggressionen gebremst.

Gravierend kommt hinzu, daß das Rangstreben keine Begrenzung kennt. Anders als Hunger und Durst, die abgesättigt und gestillt werden können, handelt es sich beim Rangstreben um einen Antrieb, der weder durch in den Organismus eingebaute Rückmeldungssysteme noch durch die erreichte Außensituation abgesättigt oder abgeschaltet wird.

Dem Dominanzstreben entspricht eine Dominanzlust, die beim Mann eine archaische sexuelle Komponente besitzt (Eibl-Eibesfeldt 1970). Erfolg führt bei Männern zur Anhebung des Bluttestosteronspiegels, Mißerfolg zum Absinken. Verliert z. B. ein Tennisspieler, dann sinkt der Spiegel seiner männlichen

Geschlechtshormone im Blute signifikant ab; gewinnt er, dann steigt der Bluttestosteronspiegel steil an (Mazur und Lamb 1980). Auch geistiger Erfolg spiegelt sich in gleicher Weise im hormonalen Geschehen. Bei Medizinstudenten, die durchfallen, sinkt der Bluttestosteronspiegel, und er steigt, wenn sie die Prüfung bestehen. Erfolg bekräftigt damit das Erfolgstreben in positiver Rückwirkung und erzeugt damit die Gefahr des Eskalierens.

Der Dominanz-Submissions-Mechanismus ist ein zentraler Schlüssel zum Verständnis menschlichen Verhaltens. Das Dominanzstreben geht so weit, daß wir uns selbst auf der Gruppenebene mit Personen, die für uns gewissermaßen stellvertretend siegen, identifizieren. Jede Olympiade und jedes Länderspiel zeigt, wie die Menschen in einer kollektiven Aggression mitgerissen werden, in diesem Falle allerdings in einem an sich harmlosen Wettstreit, dem ein spannungsabbauender Effekt im Sinne einer »Ventilsitte« zugeschrieben werden kann. Ob die Zuschauer, die Sieg oder Niederlage miterleben, auch Änderungen des Testosteronspiegels erfahren, wäre zu prüfen.

Das Gefährliche am Dominanzstreben ist, daß es sich hier um einen offenen Trieb handelt (s. o.). Auch wenn eine Person eine hohe Rangstufe erklommen hat und das erreichte, was sie sich zum Ziel setzte, bleibt das Rangstreben erhalten. Neue Horizonte tun sich auf, neue Möglichkeiten, das Machtpotential zu vermehren – und die Geschichte lehrt, daß Menschen dies nutzen. Nun ist das Machtpotential, das die anonyme Großgesellschaft einem ehrgeizigen Politiker anbietet, ungeheuer, und man hat in der heutigen technischen Zivilisation zu Recht Angst davor, was passieren würde, wenn ein Wahnsinniger in einem über Atomwaffen verfügenden Land die Macht erränge. Man hält die Gefahr für gering, man glaubt Verhaltensstörungen rechtzeitig erkennen zu können. Aber man macht sich doch wohl etwas vor: Das Volk ist im Grunde gläubig und in Situationen der Not keineswegs besonders kritisch. Das infantile Bedürfnis nach Geborgenheit gewinnt dann leicht Oberhand. Es spielte bei der Machtergreifung Adolf Hitlers sicher mit die entscheidende Rolle. Aber auch die späteren Alliierten ließen sich täuschen, sonst wären sie 1936 kaum zur Olympiade nach Deutschland gekommen und Engländer wie Franzosen hätten sicher nicht das Münchner Abkommen unterschrieben. Liest man die Zeitungen von damals, dann hat man den Eindruck, daß Chamberlain 1939 den Frieden gesichert zu haben glaubte. – Wir müssen weiterhin mit der Möglichkeit rechnen, daß politische Führungspersönlichkeiten uns täuschen und mit Zustimmung der Massen Unheil anrichten. Der Typus des fanatischen, an sich selbst glaubenden Führers scheint mir dabei gefährlicher als der des korrupten, eigennützigen Despoten. Letzterer wird, um das eigene Wohlergehen zu sichern, bemüht sein, die Dinge nicht unbedingt auf die Spitze zu treiben, anders als der von seiner Mission überzeugte Fanatiker, der das Risiko des eigenen Untergangs in Kauf nimmt.

In der anonymen Gesellschaft besteht ferner die Gefahr, daß bestimmte Kreise politische Führer lancieren, die zwar harmlos sind, aber den Willen von hinter ihnen stehenden Interessengruppen vertreten. Personen mit altersbedingten Abbauerscheinungen, die sonst eine integre Laufbahn absolvierten, bieten sich dafür als Kandidaten an. Das sind keineswegs aus der Luft gegriffene Befürchtungen – immerhin war Präsident Roosevelt in Jalta bereits ein vom Altersverfall gezeichneter, schwerkranker Mann, der den Diskussionen kaum noch folgen konnte. Daß die Amerikaner den Frieden in Europa verspielten, ist nach Ansicht mancher Historiker unter anderem hierauf zurückzuführen. Nach dem Ersten Weltkrieg war Präsident Wilson zu schwach, seine 14 Punkte durchzusetzen, die vielleicht eine gerechte Ordnung in Europa herbeigeführt und damit den Frieden gesichert hätten.

Probleme dieser Art werden sich immer wieder stellen. Louis A. Gottschalk (1987) hat mit Hilfe eines von ihm entwickelten Verfahrens die spontanen verbalen Äußerungen Ronald Reagans in den Fernsehdebatten mit Jimmy Carter 1980 und Walter Mondale 1984 geprüft. Die Untersuchung deckte eine zunehmende geistige Behinderung Reagans auf.

Die Verführbarkeit ängstlicher Massen, die Rücksichtslosigkeit, mit der Interessengruppen in der anonymen Gesellschaft konkurrieren, das Machtpotential und die Tatsache, daß das Machtstreben ein offener Trieb ist, bedingen im Verbund eine höchst labile und brisante Situation.

Der Verführbarkeit und Rücksichtslosigkeit kann man durch Milderung der Anonymität (s. o.) und durch immunisierende Aufklärung entgegenwirken. Hier gilt auch der Appell an die Presse, sich weniger leichtfertig auf das Spiel mit der Angst einzulassen. Das entscheidende Problem bleibt aber die Aus-

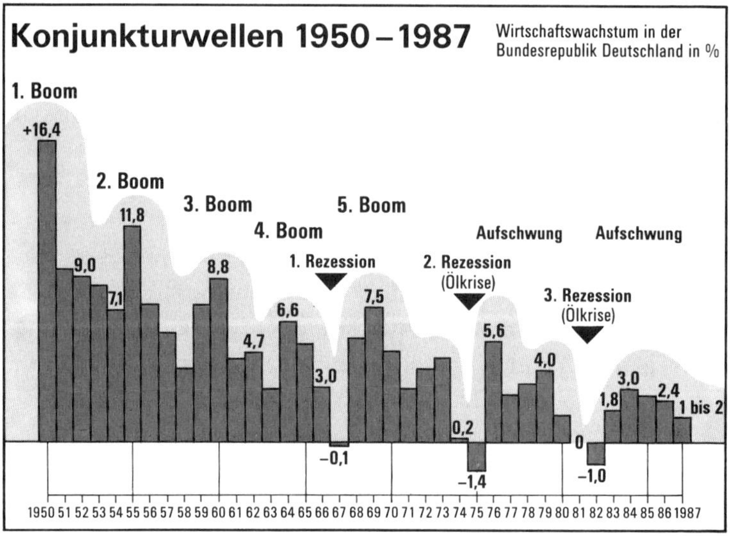

Abb. 25 Das Wirtschaftswachstum in der Bundesrepublik Deutschland in Prozent im Zeitraum 1950 bis 1987: Auf eine Phase zunehmender Wachstumsraten folgt regelmäßig eine Phase abnehmender Wachstumsraten. Die Graphik läßt erkennen, daß jede neue Wachstumswelle niedriger ausfiel als die vorhergehende, was auf Grenzen des Wachstums hinweist, die Politiker zumindest als Möglichkeit in ihre Kalkulationen einplanen müßten, etwa durch Reservebildung. Die Fixierung auf den nächsten Wahltermin läßt eine solche vernünftige Planung nicht zu. – Nach einer Graphik aus der »Süddeutschen Zeitung« vom 6. 5. 1987.

wahl der für Führungspositionen am besten Geeigneten und die Kontrolle der Führenden, die in der anonymen Gesellschaft nicht garantiert ist. »People have nothing to fear but their choice of leaders«, sagte Paul MacLean (1987) sehr treffend (S. 47).

Zwar wählen heute in vielen Staaten die Bürger ihre Regierenden; sie können sie aber erst am Erfolg ihrer Tätigkeit einschätzen. Das führt dazu, daß auch fachlich kompetente und anständige Politiker gezwungen sind, kurzfristig Erfolge nachzuweisen, was eine langfristige Planung und vernünftiges Wirtschaften erschwert (ein Punkt, auf den wir noch zurückkommen werden). Unter diesem Erfolgszwang werden Politiker dazu verleitet, Einnahmen zu verplanen, die noch gar nicht gemacht wurden. Um Wahlversprechen zu erfüllen, nehmen sie Anleihen auf die Zukunft. Man gibt sich optimistisch und rechnet mit dauerndem Wachstum, obgleich die Wirtschaftsstatistiken deutlich zeigen, daß es kein unbegrenztes Wachstum gibt (Abb. 25). Würden Privatpersonen mit Geld ähnlich umgehen wie Politiker, dann würde man sie wegen des Verdachtes, einen betrügerischen Bankrott anzusteuern, gerichtlich belangen.

Ein weiteres Problem resultiert aus der einseitigen, oft sogar mangelnden naturwissenschaftlichen Ausbildung der Politiker. Viele haben ein Fachstudium als Juristen oder in einer geisteswissenschaftlichen Disziplin absolviert. Zwei Drittel der Bundestagsabgeordneten haben eine akademische Ausbildung. Andere kommen ohne solche Vorbildung über die Parteilaufbahn in entscheidende Positionen. In einem bemerkenswerten Artikel zu dieser Problematik zitiert Hans Heigert* einen Ausspruch von Kurt Biedenkopf, der kritisch auf diese Problematik Bezug nimmt: »Systeme – so sagt Biedenkopf – in denen die einzige formale Qualifikation auch für höchste Ämter darin besteht, mehrheitsfähig zu sein, haben eine eingebaute Tendenz zur Mittelmäßigkeit.« Auf die Dauer wird man sich das nicht leisten können. Es geht nicht an, daß Personen mit mangelhaften

* Feuilleton der »Süddeutschen Zeitung« vom 25./26. 10. 1987.

geschichtlichen, biologischen, wirtschaftswissenschaftlichen und allgemein naturwissenschaftlichen Kenntnissen Entscheidungen treffen, deren ökologische Auswirkungen sie gar nicht abschätzen können. Schließlich verlangt man von jedem Bäcker und Schuster den Nachweis einer fachlichen Ausbildung. Willy Brandt gestand in einem »ZEIT«-Interview* ein, daß er vor zwanzig Jahren von Ökologie nichts gewußt hätte. Nun wurde das Fach 1886 von Ernst Haeckel begründet, und schon vor dem Zweiten Weltkrieg wies man auf ökologische Probleme wie Wasserverschmutzung, Erosion u. dgl. mehr hin. Nach dem Krieg erschien Reinhard Demolls Buch »Ketten für Prometheus«, Bernhard Grzimek machte auf die Verwüstung weiter Teile Afrikas durch kurzsichtigen agrarischen Raubbau (Erdnußanbau) aufmerksam, und mit dem Weltbestseller »Silent Spring« von Rachel Carson (1962) – deutsche Ausgabe »Der stumme Frühling« – wurde das Wissen um Umweltprobleme und damit ökologische Zusammenhänge Allgemeingut. All dies gut zwanzig Jahre vor dem »ZEIT«-Interview.

Nun berufen sich viele Politiker darauf, daß ihnen jederzeit Expertengremien beratend zur Seite stehen. Aber mit diesen scheint es auch nicht weit her zu sein. Beispiel: die von 1973 bis 1980 erstellten Prognosen über den Primärenergieverbrauch in der Bundesrepublik Deutschland bis zum Jahr 2000 (Abb. 26 und 27). Wenn man sieht, in welch naiver Weise die Studie der Europäischen Gemeinschaft das Wachstum in einer Exponentialkurve extrapoliert, faßt man sich an den Kopf. In den folgenden Jahren wurde dann an der Wirklichkeit zunächst recht stümperhaft korrigiert. Solche Fehlleistungen von Experten sind keineswegs amüsant, liegen sie doch den politischen Entscheidungen z. B. über den Ausbau des Energiesektors in der Bundesrepublik zugrunde.

Es wäre wünschbar, daß Politiker für führende Positionen im Staatsdienst eine gründliche allgemeine Ausbildung auch in den

* »DIE ZEIT« Nr. 1, 31. Dezember 1982, S. 29.

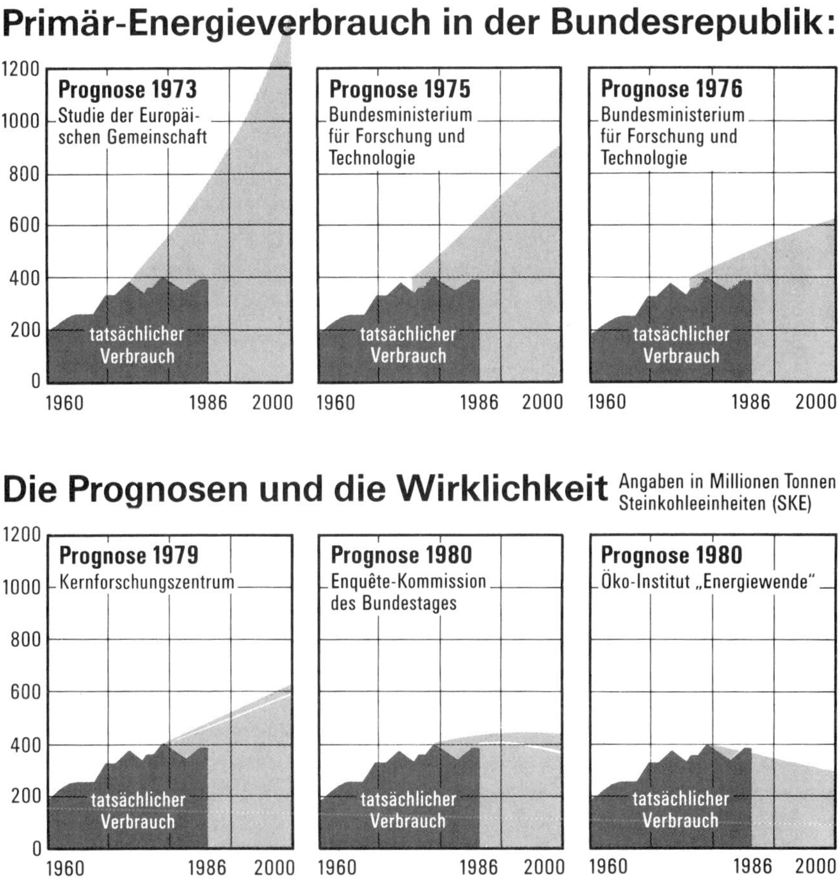

Abb. 26 Der Primär-Energieverbrauch in der Bundesrepublik Deutschland: Prognosen und Wirklichkeit (nach einer Graphik im »SPIEGEL« 12/1987). Was taugen die »Experten« in den Ministerien? Man kann sich des Eindrucks kaum erwehren, daß sie oft Sprachrohr von Interessengruppen sind.

naturwissenschaftlichen Fächern erhalten. Bis heute genügt eine Parteilaufbahn und das sichere Vertreten von Gemeinplätzen in der Öffentlichkeit, um selbst in höchste Staatsämter zu gelangen.

e) Gehorsamsbereitschaft

Gesellige Tiere, bei denen sich Rangordnungen ausbilden, bringen außer dem individuellen Rangstreben auch die Bereitschaft der Unterlegenen mit, sich unterzuordnen und führen zu lassen und damit zumindest vorübergehend eine niedrige Rangstellung zu akzeptieren. Ohne diese Gefolgsbereitschaft wäre ein Zusammenleben in der Gruppe unmöglich. Ständige Reibereien wären die Folge.

Bei uns Menschen ist die Gefolgsbereitschaft besonders stark ausgeprägt. Sie wird damit zu einem Problem. Der amerikanische Wissenschaftler Stanley Milgram lud Amerikaner verschiedener Berufsgruppen dazu ein, gegen geringe Bezahlung an einem Experiment mitzuwirken, bei dem es angeblich um die Erforschung der Auswirkung von Strafreizen auf den Lernerfolg ging. Die Aufgabe bestand darin, einer in einem Nebenraum sitzenden Person, die angeblich Aufgaben lernte, über einen mit

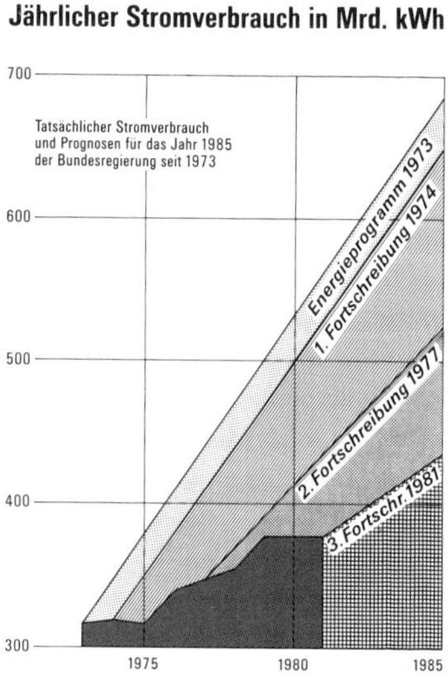

Abb. 27 Tatsächlicher Stromverbrauch und Prognosen für das Jahr 1985 der Regierung der Bundesrepublik Deutschland seit 1973. Man verlängerte bei den Prognosen für den Stromverbrauch einfach die Vergangenheit geradlinig in die Zukunft. Ob Abiturienten mit einer so primitiven Mathematik bestehen könnten? Auf diese Prognosen gründete sich immerhin die Energiepolitik der Regierungen von Bund und Ländern. – Nach einer Graphik aus der »Süddeutschen Zeitung« vom 7./8. Juni 1986.

Drucktasten ausgestatteten Apparat immer dann elektrische Strafreize zu erteilen, wenn sie Fehler machte, und zwar mit zunehmend stärkeren Stromstößen bei Fehlerwiederholung. Die Strafreize stiegen in 30 Stufen von 15 auf 450 Volt, und auf der Tastatur waren zugleich die Hinweise »mild«, »stark«, »sehr stark« angebracht. Das Experiment war fingiert, aber davon wußten die »Assistenten« nichts. In den ersten Versuchsreihen folgten alle Assistenten den Anweisungen des Versuchsleiters, und sie erteilten dabei zuletzt wissentlich Stromstöße, die ihre Empfänger geschädigt hätten, hätte es sich nicht um ein vorgetäuschtes Experiment gehandelt.

Milgram erklärte dieses Ergebnis mit fehlender Rückmeldung seitens des Opfers. In weiteren Experimenten führte er akustische Rückmeldungen ein: Ab einer bestimmten Reizstärke wurde über ein Tonband Stöhnen abgespielt, bei noch stärkeren Reizen Schmerzlaute, weiter starker Protest mit der Aufforderung, aufzuhören, schließlich gequältes Schreien und zuletzt Stille. Dennoch führten auch in dieser Situation 62,5% der Assistenten den Versuch bis zum Ende durch. Sie taten dies nicht ohne Skrupel und wandten sich an den im selben Raum anwesenden Versuchsleiter mit der Frage, ob sie denn weitermachen sollten, es würde der Versuchsperson doch Schmerzen bereiten, und einige standen sogar unter Protest auf. Aber der mit ruhiger Stimme vorgetragenen Aufforderung des Versuchsleiters, im Interesse des Experiments weiterzumachen, folgten die meisten. Auch jene, die schließlich aufgaben, taten dies erst, nachdem sie bereits Strafreize erteilt hatten, die im Ernstfall das Opfer schwer geschädigt hätten.

Die Assistenten erlebten sicher Mitleid, aber im Konflikt mit der Gehorsamsforderung einer Autorität setzte sich die Gehorsamsbereitschaft durch. Bemerkenswert war, wie sich der stufenweise Abbau der Autorität auswirkte. War der Versuch so aufgebaut, daß der Assistent vor seinem Einsatz ein Experiment verfolgen konnte, in dem ein Komplize des Versuchsleiters in der Rolle eines Assistenten fragte, ob der Versuchsleiter Doktor sei, und dieser verneinte, dann stieg die Anzahl der Personen, die anschließend verweigerten. Auch räumliche Entfernung des Versuchsleiters ließ die Zahl der Verweigerer hinaufschnellen. Erteilte der Versuchsleiter seine Anweisungen per Telefon, dann gaben die Assistenten zwar vor, den Anweisungen zu gehorchen, erteilten aber mildere Strafreize. Sie waren offensichtlich nicht sadistisch motiviert, und milderte sich der Autoritätsdruck, dann konnte sich das Mitgefühl eher durchsetzen. Grundsätzlich scheint es Menschen schwerzufallen, sich gegen eine Autorität durchzusetzen, wenn sie sich ihr einmal im Dienste einer Aufgabe freiwillig unterstellen.

Arthur Koestler sah es richtig, als er meinte, nicht ein Zuviel an Aggressivität sei unser Problem, sondern ein Zuviel an Loyalität. Der Gefolgsgehorsam ist eine problematische Tugend. Ohne ihn könnte eine Gesellschaft sicher nicht existieren. Aber Abrahams Opfer ist eine schaurige Allegorie, und wir haben hoffentlich aus der Geschichte gelernt, daß blinder Gefolgsgehorsam nichts Gutes ist. Allerdings darf die Einsicht, daß übertriebener Gehorsam zur Untugend wird, nicht dazu verleiten, ins andere Extrem zu fallen und Autorität grundsätzlich abzulehnen. Es bedarf einer autoritätenkritischen Haltung. Da diese aber bereits ein höheres Reflexionsvermögen voraussetzt, wird mit einer solchen Forderung in der kritischen Situation eines Konfliktes zwischen Gehorsam und Mitleid nicht jedermann geholfen sein. Es sollte auch die Absicherung durch eindeutige Gesetze vorliegen, damit ein Verweigerer nicht befürchten muß, sein Leben zu riskieren, wenn er etwa als Soldat einem ihm inhuman erscheinenden Befehl nicht Folge leistet.

Begehen Menschen unter einem Befehl Untaten, dann verarbeiten sie ihre Gewissensbelastung über einen noch zu besprechenden Prozeß der Verdrängung (S. 230). Elias Canetti (1980) schrieb dazu: »Es ist bekannt, daß Menschen, die unter Befehl handeln, der furchtbarsten Taten fähig sind. Wenn die Befehlsquelle verschüttet ist und man sie zwingt, auf ihre Tat zurückzublicken, erkennen sie sich selber nicht. Sie sagen: Das habe ich nicht getan, und sie sind sich keineswegs immer klar darüber, daß sie lügen. Wenn sie durch Zeugen überführt werden und ins Schwanken geraten, sagen sie: So bin ich nicht, das kann ich nicht getan haben. Sie suchen nach den Spuren der Tat in sich und können sie nicht finden. Man staunt, wie unberührt sie von ihr geblieben sind« (S. 369).

Das Rangstreben und sein funktioneller Widerpart, die Bereitschaft zur Unterordnung und zum Gefolgsgehorsam, gehören sicher zu den problematischen angeborenen Dispositionen. Sie sind nützlich, da über das Streben nach Ansehen Begabungen für besondere Führungspositionen ausgelesen werden. Der einzelne wird zur Leistung angespornt und stellt sich dem Urteil der anderen. In der Kleingesellschaft funktioniert dies ganz gut. In der anonymen Großgesellschaft können dagegen leicht Blender mit charakterlichen Schwächen und anderen Mängeln aufsteigen, sei es, daß sie von Interessengruppen vorgeschoben werden, sei es, daß sie sich einseitige, charismatische Begabungen zusammen mit der nötigen Rücksichtslosigkeit zulegen und sich hochkämpfen. Die Tatsache, daß das Streben nach Macht nicht durch eine abschaltende Endsituation oder andere Formen der Triebbefriedigung zu Ende kommt, macht diese Disposition in unserer Gesellschaft besonders gefahrenträchtig. Nicht daß man deswegen das Rangstreben im Bemühen um Egalität unterdrükken sollte – man würde dabei auf einen gesellschaftlich wertvollen Leistungsansporn verzichten. Sicher bedarf es aber neuer Kriterien für die Auswahl der Führungseliten.

Ähnlich wie mit dem Rangstreben verhält es sich mit der Bereitschaft zum Gefolgsgehorsam und zur Unterordnung. Eine Gesellschaft ohne hierarchische Strukturen wäre in der Konkurrenz mit anderen, gut geführten Gesellschaften unterlegen. Das setzt voraus, daß Führungsqualitäten anerkannt werden. Man spricht davon, daß man sich einer Führung anvertraut. Aber abgesehen von dem schon erwähnten Faktum, daß breite Bevölkerungsschichten die Vertrauenswürdigkeit ihrer politischen Führer oft gar nicht richtig einschätzen können, kommt in der anonymen Großgesellschaft gravierend hinzu, daß unter dem Angststreß der Anonymität die Bereitschaft, sich Sicherheit bietenden charismatischen Persönlichkeiten anzuschließen, wächst und also auch die Bereitschaft zum blinden Gehorsam. Erziehung zu kritischem Gehorsam ist daher ein Gebot unserer Zeit*. Sie allein dürfte jedoch nicht ausreichen, um zu verhindern, daß in Krisensituationen weniger standhafte und urteilsfähige Charaktere von den sie Führenden als Werkzeuge für unmenschliche Zwecke mißbraucht werden. Es bedarf zusätzlich klarer und eindeutiger Gesetze, die überdies zur Kenntnis gebracht werden müssen.

* Daß es mit der Vertrauenswürdigkeit vieler führender Politiker nicht so weit her ist, kann man jeder Tageszeitung entnehmen. Gäbe es nicht Presseorgane wie den »SPIEGEL«, dann wäre die Situation in unserem Lande sicher noch schlimmer. Man muß leider feststellen, daß auch bei Politikern das Eigeninteresse vor dem Gemeinwohl steht, und zwar nicht nur das der Individuen, sondern auch das Interesse der Politiker als Gruppe. Dazu eine kleine, aber charakteristische Episode: Als man sich in Niedersachsen 1987 zu Einsparungsmaßnahmen gezwungen sah, kürzte man zunächst wie üblich die Etats für Hochschulen und Forschung. Zur gleichen Zeit beschloß das Landesparlament durch Abstimmung eine Erhöhung der Diäten. Das Beispiel beleuchtet nicht allein eine Geisteshaltung, sondern auch eine noch ungelöste Problematik, da es sich hier ja um eine Art Selbstbedienung aus einem allgemeinen Fonds handelt: Die Interessengruppe stimmt darüber ab, ob sie sich aus Steuergeldern bedienen soll – ein fürwahr einmaliger Vorgang!

11 Zuviel des Guten

»Ulrich fragte: ›Und was geschähe, wenn wir jetzt einen hier anhielten und zu ihm sagten: Bleibe bei uns Bruder! oder: Halte still vorbeieilende Seele! Wir wollen dich lieben wie uns selbst!?‹ ›Er sollte uns verblüfft anschauen‹, erwiderte Agathe. ›Und dann seine Schritte verdoppeln!‹«

»Es gibt Sünden- und Tugendböcke; außerdem gibt es Schafe, die ihrer bedürfen.«

Robert Musil: *Der Mann ohne Eigenschaften, S. 1128 und S. 783*

Zuviel des Guten? Kann man denn überhaupt zuviel des Guten tun? Viele werden das bezweifeln. Dennoch: Ich behaupte, daß Tugenden durch Übertreibung zu Untugenden werden können. Tugend ist die Übereinstimmung der Lebensführung mit den moralischen Normen. Diese Normen haben ihr neuronales Substrat wohl in den Sollmustern (S. 80), von denen einige sicher als stammesgeschichtliche Anpassungen vorliegen, andere dagegen kulturspezifischer Neuerwerb sind. Von der Norm abweichendes Verhalten erfüllt uns mit Unbehagen (»schlechtes Gewissen«), und es gibt Hinweise dafür, daß dies über hirnchemische Prozesse bewirkt wird. Normgerechtes Verhalten dagegen wird von angenehmen Gefühlen begleitet, die wiederum durch andere hirnchemische Prozesse verursacht werden. Die Hirnchemie des Wohlbehagens und Unbehagens ist noch keineswegs genau erforscht, doch weiß man, daß es vom Organismus im Zentralnervensystem erzeugte Substanzen gibt, die »Hirnopioide«, die bestimmte Rezeptoren an den Nervenzellen besetzen und damit das Wohlbefinden und die Handlungsbereitschaft (Gestimmtheit) einer Person beeinflussen (S. 82).

a) Tugendsucht

Aber zurück zur eingangs gestellten Frage, ob man zuviel des Guten tun könne: Gibt es so etwas wie Tugendsüchtigkeit? Mir scheint, daß manche Helden und viele sogenannte Heilige und Asketen in der Tat von einer Art Tugendwahn befallen waren oder noch sind. Es gibt Menschen, die von ihrer Tugend geradezu trunken sind, Tugendbolde gewissermaßen.

Dabei kann es zu fast sportlichen Höchstleistungen des Tugendwettbewerbs kommen, im kämpferischen Einsatz etwa, aber auch in aufopfernder Nächstenliebe. Man spricht unter anderem von Begeisterung oder Enthusiasmus und bezeichnet damit einen geänderten Bewußtseinszustand, wie er auch bei Trance beobachtet wird. Sie kann z. B. durch Drogen, Musik oder durch asketische Übungen induziert werden. Der Beifall der Mitmenschen sporn einen Tugendhaften an, und so wie der Artist durch den Beifall der Zuschauer angetrieben wird, immer mehr zu riskieren, um sich damit in den Blickpunkt der Aufmerksamkeit zu rücken, so stellen viele ihren Altruismus oder Mut plakativ zur Schau, nach dem Prinzip: »Seht doch, wie kühn ... wie lieb ... wie gut ich bin«, um sich so auf die Spitze der Rangpyramide der Tugendhaften zu stellen. Was jeweils Aufmerksamkeit erregt, das wechselt mit Zeit und Mode. Tugenden eignen sich gut zur Selbstdarstellung. Das spornt zu Übertreibungen an.

Ordnet man die Tugenden nach den Funktionen, die sie erfüllen, dann kann man sie in die drei Gruppen der agonalen (Mut, Aufopferungsbereitschaft usw.), affiliativen (Nächstenliebe usw.) und schließlich der zivilisierenden Tugenden der Selbstbeherrschung und Mäßigung einteilen. Einer solchen

Ordnung nach Funktionen dürften unterschiedliche Hirnchemismen entsprechen. Im Alltagsjargon heißt es z. B. von einem besonders Wagemutigen, er sei »adrenalinsüchtig«. Ein besonders Asketischer mag »endorphinsüchtig« sein, und ein bis zur Selbstaufgabe Liebevoller könnte von wieder anderen Hirnaminen trunken sein. Hormone wie Oxytocin bieten sich an.

Dieses Hormon induziert bei einer Reihe von Säugern die Bereitschaft, starke Bindungen mit anderen Individuen einzugehen. Bei Ziegen und Schafen wird Oxytocin beim Durchtritt des Jungen durch den Gebärmutterhals (Cervix) ausgeschüttet. Es wird danach innerhalb von fünf Minuten abgebaut. Läßt man während dieser 5-Minuten-Periode das Junge bei der Mutter, dann erweisen sich Mutter und Kind als fest aneinander gebunden. Trennt man sie nach fünf Minuten und präsentiert man das Junge nach einer Stunde zusammen mit einem gleichalten fremden Jungen dem Muttertier, dann verjagt die Mutter das fremde Junge und nimmt das eigene an. Trennt man Mutter und Junges unmittelbar nach der Geburt, dann erkennt diese nach einer Stunde das Junge nicht als ihres und verjagt es, als wäre es fremd. Man kann den hormonalen Reflex auch bei Ziegen und Schafen, die noch nicht geboren hatten und die nicht trächtig sind, durch mechanische vaginale und cervikale Reizung (mechanische Erweiterung des Gebärmutterhalses) auslösen. Daraufhin sind solche Weibchen bereit, ein Junges zu adoptieren. Setzt man nach Auslösung des Reflexes für 5 Minuten ein Jungtier zu ihnen, dann verhalten sich die Weibchen so, als hätten sie es selbst geboren. Trennt man das Junge danach für eine Stunde von dem Weibchen und präsentiert es eine Stunde später zusammen mit einem fremden Neugeborenen, dann akzeptiert das Weibchen das Junge, mit dem es fünf Minuten zusammen war, und vertreibt das ihr fremde. – Wieweit der Oxytocin-Mechanismus bei uns Menschen Bindungsbereitschaft bewirkt, muß noch untersucht werden. Hinweise dafür gibt es. Oxytocinausschüttung findet bei der Geburt und beim Stillen statt, ferner beim Orgasmus der Frau, der von starken

Uteruskontraktionen begleitet wird (Näheres bei Eibl-Eibesfeldt 1984).

Das in unserem Hirn ebenfalls produzierte Phenylethylamin dürfte energetisierend wirken und eine positive Grundhaltung bestimmen, denn Pharmaka, die die Produktion dieses Amins anregen, wirken stimmungshebend, und unter ihrer Einwirkung werden die Personen auch geselliger. Michael Liebowitz (1983) vermutet, daß dieses Amin im Chemismus der Verliebtheit eine Schlüsselrolle spielt.

Das menschliche Gehirn ist unter anderem eine gewaltige Drüse, die viele Stoffe erzeugt, die unsere Stimmungen beeinflussen – bis zu ekstatischen Zuständen. Sicher ist es nicht einfach so, daß jeder Gestimmtheit ein Hirnamin oder -peptid zugeordnet ist – man könnte auch an Stoffbouquets denken –, aber für die Hauptstimmungen könnte dies grundsätzlich so sein. Die Hirnchemie wird uns sicher eines Tages einen Schlüssel zum Verständnis der Phänomene der Tugendtrunkenheit liefern.

b) Die Übertreibung agonaler Tugenden. Indoktrinierbarkeit

Daß man die agonalen Tugenden wie Mut, Aufopferungsbereitschaft, kurz, all das, was man unter »Heldentum« zusammenfaßt, übertreiben kann, das lehrt uns die Geschichte. Ganze Völkerschaften stürzten sich im Überschwang kriegerischer Begeisterung in den Tod. Sie waren dabei meist von irgendeiner Mission besessen, etwa der, ihren Glauben mit Feuer und Schwert verbreiten zu müssen.

An der Basis solcher Entwicklungen steht sicher ein angepaßtes Verhalten. In der Kleingruppe entwickelte sich ein starkes Wir-Gefühl durch das gemeinsame Heranwachsen und Miteinander in allen Lebensphasen. Verteidigung der Gruppe und ihrer Ressourcen bei Bedrohung erfolgte auf quasi familialer

Basis mit dem emotionellen Engagement, mit dem selbst Säugetiermütter ihre Jungen verteidigen*.

Bei sehr vielen Säugern beteiligen sich auch die Männchen mit ähnlichem Engagement an der Verteidigung der Familie und des Territoriums. Bei den höheren Primaten und beim Menschen scheint sich dabei in diesem Bereich eine Arbeitsteilung der Geschlechter zu entwickeln, wobei die Männer zunehmend die Verteidigung der Gruppe übernehmen, und zwar in kooperativen Kampftrupps und mit hohem emotionellem Engagement. Ich gehe darauf im Kapitel über Aggression und Krieg noch ausführlicher ein.

Mit der geschichtlichen Entwicklung größerer, miteinander verbundener Menschengruppen reichte persönliche Bekanntheit nicht mehr aus, um eine Gruppe emotionell zu binden. Kulturelle Sozialtechniken der Indoktrination wurden dazu entwikkelt, wobei die Indoktrinierbarkeit als angeborene Disposition zur Verfügung stand. Die Identifikation mit der Familie und der Kleingruppe erfolgte ja auch ursprünglich über Lernprozesse. Aufgrund dieser uns angeborenen Lerndispositionen identifizieren wir uns mit all jenen, mit denen wir Gemeinsamkeiten im Aussehen – der Tracht etwa –, dem Gebaren, aber auch im religiösen Brauchtum und der Sprache zeigen. Für prägungsähnliches Lernen spricht, daß man die Eigentümlichkeiten eines Dialekts nur in früher Jugend lernt und sie zeitlebens beibehält. Der Dialekt ist die Sprache der In-Gruppe. Sie ist stark emotionell besetzt, und wir sind auf sie prägungsähnlich fixiert.

* Dazu hatte ich ein sehr einprägsames Erlebnis während meiner Studentenzeit auf der Biologischen Station Wilhelminenberg. Ich lebte damals in einer kleinen Holzbaracke im Wienerwald mit vielen Hausmäusen, die ich duldete, da ich aus der Not eine Tugend machte und sie beobachtete. Nur als eine sich mit ihren Jungen seitlich in meiner Schlafmatratze einnistete, griff ich ein. Ich holte das Nest samt den Kleinen mit der Hand aus der Matratze und legte das Ganze zum Transport auf eine Kehrichtschaufel. Zu meiner großen Überraschung eilte auch die zunächst geflüchtete Mäusemutter herbei, setzte sich über die Jungen und griff meine Hand an – sie biß mich sogar in einen Finger. Ich konnte die ganze Familie – die kleine »Löwenmutter« und ihre Jungen – in ein Terrarium übersiedeln.

Je größer die Gruppen werden, desto wichtiger wird die Bindung über Weltanschauung und Religion zusammen mit der Identifikation über Symbole, wie Fahnen und andere Zeichen. Da auch diese Indoktrination an die biologischen Dispositionen anknüpft, ist sie ebenfalls stark emotionell besetzt. »Wenn die Fahne flattert, ist der Verstand in der Trompete«, lautet ein altes Sprichwort, das Lorenz gerne zu zitieren pflegt.

All diese biologischen und kulturellen Programmierungen im Dienste der kollektiven Identifikation, Verteidigung und Aggression sind durchaus als Anpassungen zu verstehen. Sie sind aber als solche keineswegs perfekt. Ein Übermaß an Vaterlandsliebe oder an missionarischer Überzeugung für eine Idee kann zu selbstmörderischem Heldentum führen. Treue, Heimatliebe und Begeisterung für eine Idee sind Tugenden; sie stellen aber auch eine Gefahr dar, da sie oft von Gruppenhaß begleitet werden. Dank der starken emotionellen Beteiligung verliert der Mensch beim kämpferischen Einsatz für die Gruppe leicht die Selbstkontrolle, so daß er rücksichtslos gegen sich und andere auftritt. Damit wird die kollektive Aggression leicht zu einer High-Risk-Strategie, ähnlich wie der Beschädigungskampf im Tierreich – und Gegenselektion tritt ein. Bereits Immanuel Kant hat in seiner Schrift »Zum ewigen Frieden« darauf hingewiesen, daß man sich selbst im Kriege voraussagbar verhalten und demnach auf Konventionen achten müsse, sonst wäre ein späterer Friede unmöglich. Die einseitige Betonung heldischer Tugend und missionarischer Auserwähltheit führt zu Inhumanität, und diese ist von negativem Selektionswert: So wie das nicht vorhersagbare Verhalten einer Einzelperson die Mitglieder der Gruppe ängstigt, der sie angehört, und damit deren Aggressionen auslöst, löst auch eine unvorhersagbar handelnde Gemeinschaft bei anderen Gemeinschaften Ängste aus, so daß sich diese in Abwehr vereinen, und zwar mit allen Mitteln der Vergeltungsstrategie. Wer Konventionen nicht beachtet, schließt sich von diesen aus.

Ich erinnere in diesem Zusammenhang daran, daß bereits im

Tierreich durch die Strategie der Vergeltung verhindert wird, daß nach Regeln des Turnierkampfs kämpfende Tiere von beschädigend kämpfenden Mutanten verdrängt werden. Es ist der kämpferische Einsatz für die Gruppe und ihre Werte, der bei uns Menschen so leicht in gefährlicher Weise entartet. »The damages wrought by individual violence for selfish motives are insignificant compared to the holocausts resulting from self-transcending devotion to collectively shared belief systems«, schreibt Arthur Koestler sehr treffend (1968, S. 266). – Soviel zur Übertreibung agonaler Tugenden. Wir werden noch einmal auf die Problematik der menschlichen Aggression zu sprechen kommen.

c) Übertreibungen der Nächstenliebe

Die agonalen Tugenden bewerten wir mit einer gewissen Zwiespältigkeit. Obgleich wir den Helden preisen, stört uns letzten Endes doch, daß er Menschen tötet – mögen seine Motive noch so edel sein. Die affiliativen Tugenden, wie jene der Nächstenliebe, bejahen wir dagegen vorbehaltlos – verständlicherweise, denn unsere Hoffnungen auf eine friedlichere und damit bessere Zukunft gründen sich letztlich auf sie. Ohne die uns angeborene Disposition zum Mitgefühl, zur Hilfsbereitschaft und zur Freundschaft (S. 33) blieben wir in einen sich selbst verstärkenden agonalen Wettstreit verstrickt. Aus der Nächstenliebe, dem wirklichen Guten, erwächst uns daher, so sollte man meinen, keine Gefahr. Und doch wurde aus guter Absicht manch Schaden gestiftet, sei es durch Übertreibung, sei es durch eine unglückliche Verquickung von Nächstenliebe und Machtstreben, wie das bei missionierenden Philanthropen nicht selten der Fall ist. Naive Philanthropie hat manches Volk ins Unglück gestürzt. Man kann zweifellos zuviel des Guten tun. Das geschieht vor allem, wenn Tugend ideologisiert und damit zum Programm erhoben wird.

Ich habe 1986 nach mehrjähriger Unterbrechung wieder die G/wi-Buschleute in der zentralen Kalahari besucht. Bei meinem letzten Besuch lebten sie noch als freie Jäger und Sammler. Sie jagten und sammelten; Tätigkeiten, die für Kurzweil sorgten und die nicht in schwere Arbeit ausarteten, weil Männer und Frauen nicht übermäßig viel Zeit für die Herbeischaffung der Lebensmittel und des Brennholzes brauchten. Die Buschleute lebten Muße-intensiv, in Kleingruppen geborgen, und sie hatten viel Zeit für geselliges Miteinander in vielfältigen Formen freundlicher Interaktion, wie in Tanz und Spiel (Eibl-Eibesfeldt 1976).

Diesmal fand ich die Gruppe in einem Zustand arger Verwahrlosung. Die Buschmänner hatten ihre traditionelle Bekleidung abgelegt und waren mit schmutzigen, vielfach zerrissenen Kleidern, Hemden und Hosen bekleidet. Sie hatten sich um ein für sie gebohrtes Wasserloch angesiedelt und warteten darauf, daß Lastwagen ihnen Maismehl, Zucker und andere Nahrungsmittel brachten. Viele waren schon gegen Mittag volltrunken. Sie hatten gelernt, aus Mais und Zucker Bier zu brauen. Was war passiert? Irgendwer muß auf die schreckliche Idee gekommen sein, die Buschmänner mit Lebensmitteln zu versorgen, obwohl dafür keine Notwendigkeit bestand. So hat man sie in die Abhängigkeit gespeist und aus freien Menschen Sozialhilfeempfänger gemacht. Das hat aber noch weitere Folgen. Das Gebiet der G/wi-Buschleute ist seit langem Nationalpark. Solange die Buschleute als Jäger und Sammler lebten, tolerierte man ihre Anwesenheit. Jetzt, nachdem sie ihre traditionelle Lebensweise aufgegeben haben, erwägt die Parkverwaltung eine Übersiedlung der angestammten Bevölkerung in ein Gebiet außerhalb des Parkes. Der Untergang der Buschleute ist ein schmerzlicher Verlust für die Menschheit, denn diese Kultur und Rasse war etwas ganz Besonderes. Die Kultur verband sich ununterbrochen mit den altsteinzeitlichen Jäger- und Sammlerkulturen aus der Zeit vor der europäischen Kontaktperiode. Sie war hochdifferenziert und liebenswert (Eibl-Eibesfeldt 1970, 1976) und ein wertvolles Modell für eine altsteinzeitliche Wildbeuterkultur in einem Raum, in dem die Menschwerdung stattfand.

Obgleich sich Organisationen wie »Survival International« und in Deutschland die »Gesellschaft für bedrohte Völker« darum bemühen, diese kleinen Volksgruppen in ihrer Eigenart ins dritte Jahrtausend hinüberzuretten, sind die Chancen gering. Mit den naiven Gut-Tuern verbinden sich nämlich harte politische Interessen. Man will über die Gebiete verfügen, in denen diese Menschen leben. Und dazu verbündet man sich selbst mit fundamentalistischen Missionen, die wegen ihrer Rücksichtslosigkeit als »Kulturknacker« bekannt sind. West-Neuguinea wurde z. B. mit ihrer Hilfe für die indonesische Verwaltung überhaupt erst zugänglich gemacht. In ihren pazifischen Trust-Territorien praktizieren die USA mit sogenannten Wohlfahrtsprogrammen das »Füttern in die Abhängigkeit«.

Große Unsicherheit herrscht heute in Westeuropa zur Frage, ob die Staaten ihre Grenzen für weitere Immigration von Arbeitssuchenden und von Asylanten aus der Dritten Welt offenhalten sollen oder ob man die Zuwanderung möglichst einstellen und Rückwanderung der bereits Eingewanderten fördern solle. Humanitäre Argumentation mischt sich hier mit politisch-wirtschaftlichen Erwägungen. Aber auch der Einwand einer möglichen »Überfremdung« wird geäußert, um ebenso schnell mit dem Hinweis auf die Rassenpolitik des Dritten Reiches vom Tisch gefegt zu werden – als würde es sich wirklich um dasselbe handeln und als dürfe man Eigeninteresse nicht mehr wahrnehmen. Ist es bei dieser Lage der Dinge überhaupt noch möglich, das Problem *sachlich* zu diskutieren? Ich will es im folgenden versuchen.

Das Immigrationsproblem hat verschiedene Wurzeln. In Frankreich und England ergab es sich in Zusammenhang mit der Entkolonialisierung. Man fühlte sich verpflichtet und gab sich den Bewohnern der ehemaligen Kolonien gegenüber großzügig. Das führte in England und Frankreich zum Aufbau zahlenmäßig beachtlicher farbiger Minoritäten. In Frankreich bilden die Nordafrikaner bereits einen massiven, über vier Millionen Menschen zählenden Block, der sehr selbstbewußt auftritt. Einzelne Vertreter sprechen bereits vom Fernziel der Moslemisierung des Landes. »Europa wird farbig«, lautete die Überschrift einer Artikelserie von Rudolf Walter Leonhardt, die im Oktober 1985 in der »ZEIT« erschien. Ist man selbst Europäer, dann muß es gestattet sein, dies nicht zu akzeptieren, und zwar nicht deshalb, weil man seine Gruppe für etwas Besseres hält, sondern weil man bei aller Hochschätzung der anderen das eigene Überlebensinteresse gewahrt sehen will und daher die eigene Verdrängung nicht begrüßen kann. Überleben heißt nun einmal genetisches Überleben.

In der Bundesrepublik Deutschland warb man in den 60er Jahren Ausländer als Arbeitskräfte an, ohne auch nur im geringsten an mögliche Folgen zu denken. Es gab Immigration ohne Immigrationspolitik. Man nahm an, die meisten Gastarbeiter würden wieder in ihre Heimat zurückkehren, aber sicherte das nicht vertraglich ab. Auf Drängen humanitär motivierter Kreise erlaubte man die Einreise von Familienangehörigen. So sah sich das dicht bevölkerte Westeuropa auf einmal mit einer Immigrationsproblematik konfrontiert.

Woraus resultiert diese? Was bedeutet Einwanderung für Ansässige und Einwanderer? Darüber braucht man im Grunde nicht allzu lange Spekulationen anzustellen, denn die verschiedenen Möglichkeiten wurden und werden uns in den verschiedensten Teilen der Welt vorgeführt. Handelt es sich bei den Einwanderern um Integrationswillige einer verwandten Kultur, also um Menschen, die bereit und fähig sind, ihre angestammte Kultur aufzugeben, dann ist das Konfliktpotential gering. Die europäischen Binnenwanderungen bieten dafür viele Beispiele. Die Hugenotten wurden relativ schnell zu Deutschen und ebenso die Polen. Adalbert von Chamisso, der bis zu seinem zehnten Lebensjahr auf dem elterlichen Schloß in Frankreich lebte, wurde sogar ein hervorragender deutscher Dichter, der sich patriotisch zu seiner neuen Heimat bekannte. Hier verbindet einerseits das gemeinsame abendländische Erbe, das sich ja auch in den Stilepochen der europäischen Architektur, Musik und Malerei ausdrückt. Griechen, Römer, Juden, Kelten, Germanen und Slawen und viele andere schufen dieses Abendland, dessen Bewohner auch physisch-anthropologisch und damit genetisch nächstverwandt sind. Das Wechseln von einer europäischen Kultur zur anderen bereitet daher im allgemeinen keine Schwierigkeiten, es sei denn, starke glaubensmäßige Gebundenheit führt zu einer selbstgewollten Abgrenzung. Einige Besonderheiten im menschlichen Verhalten, wie die Neigung zur In- und Outgruppenbildung (s. kulturelle Pseudospeziation, S. 114), leisten dem Vorschub. Ihr Wirken schlichtweg zu leugnen, wie das z. B. Georgios Tsiakalos (1982) tut, ist unverantwortlich.

Tritt zur glaubensmäßigen Kennzeichnung noch eine physisch-anthropologische, so stößt die Integration dann auf Schwierigkeiten, wenn die Einwanderer in einem relativ kurzen Zeitraum als Gruppe ankommen und damit die Möglichkeit haben, sich mit ihresgleichen zusammenzufinden. Sie setzen sich dann als Gruppe vom Wirtsvolk ab, das sich seinerseits wiederum abgrenzt.

Einwanderung führt in solchen Fällen mit hoher Wahrscheinlichkeit zu Konflikten, denn sie kommt ja einer Landnahme gleich. Eine Ethnie, die einer anderen, nicht integrationsbereiten in größerer Zahl Zuwanderung erlaubt, tritt damit zugleich Land an sie ab. Sie schränkt ihre eigenen Fortpflanzungsmöglichkeiten zugunsten eines anderen Volkes ein, denn die Tragekapazität eines Landes ist begrenzt. Europa ist im Grunde bereits übervölkert, und dadurch wird das Problem besonders gravierend.

Wir beklagen seit langem die zunehmende Degradierung der Landschaft durch Straßenbau, Industrie und Luftverschmutzung, wissen nicht wohin mit Abwässern und Müll, und das eigene Dach über dem Kopf wird für die meisten zum unerschwinglichen Luxus. Ein Gesundschrumpfen durch eine *vor-*

übergehende Abnahme der Geburten wäre durchaus akzeptabel. Westeuropa könnte auch mit zwei Dritteln seiner gegenwärtigen Bevölkerung einen hohen technischen und zivilisatorischen Standard halten und wäre weniger risikoanfällig und autarker. Genau solche Entwicklungen werden aber durch eine gedankenlose Einwanderungspolitik unterlaufen.

Dazu kommt, daß die Fortpflanzungsraten verschiedener Bevölkerungen keineswegs gleich sind. Dafür sind sowohl kulturelle als auch biologische Unterschiede verantwortlich. Organismen können grundsätzlich zwei verschiedene Reproduktionsstrategien einsetzen: Sie können eine große Anzahl von Nachkommen zur Welt bringen, aber in den einzelnen Nachkommen wenig Energie investieren, oder sie können in wenigen Nachkommen viel Energie investieren. Die Zoologen sprechen im ersten Fall von einer r-Strategie, im letzten Fall von einer K-Strategie.

Die r-Strategie* ist eine Maximierungsstrategie, die zu einem exponentiellen Wachstum führt, wenn nicht andere Faktoren (Feinde, Krankheiten, Nahrungsmangel) bremsend wirken. Sie wird von verschiedenen Arten bei der Neubesiedlung von Lebensräumen angewandt. Mit der Sättigung kommt es bei den meisten Populationen zu einer Stabilisierung der Verhältnisse, unter anderem auch dadurch, daß die Arten ihre Reproduktionsstrategie anpassen und zu K-Strategen** werden. Die Vertreter verschiedener Arten können also bis zu einem gewissen Grad ihre Strategie wechseln, allerdings in einem vorgegebenen Rahmen. Denn auch die Arten können als r- oder K-Strategen charakterisiert werden.

Eine Auster ist ein r-Stratege: Sie produziert pro Jahr 500 Millionen Eier. Der Mensch dagegen ist ein K-Stratege. Zwischen diesen beiden Extremen gibt es alle Übergänge, wobei höhere Tiere mehr zur K-Strategie neigen als niedere. Ein

* r von *intrinsic rate of increase* = eigentliche Wachstumsrate.

** K bezieht sich auf die Tragekapazität der Umwelt.

Kaninchen ist im Vergleich zu einem Fisch ein K-Stratege, im Vergleich zum Schimpansen ein r-Stratege.

J. Philippe Rushton wies nun darauf hin, daß auch Menschen verschiedene Reproduktionsstrategien verfolgen. Zusammen mit Anthony F. Bogaert (1987) verglich er das Reproduktionsverhalten der schwarzen und weißen Bevölkerung der USA. Diesen Erhebungen zufolge werden Schwarze früher geschlechtsreif, bekommen früher Kinder, sind im sexuellen Verhalten freier, und die Dauer der Schwangerschaft ist kürzer: Mit der 39. Woche sind 51% ihrer Kinder geboren, gegenüber 40% bei Weißen, mit der 40. Woche bereits 70% gegenüber 55% bei Weißen. Die schwarze Bevölkerung der USA hat daher eine höhere Reproduktionsrate als die weiße. Es gibt Schwankungen der Geburtenhäufigkeit in Abhängigkeit von politischen und wirtschaftlichen Wechselfällen. Sie laufen in beiden Populationen parallel, wobei der Vorsprung der schwarzen vor der weißen Bevölkerung erhalten bleibt. Die Schwankungen lehren, daß auch Umweltfaktoren einen entscheidenden Einfluß auf das Reproduktionsverhalten des Menschen haben und daß der Mensch seine Fortpflanzungsstrategie an die Umstände anpassen kann.

Umweltfaktoren haben also einen entscheidenden Einfluß auf das Reproduktionsverhalten, doch bleibt es, zumindest in einigen Fällen, bei gleichen relativen Unterschieden zwischen verschiedenen Populationen. Das kann auf längere Sicht die Verdrängung der reproduktionsschwächeren Ethnie bewirken. Dafür gibt es durchaus Beispiele in der Geschichte: Grund genug, sich nicht allzu leichtfertig auf Experimente dieser Art einzulassen.

Diskutiert man diese Frage heute in Europa, dann hört man auf den Hinweis einer möglichen Zurückdrängung des Europäers in der Welt – die sich ja zahlenmäßig bereits belegen läßt – die Antwort »Na, und wenn schon«. Ein solcher Standpunkt ist nicht akzeptabel. Es darf sich wohl jeder einzelne frei entscheiden, Kinder zu bekommen oder nicht, aber es ist moralisch nicht vertretbar, aus ethnischem Selbsthaß oder aus Gleichgültigkeit Bedingungen herbeizuführen, durch die die Zukunft der eigenen Gemeinschaft gefährdet wird. Schon gar nicht dürften Politiker eines Volkes eine »Na-und-Haltung« einnehmen, da sie sich ja verpflichteten, die Interessen des eigenen Volkes wahrzunehmen, und mit einer solchen Haltung wortbrüchig würden. Sie ist überdies auch oft inkonsequent, weil dieselben Personen, denen die Verdrängung der eigenen Ethnie angeblich wenig bedeutet, sogleich protestieren, wenn es sich um eine Gefährdung anderer handelt. Damit nehmen sie den Standpunkt der meisten Biologen ein, die sich für einen ethnischen Pluralismus einsetzen, mit dem einzigen Unterschied, daß Biologen auch ihre eigene Identität als etwas Pflegenswertes erachten. Auch das Herabspielen der Probleme halte ich in diesem Zusammenhang für ethisch nicht vertretbar.

Verfechter einer liberalen Einwanderungspolitik für Asylsuchende aus der Dritten Welt argumentieren damit, daß es sich um keine großen Bevölkerungsbewegungen handle. Einige Zigtausend sind es aber immerhin, die jährlich einzuwandern versuchen, und auf die Dauer würde das zur weiteren Zurückdrängung der eingesessenen Bevölkerung führen. Diese steht in der Mehrzahl, wie Umfragen ergaben, einer Massenimmigration ablehnend gegenüber. Bisweilen kommt es sogar zu Ausbrüchen von Fremdenhaß. Dann geben sich die Befürworter der Immigration überrascht und sprechen von »irrationalen« Ängsten oder von Demagogen, die den Ausländerhaß schürten. Daß der Irrationalität möglicherweise eine Ratio des Überlebens zugrunde liegt, die ihre stammesgeschichtlichen Wurzeln hat, kommt ihnen gar nicht erst in den Sinn. Dieselben Politiker bewilligen Millionen für Verteidigungszwecke, damit dem Land nur ja kein Quadratmeter Boden geraubt werde – aus altruistischen Gründen sind sie aber bereit, Land abzutreten. Keinem japanischen oder chinesischen Staatsmann würde dergleichen einfallen.

Auch kleine Immigranten-Populationen können differentiell

zu ernsthaften Konkurrenten der Ortsansässigen heranwachsen, wie zahlreiche Beispiele aus aller Welt lehren. Zu erwarten, daß Einwanderer zugunsten der Eingesessenen ihr Fortpflanzungsverhalten einschränken, ist naiv. Für die Einwanderer wäre dies ja eine falsche Strategie: Wollen sie ihre Existenz absichern, dann müssen sie Macht erlangen, um sich von der Dominanz der Eingesessenen zu lösen. Und Macht gewinnt man über Anzahl. Ein »Kampf der Wiegen« ist in dieser Situation fast unausweichlich, wobei es sich im wesentlichen um Automatismen und nur zum geringsten Teil um bewußte Strategien handelt. 1981 entfielen auf eine verheiratete türkische Frau statistisch 3,5 Kinder, auf eine verheiratete deutsche Frau 1,3 Kinder. Hält dieser Trend an, dann kommt es unausweichlich zur Verdrängung des eigenen biologischen Erbes.

Die Situation wird durch einen in den letzten Jahren konstanten und nicht unerheblichen Zustrom von Asylanten verschärft. Man spielt ihre Bedeutung gern herunter, daher seien hier die Zahlen angeführt: 1980: 107818, 1981: 49391, 1982: 37423, 1983: 19737, 1984: 35278, 1985: 73832, 1986: 99650. Ein großer Teil der Zuwanderer sind Asiaten (Tamilen, Inder usw.), aber auch Afrikaner suchen zunehmend, meist als Wirtschaftsflüchtlinge, Asyl. Nun werden von den Bewerbern nur ein Teil aufgenommen, aber die Rückführung der Abgelehnten unterbleibt sehr häufig. Kommen die Pläne der FDP zum Tragen, nach fünf Jahren Aufenthalt die befristete Aufenthaltsbewilligung in eine unbefristete zu verwandeln und nach acht Jahren in eine Aufenthaltsberechtigung ohne obligatorischen Nachweis des Arbeitsplatzes und bei Gleichbehandlung mit Inländern, großzügiger Förderung des Familiennachzuges, wobei junge Ausländer, die einige Jahre in der BRD lebten, eine befristete Wiederkehroption bis zum 23. Lebensjahr erhalten sollen, werden es unsere Enkel schwer haben. Der soziale Friede wird durch solche »Liberalität« sicher nicht gefördert. Bedenken gegen diese Entwicklung als »Deutschtümelei« und »kleinkarierte Volkstümelei« abzutun ist im höchsten Grade unverantwortlich. Der SPD-Kommunalexperte Martin Neuffer schrieb hierüber im »SPIEGEL« sehr klar*:

»Die schwerstwiegenden Probleme sind bei den Türken entstanden. Sie bilden die größte ständige Einwanderungsgruppe. Im Gegensatz zur ursprünglichen Gastarbeitersituation sind sie inzwischen ganz auf ständige Niederlassung eingestellt. Ihre Zahl ist ständig bis auf gegenwärtig 1,5 Millionen angewachsen und steigt weiter. Das entspricht jetzt schon der Einwohnerzahl von 15 Großstädten mit je 100000 Einwohnern.

Während der Anteil der Türken an der Gesamtzahl der Ausländer erst ein Drittel beträgt, ist von den Ausländerkindern unter 6 Jahren schon mehr als die Hälfte türkisch. Das weitere Wachstum der türkischen Volksgruppe in der Bundesrepublik ist fest programmiert.

Türkische Familienväter lassen ihre Familien nachkommen. Alleinstehende gründen eine. Unter dem Stichwort Familienzusammenführung siedelt auch das junge Mädchen nach Deutschland über, das ein in Deutschland lebender Türke auf einer Urlaubsreise in seiner Heimat geheiratet hat. Auch der umgekehrte Fall kommt vor. Bei der zahlenmäßigen Stärke der jüngeren Jahrgänge kommt allein auf diese Weise eine beträchtliche weitere Einwanderungswelle in Gang. Vor allem handelt es sich um junge Frauen, die bald Kinder gebären werden.

Diese Verlagerung des türkischen Bevölkerungswachstums in die Bundesrepublik ist, mit Verlaub gesagt, ein gemeingefährlicher Unfug. In den meisten Fällen besteht nur wenig Aussicht, daß die gutgemeinten Integrationsbemühungen der Bundesrepublik je dazu führen werden, daß diese Türken Deutsche werden. Es muß vielmehr damit gerechnet werden, daß die Integrationschancen mit der zunehmenden Massierung immer größerer Zahlen von türkischer Bevölkerung weiter absinken. Je

* »Die Reichen werden Todeszäune ziehen«, in: »DER SPIEGEL« 16/1982, S. 35 ff. Vgl. auch Neuffer (1982).

mehr Türken hier leben, um so geringer ist die Aussicht, daß es zu einer echten ›Einbürgerung‹ kommt.

Die jetzt schon klar erkennbare Konzentration in den türkischen Wohnbereichen wird sich fortsetzen. Dort finden die türkischen Familien ein soziales Umfeld vor, das sie zu keinen besonderen Integrationsbemühungen zwingt, wahrscheinlich im Gegenteil in dieser Hinsicht entmutigt und hemmt.«

Neuffer führt weiter aus, daß auf diese Weise zur Zeit eine starke, im ganzen wenig assimilationsfähige völkische Minderheit heranwachse und die Integrationspolitik in vielen Türkenstadtteilen schon jetzt eine Farce sei. Die Türken hätten vielfach bereits ihr eigenes Schulsystem, nicht zuletzt im Interesse der von der jetzigen Gemeinsamkeit vielfach schwer belasteten deutschen Kinder und Lehrer. Das weiß man also alles, und man weiß auch, daß in den USA aus eingewanderten Mexikanern keine englischsprechenden Nordamerikaner werden und daß die asiatischen Minderheiten in England sich nicht in Briten verwandeln. Neuffer meint dazu in einer bemerkenswerten Offenheit:

»Die Tatsache bleibt, daß ihre Integration offenbar weithin mißlungen ist, daß sie in einer unterprivilegierten Gettosituation leben, zum Teil in kriminelle Verhaltensweisen abgleiten und zu allem anderen auch noch zur Herausbildung von Reaktionen des Rassenhasses bei der eingesessenen weißen Bevölkerung Anlaß geben. Am Ende stehen dann jene grausamen Straßenschlachten und Stadtteilverwüstungen, die an die brennenden Negerviertel der nordamerikanischen Großstädte erinnern.

Ethnische Gruppenkonflikte in Ländern mit großen, nichtintegrierten Einwanderungsbevölkerungen können sich über generationenlange Zeiträume hinziehen und zu einer ständigen Quelle von Unstabilität und Unfrieden werden. So muß es mit aller Deutlichkeit formuliert werden: Ganze Bevölkerungsteile in Länder anderer Kulturbereiche umzusiedeln, ist kein tauglicher Weg für die Lösung des Übervölkerungsproblems der Wachstumsländer.«

Neuffer schließt seinen Artikel mit dem Bekenntnis, daß man natürlich helfen müsse, daß aber unser Land nicht zur Zuflucht aller Bedrängten der Erde werden könne. Es bleibe keine andere Wahl, »als das Asylrecht drastisch einzuschränken ... Damit sollte aber nicht so lange gewartet werden, bis die ersten Millionen schon hier sind und die Binnenprobleme bereits eine unlösbare Größenordnung erreicht haben.« Neuffer sagt auch, daß es am wenigsten erstrebenswert wäre, eine ganz unvermischt deutsche Bevölkerung und Kultur anzustreben; daß sich aus Begegnungen und Mischungen immer kulturelle Bereicherungen und Fortschritte ergeben hätten; daß aber eben das Maß doch eine entscheidende Rolle spiele.

Sehr klar und offen äußert sich neuerdings auch Heinrich K. Erben (1987) zu diesem Problem: »Während Immigranten aus dem Kulturkreis mit jüdisch-hellenistisch-christlicher Religionstradition sich im allgemeinen ohne wesentliche Komplikationen selber in die Kultur des Gastlandes zu integrieren pflegen ..., gilt dies erfahrungsgemäß für Familien mit islamischer, hinduistischer oder buddhistischer Tradition fast gar nicht, da es in der Praxis zumeist an der Bereitschaft zur kulturellen Eingliederung mangelt. Bei weiterem Ansteigen der Immigrantenquote kann mithin nicht ausbleiben, daß es zur Gefahr einer kulturellen Überfremdung und zu entsprechenden Abwehrreaktionen der einheimischen Bevölkerung kommt. In der Bundesrepublik mit ihren besonders liberalen Einwanderungsbestimmungen lebten 1983 etwa 4,5 Millionen Immigranten, von welchen 18% arbeitslos waren und 35% aus der Türkei stammten. Der am meisten problematische Anteil kommt mithin aus jenem Land, das mit über 2,8% eine der höchsten Wachstumsraten der Welt aufweist und dessen Bevölkerung daher jährlich um über 1,3 Millionen zunimmt. Die für das Gastland aus dieser Situation resultierenden Probleme zeichnen sich in ersten Ansätzen heute schon ab, ebenso wie die Bedenken der Stammbevölkerung. Und wenn sich, wie eine Hochrechnung vermutet, der Immigrantenanteil – bei gleichbleibender Abnahme der Stammbevölkerung – bis zum Jahre 2000 auf etwa 7 Millionen erhöht hat, wird auch die Brisanz des Problems zunehmen« (S. 110).

Wir können nur hoffen, daß in der Bundesrepublik und in den anderen westeuropäischen Ländern Vernunft und Einsicht zu einer verantwortlichen Politik führen. Es ist bereits reichlich spät. In der »Süddeutschen Zeitung« stand kürzlich der Satz: »Die Ausländerpolitik scheitert an der Statistik.« Der Geburtenzuwachs würde bei den Ausländern die Abwanderung mehr als ausgleichen.

Man sollte sich auch keine Illusionen über die Loyalitäten nichteuropäischer Einwanderer machen. Selbst wenn sie deutsche Staatsbürger werden, bleiben sie ihrer Kultur verbunden. Sie haben ihre eigenen Traditionen, in denen sie wurzeln, und sie neigen wie alle Völker, die sich nicht selbst aufgeben, zum ethnischen Nepotismus. Das ist eine Feststellung und kein abfälliges Werturteil. Ethnien, die überleben wollen, müssen letzten Endes so handeln. Es schafft aber Probleme, denn zur schon besprochenen Abgrenzung gegenüber dem Wirtsvolk kommt noch eine gewisse opportunistisch-exploitative Grundhaltung hinzu, die die eingesessene Bevölkerung als Herausforderung empfindet. Man kann natürlich nie voraussagen, wie sich eine nichteuropäische Einwanderergruppe in einem europäischen Land verhalten wird. Die Erfahrungen mit dem nordafrikanischen Muslimblock in Frankreich sind aber nicht ermutigend. Politiker, die diese Problematik verschleiern, welche in aller Welt offensichtlich ist – denn die Zeitungen beschreiben zwischenethnische Konflikte fast täglich –, handeln unverantwortlich.

Bliebe noch die Möglichkeit, die Probleme könnten sich lösen, wenn die Unterschiede zwischen Völkern und Rassen durch eine notfalls forcierte Einschmelzungspolitik aufgehoben würden. Beispiele von Ländern mit Mischpopulationen lehren, daß das Schmelztiegelkonzept daran scheitert, daß sich nicht alle Menschen mischen wollen, was man ja als individuelles Recht auch gelten lassen muß. In den USA gibt es neben einer Mischpopulation starke weiße und schwarze Populationen und noch eine Reihe von anderen Minoritäten, die sich nicht mischen, sondern in einem Mosaikmuster über das Land verteilen, weil die jeweiligen Ethnien die Nachbarschaft von ihresgleichen suchen. Die Einschmelzung in der angloamerikanischen Kultur glückt im wesentlichen nur den europäischen Einwanderern. Oft kommt es in einer Mischbevölkerung zu einer Schichtung. Ganz abgesehen davon, daß die völlige Vereinheitlichung der Menschheit in einer Weltzivilisation mit einer Sprache und einer Mischrasse also Utopie bleibt, wäre sie auch als Verlust von Vielfalt nicht zu begrüßen. Und da Leben nach Vielfalt drängt, ließe sich Einheitlichkeit auf die Dauer nur über Zwang aufrechterhalten. Der Verlust so vieler Kulturen bedeutete ferner für die meisten wohl einen Wertverlust. Schließlich würde dadurch die adaptive Breite unserer Gattung eingeengt (Eibl-Eibesfeldt 1984). Hubert Markl (1986) sieht dies ähnlich. Er bespricht die verschiedenen Entwicklungswege der Kulturen ebenfalls als Experimente im Dienste des Überlebens und fährt dann fort: »Hier droht der Menschheit heute bei der Lösung ihrer Probleme eine weitere große Gefahr. Sie schmilzt derzeit mit steigender Geschwindigkeit erstmals zu einer einzigen, globalen Gesamtzivilisation zusammen, die von Pol zu Pol reicht und uns in der Massenhaftigkeit und Gleichförmigkeit ihrer Produkte eher erschreckt als lockt. Vom maschinell gleichförmig vorgekauten Fleischfladen auf dem Plastikteller bis zum Transistorradio, aus dem überall auf unserer Erde ähnlich lärmende Rhythmen und gleichförmig vorgekaute Phrasen quellen. Was immer in dieser total verkoppelten Menschheit an einer Stelle entdeckt wird und geschieht, wirkt sich in Windeseile, millionenfach vervielfältigt und verstärkt, weltweit aus ... Dadurch verliert die Menschheit immer mehr das flexible Explorationspotential verschiedenartiger Kulturen« (S. 30/31).

Immanuel Kant meinte, daß der Weg weltweiter Pazifizierung nicht über einen Welteinheitsstaat führen, sondern auf der Autonomie von Regionen basieren müsse. Er sah in Sprache und

Religion Trennungsstrategien der Natur, die darauf hinweisen, daß es kein einheitliches, despotisches Weltimperium geben könne. Kant war der Ansicht, daß es daher auch keine für die Gastländer unfreiwilligen Immigrationsströme geben dürfe. Erlaubt seien nur Handels-, Kommunikations- und Besuchsrecht, aber kein Gastrecht*.

Es ist in diesem Zusammenhang darauf hinzuweisen, daß ein Eintreten für die Erhaltung der ethnischen Vielfalt dem Anliegen der UNESCO nach einem uneingeschränkten Schutz der Integrität angestammter Kulturen (»integrity of endogenous cultures«) entspricht. Daraus folgt, daß es durchaus legitim ist, sich auch für die eigene Ethnie einzusetzen. Ich weise deshalb darauf hin, weil jene, die für einen ethnischen Pluralismus eintreten und auf Gefahren der Überfremdung hinweisen, gelegentlich entgegengehalten wird, ihr Plädoyer für Vielfalt und das Recht auf Verschiedenheit sei »nichts anderes als die Forderung nach Abschaffung der staatsbürgerlichen Gleichheit beziehungsweise nach abgestuften Bürgerrechten« und der »Ethnopluralismus« vertrete nichts anderes als die Separierung zugewanderter ausländischer Minderheiten in einem Apartheid-Staat**.

Harmonisierungsmodelle müssen sich mit der grundsätzlich positiv zu bewertenden Tatsache der ethnischen Pluralität abfinden und von der Akzeptanz dieser Vielfalt ausgehend nach Wegen für ein friedliches Zusammenleben suchen. Die Menschheit (als abstrakter Begriff) ist eine Erfindung des europäischen Geistes. Die Erweckung eines Gefühls für sie halte ich für eine wichtige erzieherische Aufgabe, aber man darf dabei nicht den Boden der Realität unter den Füßen verlieren. Die Menschheit als biologische Einheit gibt es nicht. Zwar können sich alle Menschen miteinander kreuzen, aber als natürliche Einheiten sind nun einmal verschiedene, sich voneinander abgrenzende Populationen gegeben.

* I. Kant: Zum ewigen Frieden. Stuttgart (Reclam) 1961, S. 36.

** Peter Diehl-Thiele in der »Süddeutschen Zeitung« vom 1. 12. 1987, S. 10.

Verschiedene Ethnien koexistieren am besten, wenn jede über ihr eigenes Siedlungsgebiet verfügt, in dem sie ihre Geschicke selbst bestimmt. Dann kann jede Gruppe ihre Lebensformen einschließlich ihrer Fortpflanzungsstrategie selbst bestimmen. Solange eine Gruppe nicht die andere bedrängt, kann freundschaftliches, kooperatives Miteinander durchaus erreicht werden. Wenn Menschen Vertreter anderer Kulturen nicht als Konkurrenten fürchten müssen, dann schätzen sie ja deren kulturelle Errungenschaften und genießen deren Anderssein als reizvolle Variante. Erst die Angst um die eigene Identität verschüttet die Freundlichkeit, und sie steht an der Wurzel des Gruppenhasses, der bis zum Irrsinn des Völkermordes führen kann. Auf der Basis einer regionalen Verwurzelung können auch verschiedene Ethnien in einem multinationalen Staatsgebilde in einer freundschaftlichen Föderation verbunden sein. Es muß nur sichergestellt werden, daß keine Ethnie über die andere dominiert. Aus diesem Grunde ist das Mehrheitswahlprinzip für solche Staaten nicht immer die humanitär beste Lösung (S. 220). Menschen akzeptieren Führungshierarchien, aber keine Dominanzhierarchien, und zwischenethnische Rangordnungen sind so gut wie stets Dominanzhierarchien. Sie basieren auf der Macht der zahlenmäßig oder kraft Begabung Überlegenen und nicht auf der Zustimmung der Untergeordneten.

In der gegenwärtigen Lage Europas sollten die Politiker dies alles wohl bedenken. Sicher kann man Entwicklungen immer nur mit einer gewissen Wahrscheinlichkeit voraussagen, aber das, was wir aus Gegenwart und Vergangenheit und aus der Verhaltensforschung über zwischenethnische Beziehungen wissen, sollte vor Experimenten warnen. Man verschenkt nicht die Zukunft seiner Enkel, auch nicht aus humanitären Gründen. Wer alle Welt umarmt und darüber seine Angehörigen vergißt, handelt nicht human, mag er sich noch so in dieser Rolle gefallen.

Aber was führt eigentlich zu diesem erstaunlichen Überschwang an Nächstenliebe, in dem das Gefühl für die Nächsten verlorengeht? Sieht man einmal von jenen ab, die konkrete Eigeninteressen unter einem humanitären Mäntelchen verbergen – sei es, daß sie nach potentiellen Wählern schielen, um Wachstum und Profit fürchten oder sich in plakativer Nächstenliebe den milden Schein einer humanitären Gloriole verleihen –, dann gibt es doch noch viele, die aus Überzeugung einem humanitären Extremismus verfallen sind. Wies ich in Gesprächen darauf hin, daß ihre Vorschläge das Überleben der eigenen Ethnie gefährden könnten, so antworteten mir manche, was denn daran so schlimm wäre – es wären ja schon öfter Völker von anderen verdrängt worden.

Dies ist sicher eine Reaktion auf den Ethnozentrismus der kolonialistischen Epoche und des Nationalismus, der in dem menschenverachtenden Rassismus der jüngsten Geschichte gipfelte. Als Gegenreaktion vertraut man einem Internationalismus, der vom Glauben an eine weltweite Brüderschaft aller Menschen getragen wird. Man will sich der Welt öffnen und die trennenden Grenzen beseitigen. Die Menschheit soll eine Familie werden. Ein erstrebenswertes Ziel, das aber eher ohne Aufhebung der Grenzen in einem pluralistischen Nebeneinander erreicht werden kann. Eine solche pluralistische Lösung würde auch der Tatsache gerecht, daß unsere Loyalitäten von Natur aus abgestuft sind. Wir fühlen uns zunächst mit unserer Familie und unseren Verwandten, des weiteren mit unserem Volke verbunden. Wir empfinden uns überdies als Europäer einer größeren Gemeinschaft verbunden, deren kulturelles, geistiges und biologisches Erbe wir teilen. Hans Jonas (1986) schrieb hierzu: »Die übernationale Sache der Menschheit wäre praktisch unhaltbar, wenn sie die Verleugnung des Näheren zur Bedingung machte, und der Versuch, dies zu erzwingen, könnte nur zum Unheil führen, wovon eines schon die Kompromittierung eben der Idee der Menschheitssache selbst wäre« (S. 114).

Der Pendelausschlag ins antinationalistische Extrem führte auch zu einer Abwertung staatstragender Tugenden, die in der Liebe zur Heimat und in der geschichtlichen Verwurzelung begründet sind. Die Abkehr von der Geschichte bedingt, wie Hans Heigert in einem bemerkenswerten Kommentar der »Süddeutschen Zeitung« ausführte, »nationale Mangelerscheinungen«, die zu einem Risiko werden könnten. Völker, schreibt er, seien nicht bloß juridisch verfaßte Gesellschaften, sondern Solidargemeinschaften zwischen gestern und morgen. »Ohne historisch emotionale Bindungen können sich Begriffe verwirren und Gespenster wiederkehren. Es ist gewiß kein Zufall, daß neuerdings von ganz jungen Linken die Einheit des Vaterlandes gefordert wird, frei von äußeren Zwängen. Wieviel Mißbrauch andererseits ist in den letzten Jahren mit der sogenannten ›Pflicht zum Widerstand‹, dem ›Recht auf Verweigerung‹, der ›Selbstbestimmung‹ getrieben worden. Mit ganz flachen Floskeln wollte sich mancher als Erbe jenes Widerstands ausgeben, indem er ohne besondere geistige Anstrengung die Demokratie von heute mit dem System der Brutalität des totalen Unrechts auf die gleiche Stufe brachte. Auch der wohlfeile polemische Umgang mit dem Begriff ›Faschismus‹, angewendet auf irgendwelche politische Vorgänge der Gegenwart, läßt erkennen, daß wenig von damals wirklich begriffen und verarbeitet wurde.«*

Über die nationalen Mangelerscheinungen der Deutschen macht sich auch Brigitte Sauzay (1986) in ihrem Buch »Die rätselhaften Deutschen« Sorge: »Sie (die Deutschen) beugen sich über das Elend der Welt, bis »ihnen schließlich Gleichgewicht und gesunder Menschenverstand abhanden kommen« (S. 256). Sauzay spricht in diesem Zusammenhang von der Verlokkung des Guten, dem »gefährlichen Mitleid«.

Das weltumspannende humanitäre Engagement des Europäers sollte nicht seine eigene Existenz untergraben. Mit einer solchen Feststellung läuft man heute fast Gefahr, als Eurozentriker beschimpft zu werden. Aber man darf einer Mode zuliebe nicht die Problematik verschleiern. Gerade wenn man eine friedliche Koexistenz der Völker will – und ich halte sie, das sei

* »Süddeutsche Zeitung« vom 15. 2. 1988, S. 4.

noch einmal betont, für möglich –, muß man auch die Problematik zwischenethnischer Beziehungen ohne Beschönigung sehen. Jede Verschleierung würde uns bei der Problemlösung behindern. Wenn jemand meint, es käme nicht auf das Überleben in eigenen Nachkommen an, dann möge er diese These mit guten Argumenten vertreten und der meinigen entgegenstellen. Mit diesem Standpunkt rede ich keinem krassen Gruppenegoismus das Wort, sondern plädiere nur für eine vernünftige Balance, die Selbstschädigung vermeidet. Der Welt würde auch kaum geholfen, würden sich gerade jene Völker der westlichen Welt durch einen hypertrophen Altruismus zerstören, die eben jene humanitären Gedanken entwickelten, deren vernünftige Anwendung den Weltfrieden herbeiführen kann.

Wir Europäer haben gewiß viel Schuld auf uns geladen. Wir sind in der Welt als Eroberer aufgetreten, aber das taten andere auch. Alle heute lebenden Menschen sind letztlich Nachkommen erfolgreicher Eroberer. Als Sieger haben Europäer auch ausgebeutet und kolonisiert. Sie haben aber – im alten Israel und Griechenland – auch jene Revolution der Ethik herbeigeführt, die über Jahrhunderte das humanitäre Denken des Abendlandes formte und die das Gewissen der Europäer so berührte, daß sie gegen Sklaverei und für Menschenrechte und Freiheit eintraten und zuletzt aktiv, durch Erziehung der Kolonialvölker zur Unabhängigkeit, die Entkolonialisierung mit herbeiführten. Aus europäischem Geiste wurde die Naturwissenschaft geboren, die ihrerseits die Grundlage der technischen Zivilisation legte, von der heute weite Teile der Welt profitieren. Erfindungsgeist, Unternehmertum und die harte Arbeit mehrerer Arbeitergenerationen schufen Europas Wohlstand. Daß übrigens gerade jene politischen Richtungen, die sich angeblich mit der Arbeiterschaft solidarisieren, dies vergessen, indem sie lauthals verkünden, der Wohlstand Europas sei auf die Ausbeutung der Dritten Welt zurückzuführen, gehört zu den erstaunlichen Ungereimtheiten unserer Zeit.

Nach einer Phase europäischer Selbstüberheblichkeit erleben

wir eine Phase der Selbstherabsetzung. Das hat eine Identitätsauszehrung zur Folge und erschwert es jungen Europäern, sich mit ihrer doch sehr reichen Kultur zu identifizieren. Bescheidenheit, Selbstkritik und eine kritische Aufarbeitung unserer Geschichte sind angebracht. Selbstherabsetzung, Selbstbeschuldigung und unentwegte Übung in Selbstzerknirschung führen zur Selbstzerstörung.

Unsere Kirchen haben Anteil an dieser Haltung. Sie predigen seit Jahrhunderten von unserer Schuld, wohl auch, um uns Menschen über die Angst zu binden (S. 121). Wird dieses Meaculpa-Gefühl jedoch übertrieben, dann kann es zusammen mit anderen Faktoren zu einer solchen Minderung des Selbstwertgefühls kommen, daß der Lebenswille leidet. Wir haben, scheint es, ein solches Stadium fast erreicht. Es kann aber auch den christlichen Kirchen kaum damit gedient sein, wenn ihre eigentlichen Träger in Selbstzerknirschung zur Selbstaufgabe schreiten. Hier wäre kirchlicherseits ein Wechsel der Führungsstrategie zu bedenken.

Ein bißchen Selbstbesinnung, ein neues europäisches Selbstwertgefühl täte uns not. Es wäre sicher nicht im Interesse der sich eben entwickelnden Gemeinschaft der Völker, würde ausgerechnet die abendländische Zivilisation der Selbstauflösung verfallen, die zu dieser Entwicklung das geistige Rüstzeug und den Antrieb bot. Bei allen Schattenseiten, die nicht zu leugnen sind, handelt es sich bei ihr doch, mit Karl Popper zu sprechen, um die selbstkritischste und reformfreudigste Zivilisation der Welt. Nur in ihr wurde, wie Popper betont, die moralische Forderung nach persönlicher Freiheit weitgehend anerkannt und weitgehend verwirklicht. Nach wie vor sind Europäer Vorkämpfer für diese Werte, auf denen sich die Zukunftschancen der Menschheit begründen. Wir sollten uns daher nicht selbst aufgeben. Ein neues europäisches Selbstbewußtsein ist nötig. Es könnte auch dazu beitragen, durch Bewußtmachung des verbindenden kulturellen Erbes die unheilvolle europäische Spaltung zu überwinden und so den Frieden zu befestigen.

12 Gewalt und Krieg: Die festgefahrene Aggressionsdiskussion

> *»Ungeacht aus dem Krieg so viel Übels erwächst, so ist doch vermög Heiliger Schrift, ein gerechter Krieg gar nicht zu verwerffen: Wie dann GOTT mehrmalen dem Moysi, dem David, dem Josue, dem Gedeon und anderen mehr den Befehl gegeben, sie sollen tapffer die Waffen ergreiffen, und wider ihre Feinde ausziehen. Gott hat durch den Propheten Samuel den König Saul andeuten lassen: Vade & percute. 1, Reg, c.2 Er wisse gar wol, was die Amalektiter Volck Israel für Schmach und Unbill haben angethan, daselbiges aus Egypten zogen er solle demnach mit seiner Mannschafft ins Feld ziehen, diese boßhaffte Gesellen beherzt angreiffen, und alles umbringen, auch so gar die kleinen Kinder nicht verschonen.«*
>
> Abraham a Santa Clara: *Huy und Pfuy der Welt, S. 554*

Gewalt und Krieg – nehmen sie ihren Ursprung in der menschlichen Natur? Über kaum einen Fragenkomplex wurde in den letzten zwanzig Jahren so heftig diskutiert wie über diesen. Und in kaum einer anderen Diskussion vermengten sich so viele emotionelle Werte mit den Versuchen der Wahrheitsfindung. In gewisser Hinsicht sind viele der Diskussionen beispielhaft dafür, wie doktrinäre Festlegungen und die Tendenz zur Polarisierung den Erkenntnisfortschritt behindern.

Für viele Geisteswissenschaftler besteht die Lösung des Aggressionsproblems darin, agonales Verhalten pauschal zu einer üblen Gewohnheit zu erklären. Dabei wird nicht weiter hinterfragt, ob es nicht verschiedene Formen aggressiven Verhaltens gibt, von denen einige mehr durch Erziehung, andere mehr durch uns angeborene Programme bestimmt werden. Obgleich ein Blick in die Natur lehrt, daß aggressive Auseinandersetzungen zwischen Artmitgliedern bei Wirbellosen wie Wirbeltieren durchaus die Regel sind, und obgleich der Mensch, wie die Geschichte lehrt, davon durchaus keine Ausnahme macht, flüchtet man sich in den Glauben an die ursprüngliche Friednatur des Menschen. Das ist eine einseitige Sichtweise. Zwar gibt es diese freundliche Seite in jedem von uns, aber wenn wir die andere nicht wahrnehmen, laufen wir Gefahr, im Ernstfall ungenügend vor uns selbst geschützt zu sein. Wir müssen uns auch mit unseren agonalen Neigungen auseinandersetzen – mit dem Bekenntnis zum Frieden allein ist es nicht getan.

Über Aggression wird viel publiziert und wenig geforscht. Die meisten der alljährlich publizierten Bücher haben Bekenntnischarakter. Sie werden von den Verlegern mit der »Neuigkeit« angepriesen, hier werde »die pessimistische Ansicht, die Aggression sei universal und unvermeidbar«, widerlegt. Als ob das nicht ein ganz alter Hut wäre! Als ob Ethologen nicht ausdrücklich darauf hingewiesen hätten, daß der Krieg als solcher ein kulturelles Phänomen ist (Eibl-Eibesfeldt 1975)! Aber offensichtlich konstruiert man einen gegnerischen biologischen Standpunkt, um ihn bekämpfen zu können. Neuerdings kommen sogar von Wissenschaftlern unterzeichnete Stellungnahmen auf den Markt, die sich ähnlich äußern. Was wir aber brauchen, sind nicht Bekenntnisse, sondern Forschung, sonst geht die Aggressionsforschung den gleichen Weg wie die Friedensforschung, die sich im wesentlichen in Denkschriften und Anklagen erschöpft.

a) Das sogenannte Böse

Die Schwierigkeiten beginnen bereits damit, daß Aggression häufig pauschal als »das Böse« verurteilt wird. Damit ist für viele die Frage nach einer eventuellen eignungsfördernden Aufgabe aggressiven Verhaltens von vornherein ausgeklammert und der Weg zu einer rationalen Erörterung des Problems verstellt. Dabei schätzen wir durchaus auch agonale Tugenden wie Mut, Ritterlichkeit und Treue. Daß man seinen Freund nicht »im Stich läßt«, beschreibt die Kampfpartnerschaft, auf die sich diese Redewendung bezieht. Und wenn wir uns in Aufgaben »verbeißen«, dann ist das sicher nicht schlecht. Wir müssen die Probleme, mit denen wir konfrontiert sind, »in Angriff nehmen« und mit ihnen »ringen«, wenn wir sie lösen wollen. In diesem Sinne will auch ich hier zur Attacke schreiten und mich in der Diskussion mit dem Gegner auseinandersetzen – wohlgemerkt: dem Gegner, *nicht* dem Feind. Der Gegner ist Partner im Gespräch, von dem ich auch lernen will, und sei es nur, wo die Quellen unserer allfälligen Mißverständnisse liegen.

Ich beschränke mich auf die Besprechung der innerartlichen Aggression, der Tatsache also, daß bei der Mehrzahl aller Wirbeltiere der Artgenosse bekämpft wird. Ich gehe dabei davon aus, daß ein so weit verbreitetes Phänomen auch Funktionen erfüllt und nicht einfach als pathologische Entartung einzustufen ist. Damit folge ich Konrad Lorenz, der von der innerartlichen Aggression als dem »sogenannten Bösen« spricht.

Die ethologische Forschung der letzten zwanzig Jahre hat gezeigt, daß es bei diesen Auseinandersetzungen um beschränkte Ressourcen geht. Tiere erstreben im aggressiven Wettstreit mit anderen Lebewesen über diese die Dominanz und damit den Vortritt zu Weibchen, die territoriale Absicherung ihrer Subsistenzbasis und überhaupt die Selbstbehauptung in einem ihnen vertrauten Raum mit Zufluchtsmöglichkeiten, Wasserstellen und anderen für das Überleben wichtigen Voraussetzungen. In der Gruppe lebende Säuger kämpfen auch um Rangpositionen; hier geht es gleichfalls um Dominanz, die Vortritt zu Ressourcen sichert. Aggression wird schließlich auch instrumental zur Überwindung von Hemmnissen eingesetzt, die sich einem Tier, das ein bestimmtes Ziel verfolgt, in den Weg stellen.

Die Aggression (von lateinisch *aggredi* = herangehen) ist dem Feindverhalten zuzuordnen, zu dem auch das defensive Verhalten und schließlich die Unterwerfung und Flucht gehören. Ohne diese Alternativen würde auch ein guter Kämpfer nicht weit kommen. »Ein Kämpfer, der sich nicht fürchtet, lebt nicht lange«, pflegte Niko Tinbergen zu sagen. Man faßt die der kämpferischen, innerartlichen Auseinandersetzung dienenden Verhaltensweisen unter dem Begriff agonales Verhalten (von griechisch *agon* = Wettstreit) zusammen. Es vereinigt als funktionell zusammengehörig ein Kampfsystem mit den Verhaltensweisen des Drohens und Kämpfens sowohl im Angriff wie in der Verteidigung und ein Fluchtsystem, dem die Verhaltensweisen der Submission und Flucht zuzuordnen sind.

Ein bemerkenswerter Zug innerartlicher Auseinandersetzungen ist die Tatsache, daß die Kämpfe vielfach zu Turnieren abgewandelt sind. Wir erwähnten als Beispiel die Turnierkämpfe der Meerechsen. Bereits bei den Reptilien gibt es also stammesgeschichtlich entwickelte »Konventionen«, Turnierregeln gewissermaßen, die die Gefahr ernsthafter Beschädigung der Kämpfer herabsetzen. Bereits auf der Reptilstufe gibt es Ritterlichkeit. Im übrigen spielt sich das gesamte Sozialverhalten, wie bereits ausgeführt (S. 28), auf der agonalen Grundlage ab. Reptilien kennen keine Freundlichkeit und keine persönlichen Bindungen. Diese kamen erst mit den Vögeln und Säugern über die Entwicklung der Brutpflege in die Welt und eröffneten den Weg zu höheren Formen geselligen Zusammenlebens, aber auch agonaler Konfrontation auf Gruppenebene. Auf den affiliativen Fähigkeiten basiert letztlich unsere Hoffnung, Lösungen für ein friedliches Miteinander zu finden. Allerdings ist diese neue Fähigkeit nicht unproblematisch. Das ergibt sich aus der ihrem Ursprung nach familialen Veranlagung zur In- und Outgruppenbildung und führt zu einer Unterscheidung von zwei Klassen von Artgenossen: solchen, die »dazugehören« und zwischen denen Aggressionen wirksam durch eine Art Vertrauensbeziehung gebremst sind, und solchen, die nicht dazugehören. Setzt man sich z. B. im Rangstreit mit Gruppenangehörigen auseinander, dann geschieht dies in deutlich kontrollierter Weise. Gruppenfremden gegenüber sind die sozialen Hemmungen bei kämpferischen Auseinandersetzungen oft weitgehend abgebaut, so daß es auch zum Mord an Mitmenschen kommt. Ihre Tötung kann sogar das erklärte Ziel sein. Der nicht zur Gruppe gehörende Mensch wird fast wie ein Artfremder behandelt.

Die Unterscheidung zwischen Gruppenangehörigen und Gruppenfremden wird über Indoktrination, die bewußt auf eine Dehumanisierung des Feindes hinzielt, verschärft. Man spricht vom Feinde als einem Nichtmenschen oder minderwertigen Menschen, und zwar bereits auf der Stufe der Naturvölker. Das zeigt unter anderem, daß wohl noch gewisse auf Mitgefühl beruhende Hemmungen auch dem Feinde gegenüber vorhanden sind, die der Mensch auf diese Weise zu überwinden sucht. Bei kriegerischen Auseinandersetzungen zwischen Gruppen streben die Kontrahenten zunächst jeweils die Vernichtung des Feindes an. Der Einsatz schnell und oft über Distanz tötender Waffen macht dies auch möglich.

Demnach müssen wir den Krieg als destruktive Gruppenaggression von aggressiven Auseinandersetzungen zwischen Gruppenmitgliedern, etwa im Streit um Rangpositionen, klar unterscheiden. Das hat man nicht immer getan, was Verwirrung stiftete. Der Meinungsstreit geht im wesentlichen um die Frage nach der Dynamik und Genese aggressiven Verhaltens. Konrad Lorenz hat in seinem Buch »Das sogenannte Böse« darauf hingewiesen, daß stammesgeschichtliche Anpassungen das aggressive Verhalten mitbestimmen und daß insbesondere am

Aufbau der aggressiven Handlungsbereitschaft nicht nur Umweltfaktoren, sondern auch uns angeborene motivierende Mechanismen beteiligt sind. Er spricht in diesem Sinne von einem uns angeborenen Aggressionstrieb.

Die Kritik beschränkte sich auf moralisierende Vorwürfe. Sie unterschob Lorenz und anderen Ethologen, mit dem Hinweis auf das Angeborene die Aggression entschuldigen und rechtfertigen zu wollen und damit einem Fatalismus den Weg zu bereiten, denn gegen Angeborenes könne man ja nichts machen – ein völlig unsinniges Argument, mit dem wir uns bereits auseinandergesetzt haben. So schreibt Josef Rattner (1970): »In politischer Hinsicht ist es nicht zu übersehen, daß die grandiose Verharmlosung des Aggressionsproblems für alle wohltuend wirken muß, die sich an den Massenverbrechen der letzten Jahrzehnte beteiligt haben ... Die Lehre vom ›Aggressionstrieb‹ bietet einer gesellschaftlichen Verschleierungstechnik Vorschub, die dem konservativ-bürgerlichen Denken durchaus entspricht. Der Blick des Betrachters wird von den Mängeln innerhalb der Gesellschaft ... abgelenkt und richtet sich nur noch auf die hypothetische ›Instinktgrundlage‹ des Menschen, die sich menschlicher Willkür und Einflußnahme entzieht« (S. 35). Ähnlich äußert sich Erich Fromm in der im »Bild der Wissenschaft« (November 1974) publizierten Diskussion »Thesen und Fragen zur Aggressionsforschung«: »Was könnte für Menschen ..., die sich fürchten und die sich unfähig fühlen, den zur Zerstörung führenden Lauf der Dinge zu ändern, willkommener sein als die Theorie von Konrad Lorenz, daß die Gewalt aus unserer tierischen Natur kommt und einem unzähmbaren Trieb zur Aggression entspringt.« Auf dieser nun wirklich simplen Argumentationsebene wird bis zum heutigen Tag argumentiert, so von Gisela Bleibtreu-Ehrenberg (1987), die den Ethologen ebenfalls wieder einmal unterschiebt, sie würden die Aggression für unzähmbar halten. Typisch ist, daß sie ganz allgemein anklagt: »Für alle von männlicher Aggression wie auch immer betroffenen Frauen enthält die biologische Lehre von der unabänderlichen männlichen Aggression nicht nur keinen Trost für die Gegenwart, sondern selbstredend auch keine Perspektive für eine bessere (gemeinsame) Zukunft« (S. 642).

Ich persönlich kenne niemanden, der in den letzten zehn Jahren eine solche Lehre vertreten hätte. Als biologische Lehre kann man sie nicht anführen, denn sie wird so von den Biologen nicht akzeptiert, wie auch das unten folgende Zitat von Lorenz belegt. Wenn heute jemand Ansichten dieser Art publiziert, dann müßte man ihn nennen und persönlich angreifen. Die Unterstellung, *die* Biologen würden von unzähmbarer Aggression sprechen, wird auch durch klischeehafte Wiederholung nicht wahr. Wir haben immer wieder betont, daß der Mensch von Natur zur Selbstbeherrschung geschaffen ist – gewissermaßen Kulturwesen von Natur. Jeder weiß im übrigen um die Triebnatur der Sexualität. Dennoch würde niemand in fatalistischer Weise behaupten, sie sei nicht kultivierbar.

Bereits in dem so oft angegriffenen Buch »Das sogenannte Böse« schreibt Konrad Lorenz zur Aggression: »Wir haben guten Grund, die intraspezifische Aggression in der gegenwärtigen kulturhistorischen und technologischen Situation der Menschheit für die schwerste aller Gefahren zu halten. Aber wir werden unsere Aussichten, ihr zu begegnen, gewiß *nicht* dadurch verbessern, daß wir sie als etwas Metaphysisches und Unabwendbares hinnehmen, vielleicht aber dadurch, daß wir die Kette ihrer natürlichen Verursachung verfolgen. Wo immer der Mensch Macht erlangt hat, ein Naturgeschehen willkürlich in bestimmter Richtung zu lenken, verdankt er sie seiner Einsicht in die Verkettung der Ursachen, die es bewirken. Die Lehre vom normalen, seine arterhaltende Leistung erfüllenden Lebensvorgang, die sogenannte Physiologie, bildet die unentbehrliche Grundlage für die Lehre von seiner Störung, für die Pathologie« (S. 44f.).

Ich muß gestehen, daß ich langsam müde werde, immer wieder darauf hinzuweisen, daß wir keine Fatalisten sind und den Menschen durchaus auch in jenen Bereichen für erziehbar halten, in denen stammesgeschichtliche Anpassungen bestimmte Dispositionen (Handlungsbereitschaften) vorgeben. Der Mensch kann gegen seine Natur handeln, er kann ihr Zügel anlegen, ja, er muß es in manchen Bereichen tun. In anderen wieder sollte er es sich überlegen, und immer sollte er die Frage nach der Eignung im Auge behalten. Es bedrückt mich, trotz unentwegter Bemühung um Aufklärung dieses Sachverhaltes dann doch in gummistempelhafter Wiederholung zu lesen, die Biologen würden von einer »unabänderlichen« Aggression sprechen.

b) Mißverständnisse um die explorative Aggression

Die Erziehbarkeit des Menschen haben Ethologen nie in Frage gestellt, wohl aber die Behauptung, daß Aggression ausschließlich von sozialen Modellen tradiert werde, wie das die soziale Lerntheorie der Aggression annimmt, oder daß sie rein reaktive Antwort auf Entbehrungserlebnisse (Frustrationen) sei, wie das die zweite wichtige Hypothese zur Genese des aggressiven Verhaltens, die Aggressions-Frustrations-Hypothese, behauptet. Wann immer sich einem höheren Lebewesen auf dem Weg zum Ziel Hindernisse entgegenstellen, so lautet die Aggressions-Frustrations-Hypothese, würde dies Aggressionen erwecken, die dazu dienten, das Hindernis zu überwinden. Sowohl diese Hypothese als auch die soziale Lernhypothese basieren auf experimentellen Ergebnissen, die man nicht anzuzweifeln braucht. Frustrationen lösen in der Tat Aggressionen aus, und ebenso gilt, daß ein Kind am sozialen Modell lernt. Nur ist das eben nicht alles. Wir sind überdies für solche Aggressionen durch eine Reihe von stammesgeschichtlichen Anpassungen vorbereitet. Und diese Variablen müssen wir ebenfalls in Rechnung stellen, wenn wir eine wirksame Aggressionskontrolle wünschen.

Die mangelnde Bereitschaft dazu und das nachgerade dogmatische Festhalten an lerntheoretischen Modellen führten unter

Abb. 28 Explorative Aggression: Ein kleiner !Ko-Buschmann-Junge schlägt seinen Vater spielerisch auf den Rükken und beobachtet anschließend aufmerksam dessen Reaktion. Im Hintergrund die Mutter. Photo: I. Eibl-Eibesfeldt.

anderem zu übertrieben permissiven Erziehungspraktiken, die keineswegs das erstrebte Ziel, nämlich besonders sozial angepaßte, friedliche Menschen, erreichten. Man meinte, man müsse den Kindern nur alles gestatten, dann würden ihre Aggressionen unerweckt bleiben, und übersah, daß Kinder, ohne erst dazu angewiesen zu werden, aggressive Strategien benutzen, um ihren sozialen Handlungsspielraum auszutasten. Sie fordern heraus, indem sie jemandem etwas wegnehmen, ihn stupsen oder auf irgendeine Weise ärgern (Abb. 28–30). Durch diese aggressive soziale Exploration fragt das Kind an, was erlaubt und was nicht erlaubt ist. Es erkundet aktiv und erwartet auf seine Anfrage eine Antwort. Wird diese verweigert, etwa weil man meint, man dürfe einem Kind nichts verbieten, da man sonst Aggressionen erwecke, dann tritt gerade das Gegenteil des gewünschten Effekts ein: Die explorative Aggression eskaliert, denn das Kind sucht eine Antwort und geht nun einen Schritt weiter. Das Resultat extrem permissiver Erziehung sind also keineswegs besonders friedliche, aggressionsfreie Menschen.

Die explorative Aggression spielt im menschlichen Leben eine große Rolle. Wann immer Menschen in einen Entwicklungsabschnitt eintreten, in dem sie sich in eine neue Gemeinschaft einfügen, neigen sie dazu, so die Grenzen ihres Handlungsfreiraumes auszuloten. Mit dieser Herausforderung werden zugleich auch die herrschenden Rangbeziehungen getestet; er-

Abb. 29 Herausfordern als Strategie sozialer Exploration: Zwei Trobriand-Mädchen spielen Ball. Inawaya (links) provoziert durch einen Regelverstoß einen Konflikt, indem sie den Ball festhält. Sie neckt ihre Partnerin Ilaketukwa, indem sie wiederholt so tut, als würde sie den Ball abgeben. Schließlich gibt sie ab, worauf Ilaketukwa ihrerseits die Rückgabe des Balls verweigert. Mit höchst eindrucksvoller Mimik und Gestik droht Inawaya zunächst mit Kontaktabbruch, dann bittet sie mit aufgehaltener Hand, und als dies nichts nützt, raubt sie sich den Ball. Damit geht sie zu weit. Ihre Freundin verläßt den Platz. Fünf Minuten später spielten die beiden wieder verträglich an anderer Stelle. Die Initiative dazu ging von Inawaya aus. Aus einem 16-mm-Film; Bild 1, 77, 284, 408, 645, 664, 792, 836, 942 und 1050 der mit 25 Bildern/s aufgenommenen Sequenz. Photo: I. Eibl-Eibesfeldt.

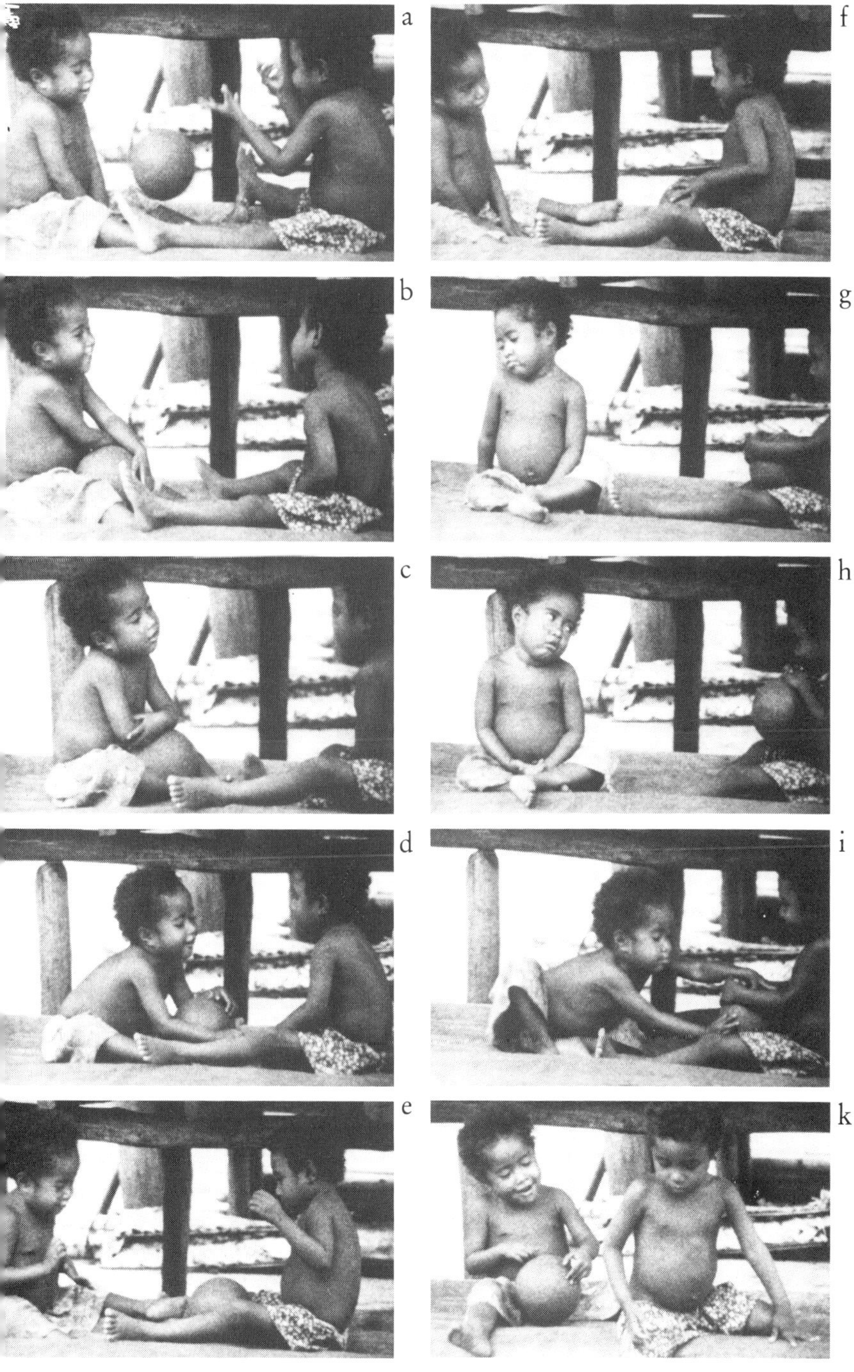
a
f
b
g
c
h
d
i
e
k

kannte Schwächen werden dabei genutzt, und das führt zu Umschichtungen. All dies ist durchaus positiv zu sehen, und man sollte keineswegs radikal alle Ansätze zur explorativen Aggression im Keime ersticken. Aber man soll die Dinge auch nicht treibenlassen, sondern rechtzeitig eine Antwort geben, denn dann genügt der feste Hinweis: »Bis hierhin und nicht weiter!« Kommt es dagegen wegen des Ausbleibens solcher Antwort zur Eskalation der aggressiven Anfrage, dann bedarf es zum Schluß schärferer Maßnahmen, um die Lage wieder in den Griff zu bekommen. Hätten z. B. die Amerikaner auf das Verbrennen ihrer Fahnen durch die Iraner gleich energisch protestiert, dann wäre es wahrscheinlich nicht zur nachfolgenden Geiselnahme der Diplomaten gekommen.

Die übertriebene Ablehnung agonaler Tugenden während der Erziehung wirkt sich auf manche Menschen negativ aus. Helmut Schulze (1975, 1977) wies darauf hin, daß bestimmte Neurotiker in ihrer Lebensgeschichte auf Unterlegenheit und Flucht konditioniert werden. Diese Personen kapitulieren vor Belastungssituationen, indem sie in Krankheiten flüchten und dabei auf infantile Verhaltensweisen regredieren. Sie ordnen sich dann geradezu sklavisch anderen Personen unter. Man kann diesen Patienten helfen, umzulernen. Schulzes Therapie baut Strategien mutiger Problembewältigung auf: Man lehrt den neurotischen Menschen, zu kämpfen: Segelfliegen und anderes dient dem Mutaufbau. Über das agonale Training wird die Selbstbehauptung und die Abgrenzung der infantil Versklavten erreicht.

c) Krieg

Die Aggression wäre für uns weniger ein Problem, würden sich aggressive Auseinandersetzungen auf Interaktionen zwischen Einzelpersonen, etwa im Disput um Rangpositionen, beschränken. Solche Auseinandersetzungen sind bei Tier und Mensch in der Regel so gesteuert, daß ein Mord am Mitmenschen zu den

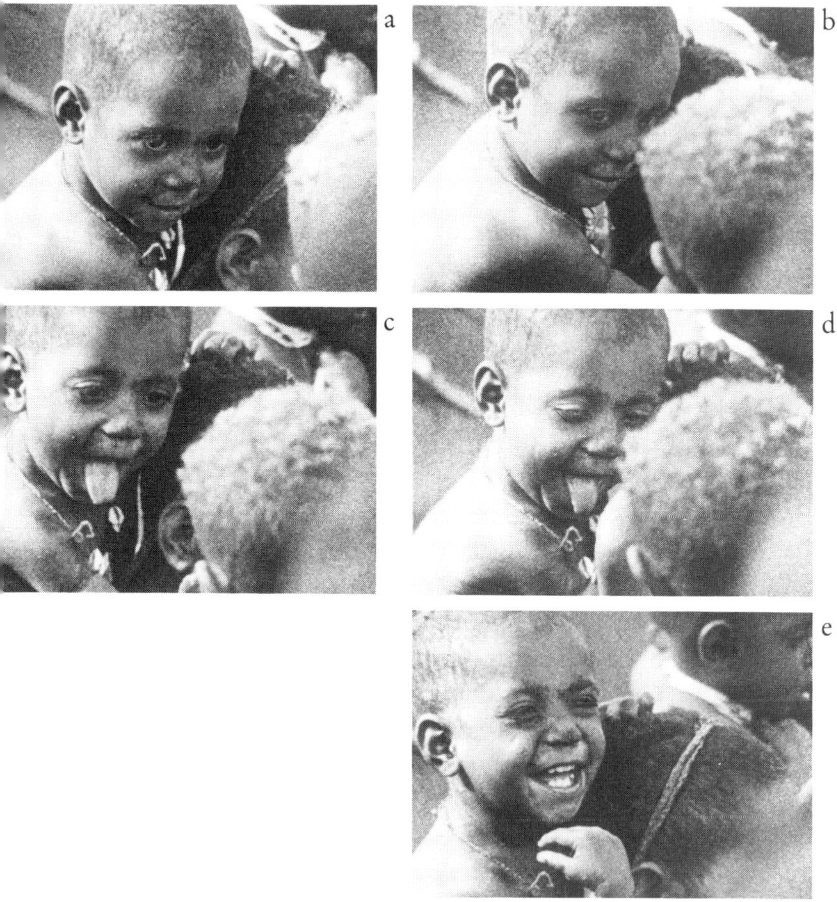

Abb. 30 Spielerisch-soziales Explorieren eines Eipo-Kindes (West-Neuguinea): Ein kleines Mädchen, das auf den Schultern seiner Mutter sitzt, zeigt einem kleinen Buben, dessen Hinterkopf rechts im Bild zu sehen ist, die Zunge und beobachtet dazu die Reaktion des Buben. Sie hat das einige Male wiederholt. Aus einem 16-mm-Film. Photo: I. Eibl-Eibesfeldt.

Seltenheiten gehört. Dabei spielen auch stammesgeschichtliche Anpassungen eine große Rolle. Wir Menschen reagieren auf bestimmte Signale des Mitmenschen mitfühlend. So löst Weinen bereits bei Neugeborenen selektiv Mitweinen aus. Für den Krieg allerdings gelten andere Regeln; er spielt sich in anderen Dimensionen ab. Alle beklagen das Leid, das er verursacht, und wohl die meisten Menschen wünschen den Frieden. Dennoch ist die Geschichte der Menschheit eine Geschichte der Kriege. Allein seit dem Ende des Zweiten Weltkriegs starben mehr Menschen bei kriegerischen Auseinandersetzungen als in den ganzen Weltkriegsjahren.

Sind es biologische Programmierungen, die uns zum Kriege drängen? – Überraschenderweise nicht! Der Krieg als destruktive und strategisch geplante Gruppenaggression steckt gewiß nicht in unseren Genen. Er hat aber insofern mit unseren Genen zu tun, als er deren kulturelles Vehikel ist. Er trägt zu Eignung der Sieger bei, deren Gene sich verbreiten.

Beim Kriegführen kommen sicher eine Reihe von stammesgeschichtlichen Anpassungen zum Tragen. Kriegspropaganda nützt z.B. unsere Disposition zur Familienverteidigung. Die Gruppe wird dabei der bedrohten Familie gleichgesetzt. Das starke emotionelle Engagement ebenso wie die Neigung, sich in geschlossenen Gruppen abzusondern (In-Gruppenbildung), basieren auf stammesgeschichtlichen Anpassungen. Dieses Verhalten des Gruppenverbandes, aggressiv gegen andere Gruppen zu agieren, ist biologisches Erbe, das wir mit einigen nichtmenschlichen Primaten teilen. Wir sprachen schon von der ambivalenten Haltung dem Mitmenschen gegenüber, von der Scheu vor dem Fremden und unserer Neigung zur exklusiven Gruppenbildung, vom Zwang zur Diskrimination und unduldsamen Abgrenzung, von unserer erstaunlichen Indoktrinierbarkeit, die wiederum kulturellen Sozialtechniken Möglichkeiten der Manipulation eröffnet. Altes Erbe sind unsere Anlagen zur Territorialität, unsere raumgebundene Intoleranz. Mit anderen Worten: Die angeborenen Dispositionen zu agonalem Verhalten – Erbkoordinationen, Auslöser, angeborene Auslösemechanismen, Sollmuster, Lerndispositionen und motivierende Mechanismen – spielen auch beim Kriegführen eine Rolle. Die aggressionsfördernden werden genützt, die aggressionshemmenden dagegen unterdrückt. Der Krieg aber als strategisch geplante, ins feindliche Territorium vorgetragene und mit Hilfe tödlicher Waffen auf die Vernichtung des Gegners abzielende Aggression ist ein Produkt der kulturellen Evolution.

Diese Einsicht allein hilft uns allerdings noch nicht, den Krieg abzuschaffen. Auch die unzähligen Bekenntnisse zum Frieden, verbunden mit verbaler Verurteilung des Krieges als Übel, Verbrechen oder pathologische Entartung, bringen uns nicht weiter. Im Gegenteil! Wer im Krieg eine pathologische Entartung menschlichen Verhaltens sieht, blockiert den Weg zu der wichtigen Einsicht, daß der Krieg ja Funktionen erfüllt. Genau das ist aber eine der Voraussetzungen für den Frieden: Will man Frieden, dann muß man jene Aufgaben, die der Krieg bisher erfüllte, auf unblutige Weise zu erfüllen trachten.

Darüber hinaus gilt es, die Mechanismen der kulturellen Indoktrination, die zur Kriegsbereitschaft führen, ebenso zu durchschauen wie jene Dispositionen, die uns konfliktbereit machen. Ich erinnere hier an die schon besprochene Fremdenscheu (S. 109), die uns lehrt, daß wir unseren Mitmenschen nicht nur kontaktsuchend zugewandt sind, sondern sie auch fürchten. Es ist wichtig, um solche Reaktionsbereitschaften zu wissen, wenn man an einer allgemeinen Friedenssicherung und damit am Abbau konfliktträchtiger Situationen interessiert ist. Bisher tut man leider so, als gäbe es solche Reaktionsbereitschaften nicht, als brauchte man den Leuten nur zu sagen: »Seid lieb zueinander« – und schon würden sie ihre Reserviertheit gegenüber anderen Mitmenschen ablegen. Die Naivität, mit der sozial motivierte und durchaus achtenswerte Politiker z. B. die Immigrantenfrage behandeln, diskutierte ich bereits (S. 186). Sie wollen gewiß nur Gutes, nehmen aber nicht wahr, daß sie die Saat späterer Konflikte säen. Wir sind über Jahrmillionen programmiert, so zu handeln, daß wir in eigenen Nachkommen überleben. Alle unsere Vorfahren haben dieses Eigeninteresse auf Familien und Gruppenbasis vertreten. Sie haben sich dazu auch von anderen abgegrenzt. Man kann nicht erwarten, daß Menschen das auf einmal nicht mehr tun und freiwillig ihr genetisches Überleben gefährden. Was wir erstreben können, ist friedliche Koexistenz und die Kooperation territorial abgesicherter Gruppen. Gegenseitige Achtung des anderen ist dafür Voraussetzung.

Die Diskussion um Krieg und Frieden wird durch die schon angesprochene Bereitschaft, die unmittelbaren Ursachen als die eigentlichen anzusehen, belastet. Im juristischen Sinne mag es zutreffen, daß derjenige am Krieg schuld ist, der ihn begann, etwa indem er ihn formell erklärte oder mit seinen Truppen in das Gebiet eines anderen Staates einfiel. Aber erst wenn wir uns bemühen, die oft weit zurückreichenden geschichtlichen Prozesse, die dahinterstehen, aufzuklären, erst wenn wir die wirtschaftlichen und sozialen Umstände zu verstehen suchen – und dazu gehört letztlich auch das Verstehen der menschlichen Natur –, erst dann können wir hoffen, über Verurteilung und Heilungsversuche am Phänomen hinauszukommen. Zum Verständnis der vielen Ursachenketten, die zu Konflikten zwischen Ethnien führen, gehört die Einsicht, daß der Krieg bestimmte Aufgaben erfüllt, wie jene der Ressourcensicherung, der territorialen Abgrenzung und der Bewahrung der Gruppenidentität, Funktionen, die auch Tiere durch ihr territoriales Verhalten erfüllen. Der Krieg ist mit anderen Worten »kulturelles Territorialverhalten«. Kriegerisch verteidigen Völker ihr Land und erobern neues.

Der Krieg hat sich leider als sehr wirksames Instrument der Eroberung und Verteidigung bewährt. Von den Besiegten blieben oft nur die Aschenlagen verbrannter Siedlungen übrig, die der Spaten der Archäologen zutage fördert. – Das heißt nicht, daß es sich beim Kriege um die einzig denkbare oder gar um die beste aller möglichen Formen territorialer Selbstbehauptung handelt. Im Gegenteil! Die kulturelle Evolution der Waffentechnik und der Strategien der Kriegsführung wurden durch die positive Rückkoppelung über den Fortpflanzungserfolg in einem sich selbst verstärkenden Kreislauf so gefördert, daß wir uns nunmehr selbst bedrohen. Ob die Selektion dabei auch biologische Unterschiede in der Angriffsbereitschaft, also von ihrer angeborenen Konstitution her aggressivere Populationen ausgelesen hat, ist umstritten, doch nicht ganz unwahrscheinlich. Sicher aber hat die kulturelle Evolution insbesondere der Waffentechnik mittlerweile einen Entwicklungsstand erreicht, der es zweifelhaft erscheinen läßt, daß aus künftigen Konflikten einer als Sieger hervorgeht. Darüber hinaus haben wir durch die vielen Kontakte mit anderen Menschen ein lebendigeres humanitäres Bewußtsein entwickelt. Es wird schwerer, uns einzureden, daß andere keine Menschen seien.

Vernunft und Gefühl drängen uns, nach Wegen zu suchen, den Krieg abzulösen und seine Funktionen auf andere, unblutige Weise zu erfüllen. Das setzt Konventionen voraus, wic solche, die den verschiedenen Ethnien die weitere, sichere Existenz innerhalb ihrer angestammten Grenzen garantieren. Was wir jedoch erleben, sind Bekenntnisse zum Frieden. Sie sind ein wichtiger Beginn, aber nicht viel mehr. Auch die gegenwärtig laufenden und mit so viel Hoffnung verfolgten Abrüstungsverhandlungen zwischen den Regierungen der Vereinigten Staaten und der Sowjetunion dienen noch nicht der Problemlösung; vielmehr geht es hier darum, den Krieg so zu zähmen, daß man sich an ihm nicht allzusehr die Finger verbrennt. Bleibt es dabei, dann wird der Krieg wieder ein Mittel der Diplomatie, weil es wieder Sieger geben kann. Die Gefahr eines globalen Holocaust wird durch den Raketenabbau zwar gemindert, die Wahrscheinlichkeit konventioneller Konflikte dagegen erheblich erhöht, wenn man nicht rechtzeitig daran geht, die Konfliktursachen zu bekämpfen. Versäumt man dies, dann würde man nur neue Regeln für das alte Match entwickeln.

Die meisten Friedenssucher gehen ebenfalls am Kern des Problems vorbei. Sie bekennen sich zum Frieden, verdammen den Krieg, verurteilen die Kriegstreiber, schreiben Resolutionen, demonstrieren, bilden Menschenketten und meinen, damit sei es getan. Ich will die Bedeutung dieser verbalen und ritualistischen Übungen keineswegs unterschätzen. Sie formen die öffentliche Meinung und üben auf die Politiker einen gewissen Druck aus. Aber Bekennertum allein reicht nicht aus, und es schadet sogar dem Frieden, wenn die Bekenner von der einzigen ihnen vorschwebenden Lösungsmöglichkeit so überzeugt sind, daß ihnen die Bereitschaft abgeht, andere Möglichkeiten zu diskutieren. Die so heftig geführte Auseinandersetzung über Südafrika ist dafür ein Beispiel.

d) Föderation oder Fremdherrschaft: Reflexionen über Namibia und Südafrika

Wir Menschen sind durchaus bereit, uns in ein Rangsystem einzufügen. Wir streben nach hohen Rangpositionen, anerkennen aber auch Führungspersönlichkeiten, die uns überlegen sind (S. 160). Diese Anerkennung zollen wir allerdings nur den der eigenen Gruppe (Ethnie) entwachsenden Führungspersönlichkeiten. Erringt eine fremde Ethnie Dominanz, dann akzeptieren wir das in der Regel nicht. Wir erleben die Dominanz als Fremdherrschaft und lehnen sie ab. Die Geschichte ist so voll von Zeugnissen dafür, daß es sich wohl erübrigt, Beispiele anzuführen. Wir brauchen nur an die Basken, Slowenen oder Südtiroler in unserer unmittelbaren Umgebung zu denken. Eine Harmonisierung der Beziehungen kann in solchen Fällen auf die Dauer nur dann erreicht werden, wenn den verschiedenen territorial gebundenen Ethnien das Recht auf Selbstverwaltung zugestanden wird und die gemeinsamen Interessen des Staates auf einer föderativen Basis vertreten werden, so wie das in der Schweiz gehandhabt wird. Erstaunlicherweise sträuben sich viele Politiker und Meinungsbildner gegen eine solche Lösung.

Die für Nationalstaaten passable demokratische Leitvorstellung, eine gewählte Majorität müsse dominieren, blockiert die Überlegung, ob nicht für Vielvölkerstaaten eine föderative Lösung, die den verschiedenen Ethnien gleiches Stimmgewicht zugestände, die bessere Lösung sein könnte. Für Namibia scheint mir aus Kenntnis der Situation eine solche Lösung ebenfalls anstrebenswert. Vor der Unabhängigkeit hatten die verschiedenen Volksgruppen – die Herero, Damara, Buschleute, Hottentotten, Ovambo, Rehoboter und andere ihre anerkannten Länder und Volksvertretungen. Was kommen wird, ist ungewiß. Im Parlament ist die SWAPO die stärkste Partei. Die gegenwärtige Regierung neigt zunächst dazu, nur von einem Volke Namibias zu sprechen, als wolle man die Existenz eines Vielvölkerstaates nicht zur Kenntnis nehmen. Allerdings arbeitet man neuerdings daran, Regionalvertretungen zu entwickeln, und das sind positive Zeichen, die man anerkennen muß, zumal das Auftreten der SWAPO während des bewaffneten Konfliktes vor der Unabhängigkeit durchaus zu Sorgen Anlaß gab.* Hier haben wohl auch die Erfahrungen aus den Entwicklungen in Osteuropa geholfen. Wir können hoffen, daß die SWAPO und ihre Führung aus diesen Geschehnissen ebenso wie aus dem Schicksal anderer afrikanischer Staaten lernen.

Nach Jahrzehnten sowjetischer Herrschaft und Indoktrination haben die Völker ihr Recht auf Eigenständigkeit angemeldet und zum Teil auch durchgesetzt. Völker lassen sich nicht auf Dauer unterdrücken, aber sie leben gerne in Frieden miteinander, auch kooperativ in einem Staate vereint, solange keiner die Dominanz durch den anderen fürchten muß. Aber sie wehren sich gegen jeden Versuch, sie in einem gleichmacherischen Einheitsbrei aufzulösen. Das bekäme auch der Menschheit nicht gut. Über die Vielfalt der Arten sichert das Pflanzen- und Tierreich seine weitere Existenz. Über die Vielfalt

* Ich habe dazu in der ersten Auflage auf dieser Seite kritisch Stellung genommen. Die grundlegend geänderte politische Lage gibt zu neuen Hoffnungen Anlaß. Dem wollte ich durch Neuformulierung dieser Seite entsprechen.

der Kulturen tut es der Mensch. Der Weg zum Frieden führt über die Anerkennung und Wertschätzung der ethnischen Pluralität.

Wer dieses Ziel über die Einebnung der Unterschiede erreichen wollte, müßte dauernd repressive Maßnahmen einplanen, denn das Leben strebt nach Differenzierung und Neues entsteht unentwegt.

Auch für die Republik Südafrika schiene mir eine föderative Lösung nach dem Vorbild Namibias ein durchaus diskutierenswürdiges Modell. Der Versuch, die Zukunft der verschiedenen Ethnien in eigenen »Homelands« abzusichern, kann nicht pauschal abgelehnt werden, ist er doch ein erster Schritt in Richtung auf eine solche Lösung. Man muß im einzelnen darüber diskutieren, ob die den Volksgruppen überlassenen Landflächen ausreichen, um eine wirtschaftliche und kulturelle Autonomie zu garantieren – besser als die Indianerreservate in den USA sind sie allemal.

Über das neu eingerichtete Homeland Ndebele, das ich auch aus eigener Anschauung kennenlernte und das mich sehr positiv beeindruckte, berichtete das »National Geographic Magazine« durchaus Gutes (Jeffrey 1986). Es ist bezeichnend, daß Leser sich in Briefen sogleich ereiferten, wie man überhaupt Positives an einem solchen Homeland finden könne. Freiheit wird, wie wir ausführten, immer als Freiheit von Dominanz erlebt. Sie muß durch die Souveränität der Ethnien garantiert werden. Nicht daß es darüber zu einer Umkehrung der Verhältnisse, zur Dominanz von Minoritäten über Majoritäten kommen sollte. Jeder sollte seine eigenen Angelegenheiten selbst regeln dürfen. Bevormundung wird immer als unerträglich empfunden werden, selbst die gutgemeinte Bevormundung von Menschheitsbeglückern. Statt Südafrika in seiner schwierigen Situation beratend beizustehen, übt man einen Druck aus, der nur zur Katastrophe führen kann.

Zum Zeitpunkt der Niederschrift dieses Kapitels (1987) tagte gerade die Deutsche Evangelische Kirche in Frankfurt (Main).

Unter dem Beifall der Zuhörer versicherte der Präsident des Südafrikanischen Kirchenbundes, Allan boesak, das neue Jerusalem sei keine Fata Morgana aus dem Jenseits, es werde vielmehr aus der Asche alles dessen entstehen, was heute Pretoria heißt (nach der »Süddeutschen Zeitung« vom 22.6.1987). Haben die Claqueure überhaupt eine Ahnung, was sie da beklatschen? Wie kann man ernsthaft Partei für jene ergreifen, von denen man liest, daß sie ihren Gegnern Autoreifen um den Hals legen, diese mit Benzin übergießen und anzünden! Frau Mandela, die Pressemeldungen zufolge öffentlich solche Verbrechen befürwortet, wird von vielen westlichen Touristenpolitikern hofiert.

Einseitige Parteinahme und Aggressionen gegen ausgewählte Gruppen, die man in polarisierender Weise verteufelt, helfen dem Frieden nicht. Sie sind allerdings Ausdruck einer höchst fatalen europäischen Eigenschaft alter Tradition, nämlich des »Sendungsbewußtseins«. Vermutlich war bereits Alexander der Große von seiner Mission im Osten überzeugt. Das Sendungsbewußtsein führte zu den Kreuzzügen, zur Bekehrung der Heiden in aller Welt mit Bibel, Feuer und Schwert, und es fand in der Neuzeit seinen Ausdruck in Gleichheits- und Befreiungsideologien.

e) Kritische Offenheit: Vorbedingung für den Frieden

Die fatale Neigung, aus der Sehnsucht ein Axiom zu machen, bewirkt, daß echte humanitäre Anliegen pervertiert werden. Im Geisteszustand der Überzeugung verschließt sich der Mensch anderen Ideen und Gedanken. Wenn man sich oft genug etwas einredet, dann glaubt man zuletzt auch daran, selbst wenn man zunächst skeptisch war. »Predige den Glauben, bis du ihn hast, und dann wirst du predigen, weil du ihn hast!« lautete die Anweisung, die der Begründer des Methodismus, John Wesley, in einer Phase des Zweifels von seinem Ratgeber Peter Böhler erhielt (Schneider 1986, S. 235). Wer sich das gleiche oft genug vorsagt, glaubt es zuletzt. Wer das gleiche Buch oft genug liest, baut in seinem Hirn Strukturen auf, die sein Denken festlegen. Es entsteht die subjektive Wirklichkeit der Überzeugung. Solche aufzubauen ist das erklärte Ziel jeder Propaganda. Man kann sich aber auch selbst indoktrinieren. Das muß nicht nur negative Folgen haben. Wolf Schneider meint dazu: »Utopische Sätze, wie ›Liebet eure Feinde‹, haben es im Wege millionenfacher Wiederholung dahin gebracht, daß Feinde, wenn schon nicht geliebt, so doch in ihrer Menschenwürde geachtet werden« (S. 235). Das Bedenkliche ist nur, daß auch das Böse auf diese Weise internalisiert werden kann, man denke an den bis zum Massenwahn gesteigerten Antisemitismus des Nationalsozialismus oder den Hexenwahn des Mittelalters.

Nichts ist daher gefährlicher als das unkritische Nachplappern von Parolen, vor allem wenn dadurch Feindbilder geschaffen werden. Die von Karl Popper propagierte offene Gesellschaft setzt offene Hirne voraus; Köpfe, die bereit sind, andere anzuhören, deren Argumente abzuwägen und notfalls die eigene Meinung zu revidieren, was, wie wir schon ausführten, auch deshalb schwer ist, weil wir um unsere aus einer Weltanschauung gewordene Sicherheit fürchten.

Die Offenheit muß aber eine kritische sein, sonst kommt es nicht zu einer fruchtbaren Auseinandersetzung. Grundsätzliche Bereitschaft, auch eine gegnerische Meinung zu verstehen, ist eine weitere Voraussetzung. Das wiederum wird nur erreicht, wenn wir aufhören, unsere Gegner zu verteufeln. Nicht, daß wir keinen eigenen Standpunkt vertreten sollten, nicht, daß wir nicht anderer Meinung sein sollten, aber wenn wir Frieden in dieser Welt erstreben, dann sollten wir bereit sein, eine Vielfalt von Ansichten zu akzeptieren. Wer aus einem Sendungsbewußtsein heraus handelt, läuft Gefahr, sich aus Überheblichkeit den Argumenten der anderen zu verschließen.

Wir können grundsätzlich davon ausgehen, daß die Menschen für ihre Gruppe das Beste wollen. Das heißt nicht, daß sie dies auch für ihre Nachbarn wünschen. Im Gegenteil! Abgrenzung ist die Regel und Feindschaft keineswegs selten. Dennoch ist die Gruppenloyalität eine Anlage, auf der wir aufbauen können. Wir sprachen schon davon, daß der Mensch in der Lage ist, sich mit Menschen zu identifizieren, die er nicht kennt. Wir sind allerdings sicher überfordert, wollten wir alle Menschen gleichermaßen lieben. Indessen haben wir, wie Hans Hass (1981) es ausdrückte, »allen Grund zu einer kameradschaftlichen Gesinnung. Denn sozusagen alles, was unser ›Menschsein‹ ausmacht, verdanken wir einer anonymen Vielfalt anderer Menschen, die vor uns lebten und deren Leistungsergebnisse uns gleichsam als Geschenk übermacht sind« (S. 198).

Als Leitidee spielt der Verbrüderungsgedanke heute eine große Rolle. Über die zu seiner Verwirklichung einzuschlagenden Wege streiten sich die Geister, und manche unterliegen der Verblendung eines Sendungsbewußtseins und schädigen damit eben jene Idee, der sie sich verschrieben haben. So, wenn sie über die zwangsweise Einebnung aller Unterschiede und über Ideologien eine weltumspannende Gleichheit erzwingen wollen. Sollte es einer Ideologie je gelingen, diesen Zustand herbeizuführen, dann würde es wohl nicht lange dauern, bis Menschen sich erneut in kleineren Gemeinschaften zusammenfinden und neue Differenzierungen sich anbahnen würden – es sei denn, die Tyrannis eines repressiven Systems wüßte solche Entwicklungstendenzen andauernd gewaltsam zu unterbinden. Eine derartige Utopie ist im Grunde anti-evolutionär, denn das Leben strebt nach Differenzierung und Vielfalt. Offene Gesellschaft heißt nicht Verzicht auf Abgrenzung. Wer hierfür plädiert, verkennt den Wert der Vielfalt.

Weitere wichtige psychologische Voraussetzungen für den Frieden sind die Beseitigung von Angst, Mißtrauen und Not. Wir haben bereits darüber gesprochen, wollen diesen Punkt aber noch einmal ausdrücklich betonen. Erst wenn Vertrauen hergestellt ist, kann man Verträge von Dauer schließen. Erst dann wird auch eine wesentliche Ursache der Angst aus der Welt geschafft sein. Der Aufbau von Vertrauensbeziehungen muß schrittweise erfolgen, und zwar wechselseitig. Naives Vertrauen kann tödlich sein.

Zu diesen Vorbedingungen für den Frieden kommen noch eine Reihe ökonomisch-ökologischer Überlegungen. Die Harmonie des Zusammenlebens in einem Verband freier Völker wird sicher gestört, wenn eine Gruppe die Umwelt so belastet, daß der Effekt über die Landesgrenzen hinaus spürbar wird, etwa indem allgemeine Lebensgüter wie Luft oder Wasser verschmutzt und vergiftet werden, oder wenn eine Gruppe ihr Land durch unkontrollierte Bevölkerungsvermehrung in eine Wüste verwandelt. Armut und Not sind weitere Faktoren der Unruhe.

f) Helfen und Dominanz

Die westlichen Industrienationen handeln daher durchaus vernünftig, wenn sie Ländern der Dritten Welt bei ihrer Entwicklung helfen. Die Grundidee stimmt, an der Ausführung mangelt es. Hier wird man aus Fehlern lernen müssen. Auch sollte der Helfende darauf achten, daß er sich nicht selbst durch seinen Altruismus schädigt, sonst ist er eines Tages nicht mehr in der Lage, Hilfe zu leisten. Bei jeder Hilfeleistung ist schließlich ein ethologisch äußerst wichtiger Gesichtspunkt zu bedenken: Alles Geben ist auf Reziprozität angelegt, wenn es freundlich sein und ein Band knüpfen und festigen soll. Es handelt sich um die universale Regel einer elementaren Interaktionsstrategie, die verhindert, daß Dominanzbeziehungen entstehen (Eibl-Eibesfeldt 1984). Wer ein Geschenk empfängt, verspürt das Bedürfnis, durch eine Gegengabe auszugleichen. Kann er das nicht, dann fühlt er sich in der Schuld. Gaben, die man erwidern kann, stimmen freundlich, nicht so dagegen jene, für die man sich nicht revanchieren kann. Schenken kann damit zum aggressiven Akt werden (S. 100). Man kann sogar mit Gaben kämpfen: Beim

Potlatsch der Kwakiutl-Indianer an der Westküste Kanadas überboten sich Häuptlinge bei gegenseitigen Einladungen darin, die Gäste durch Geschenke zu beschämen. Bei der Gegeneinladung mußten dann die Gäste ihrerseits versuchen, ihren Vorgänger zu übertrumpfen. Konnten sie das nicht, dann hatten sie im Ansehen verloren.

Jene, die geben, sind daher keineswegs immer beliebt. Beschenkte, die sich keine Gegengabe leisten können, interpretieren die Intention des Spenders oft als unfreundlichen Akt, etwa indem sie sagen: »Ihr gebt ja ohnedies nur, um uns wirtschaftlich abhängig zu machen.« Oder sie weisen darauf hin, daß sie ein Anrecht auf die Hilfe hätten, da sie früher einmal von den Vätern der Hilfeleistenden ausgeplündert worden seien. Weiß man um diese Zusammenhänge nicht Bescheid, dann wird unter Umständen eine Erwartungshaltung enttäuscht. Vielleicht sollte man darüber nachdenken, wie man auch im Rahmen der Entwicklungshilfe psychologisch eine Situation der Gegenseitigkeit schaffen könnte, damit aus der Gabe ein bindendes Geschenk und nicht eine Kampfansage wird.

Grundsätzlich müssen wir uns darüber im klaren sein, daß die Etikette des zwischenmenschlichen Umgangs auch für den zwischenethnischen Umgang gilt. Ob man Aggressionen abblocken will, jemanden beleidigen, herausfordern oder freundlich stimmen will: Die Regeln der elementaren Interaktionsstrategien gelten auch für den zwischenethnischen und internationalen Verkehr. Man ist dort gleich sensibel gegen Dominanzbestrebungen anderer und gleich empfänglich für Freundlichkeiten. Freundlichkeiten sind hier wie dort Öl im sozialen Getriebe, und auch für das gedeihliche Zusammenleben von Völkern sind Takt und freundliche Umgangsformen eine Vorbedingung. Durch sie erweist man Achtung.

g) Emotionelle Blockaden auf dem Weg zum Frieden

Zwei Hindernisse auf dem Weg zum Frieden möchte ich hier noch gesondert besprechen: das emotionell begründete Bedürfnis nach Vergeltung und das Streben der Sieger, den eroberten Dominanzstatus zu zementieren. Es handelt sich keineswegs um die einzigen Friedenshemmnisse – wir erwähnten bereits Mißtrauen, Angst sowie wirtschaftliche und weltanschauliche Gründe; mir scheint jedoch, als würde in den Friedensdiskussionen die Bedeutung dieser beiden Faktoren nicht klar genug erkannt.

Das Prinzip der Vergeltung ist alt. Es basiert auf der Regel der Gegenseitigkeit (Reziprozität, S. 100), die auch unsere freundlichen mitmenschlichen Beziehungen, wie den Geschenketausch, regelt. Als »Lex talionis« bestimmt es auch die Beziehungen zum Feind. Zwar lösen sich die zivilisierten Nationen zunehmend von diesem Prinzip, wir haben es jedoch noch lange nicht überwunden (der Bomberkrieg im Zweiten Weltkrieg eskalierte in sich gegenseitig aufschaukelnder Vergeltung). Bei vielen Naturvölkern gilt, daß man für einen Getöteten der eigenen Gruppe gleich mehrere Gegner töten muß, ehe man Frieden machen kann. Das haben wir gottlob überwunden, aber eben nicht vollständig. – Die Regel, Gleiches mit Gleichem zu vergelten, befolgen bereits eine Reihe von niederen Wirbeltieren. Unter normalerweise turnierartig kämpfenden Buntbarschen und Echsen wird dem Beschädigungskämpfer mit gleicher Münze vergolten. Das und die Universalität der Regel ebenso wie ihre frühe Beachtung bei Kindern legen die Annahme nahe, daß es sich hier um ein archaisches Erbe handelt. Das Prinzip Vergeltung ist also wohl tief in uns verwurzelt.

Dennoch gelang es der Ethik des Christentums, humanisierend zu wirken und das irdische Vergeltungsdenken im Laufe der Jahrhunderte abzuschwächen. Das geschah bei gleichzeitiger Förderung einer anderen ethologisch bemerkenswerten Disposition, nämlich der Fähigkeit des Menschen, Schuld zu erkennen und schuldhaftes Verhalten zu bereuen. Regelverstöße führen zu schlechtem Gewissen (S. 81) und einerseits zur Bereitschaft, eine gerechte Strafe zu akzeptieren, andererseits zur Reue, einer besonderen Form der Trauer. Es liegt nun in der Natur des Menschen als Gruppenwesen, daß er in Identifikation für die Taten anderer Mitglieder seiner Nation nicht nur Mitstolz empfinden, sondern sich ebenso für deren Untaten schämen kann. Scham, Reue und Trauer werden dann auch von jenen Mitgliedern einer Gemeinschaft empfunden, die nicht aktiv als Täter schuldig wurden. Es liegt allerdings im Wesen der Trauer, daß dieser Zustand der Depression nicht über ein Menschenleben beibehalten werden kann. Wer aus der Trauer nicht herausfindet, der bedarf psychiatrischer Hilfe. Ich hebe diesen Punkt hervor, weil Margarete und Alexander Mitscherlich (1967) ihren Landsleuten pauschal die »Unfähigkeit zu trauern« vorwerfen. Hier gilt es einiges zu berichtigen.

Zunächst einmal ist mir auch nach nochmaliger Lektüre dieses bis heute vielzitierten Buches nicht klargeworden, welche empirischen Daten ihrer Behauptung zugrunde liegen. Fast habe ich den Verdacht, daß sich der Erfolg des Buches auf den Titel stützt, der es jenen, die ihn zitieren, erlaubt, sich mit Entrüstung von allen anderen zu distanzieren, die angeblich nicht trauern. Ich könnte hier nun meine subjektiven Eindrücke über die Nachkriegszeit folgen lassen, aber damit wäre wohl wenig geholfen: Aussage würde gegen Aussage stehen. Es gibt jedoch objektive Kriterien dafür, daß die Deutschen und Österreicher nach Aufdeckung der von ihren Landsleuten im Krieg begangenen Verbrechen gegen die Menschlichkeit mit Scham und Trauer reagierten. Ein Indiz ist die Tatsache, daß sie die Kriegsfolgen im wesentlichen akzeptierten, wie ein Strafgericht Gottes, auch die Vertreibung von über 16 Millionen Deutschen nach der Kapitulation, bei der Millionen von Frauen und Kindern ihr Leben ließen. Die Vertriebenen stellen einen großen Teil der westdeutschen Bevölkerung – wären die Deutschen wirklich so dickfellig und ungerührt, wie es das Buch behauptet, dann würde ihr

Ressentiment rechtsradikale Parteien stärken. Tatsache ist aber, daß es keine rechtsradikale Partei je schaffte, sich dauerhaft im Parlament in Bonn festzusetzen; daß die Deutschen sich voll Europa zuwandten; daß sie Schwierigkeiten haben, sich mit ihrer Geschichte zu identifizieren; daß sie bis heute in den Medien ihre Schuld bekennen und alles nur Mögliche tun, um wiedergutzumachen, wohl wissend, daß Blutschuld nie durch Zahlungen getilgt werden kann.

Natürlich wollten auch die Deutschen der Kriegsgeneration weiterleben. Dazu mußten sie ihre Zerknirschung überwinden. Die meisten Menschen – ich spreche hier nicht von Kriegsverbrechern – sind im Grunde anständig oder wollen es zumindest sein. Sie haben ein ausgeprägtes Ehrgefühl, ein Bedürfnis nach Ansehen (S. 99, 160). In Schande kann niemand auf die Dauer leben. So folgte auf die Phase der Zerknirschung eine Phase, in der die Gedanken an die furchtbaren Ereignisse verdrängt wurden. Das ist eine Art Flucht. Wir verdrängen auch im Alltag viel zu unserem Selbstschutz. Daß wir Träume vergessen, erklärte Sigmund Freud mit der Notwendigkeit, unser Selbstwertgefühl zu erhalten, denn im Traum geschähe vieles, was ein Mensch nicht mit seinen bewußten Werthaltungen vereinbaren könne. Daran ist viel Wahres, handeln wir doch im Traum sicher weit weniger von Konventionen gebremst und leben so vielleicht auch gewisse animalische Seiten unseres Selbst aus, Wünsche und Begierden, die wir nicht wahrhaben wollen.

Das Verdrängen darf in dem speziellen Fall, von dem ich rede, aber nicht so weit gehen, daß wir vergessen, was geschah, denn wir müssen aus der Geschichte lernen. Doch jene, die nicht schuldig wurden, dürfen ihre Trauer auch einmal überwinden. Von einem Volk, das sich versündigte, zu fordern, es solle über Generationen in Zerknirschung verharren, ist unmenschlich und unvernünftig. Kollektivschuld kann es, wenn überhaupt, nur für die schuldhaft gewordene Generation geben. Versucht man sie über Generationen zu tradieren, dann schafft man eine gefährliche Situation, weil irgendwann Gegenreaktionen wachgerufen werden, die unsere liberale Demokratie gefährden könnten.

Wir sind gegenwärtig Zeugen einer lebhaften Auseinandersetzung um die Bewältigung der Vergangenheit, in der auch der Versuch deutlich wird, über die Aufrechterhaltung von Schuldgefühlen eine Dominanzposition über die Nachkommen der schuldig Gewordenen zu zementieren. Motive dafür sind die Angst der Opfer, sie könnten wieder Opfer werden, und der Wunsch der Sieger, die Oberhand zu behalten. Aber Dominanz ist keine gute Absicherung für einen dauerhaften Frieden, dazu ist der menschliche Freiheitsdrang zu groß. Partnerschaft gedeiht nur bei gegenseitiger Anerkennung.

13 Die fatale Eigendynamik unserer Erfindungen

»Es gibt zwei Möglichkeiten, wie der Geist einer Kultur beschädigt werden kann. Im ersten Fall – Orwell hat ihn beschrieben – wird die Kultur zum Gefängnis; im zweiten Fall – ihn hat Huxley beschrieben – verkommt sie zum Varieté.«

Neil Postman (1985): *Wir amüsieren uns zu Tode, S. 189*

»Der Menschheit steht das Wasser hoch am Hals, und wenn der Geruch nicht täuscht, handelt es sich dabei zunehmend um Abwasser.«

Hubert Markl (1986): *Evolution, Genetik und menschliches Verhalten, S. 35*

Der Mensch ist ein werkzeugschaffendes Wesen. Er erfindet Radios, Autos, Schreibmaschinen, und er schafft Organisationen wie Verwaltung, Schulen, Militär und Straßenbau. Von diesen Kindern unseres Hirns drohen uns allerdings auch Gefahren. All diese »künstlichen Organe« (Hass 1970) sind zunächst unsere Diener, sie stehen unter unserer Kontrolle. Erstaunlicherweise entwickeln sie jedoch häufig eine Dynamik, die uns dann überrollt und uns in ihre Dienste zwingt. Wie kommt es dazu? An zwei Beispielen, dem Automobil und der Verwaltung, möchte ich das nachvollziehen und dabei Gefahren aufzeigen, die uns auf lange Sicht aus der systemimmanenten Dynamik menschengeschaffener Organisationen drohen.

a) Imponier- und Fortbewegungsorgan Auto

Das Auto ist ein Organ der Fortbewegung, das uns viele Möglichkeiten eröffnete. Es ist uns unentbehrlich geworden und aus unserem Leben nicht mehr wegzudenken. Eine durchaus positive Erscheinung also, deren Vorteile man kaum im einzelnen darlegen muß. Das Auto brachte jedoch Folgelasten mit sich, die nicht vorauszusehen waren. An erster Stelle ist die Luftverschmutzung zu nennen, die so bedrohliche Ausmaße erreicht hat, daß unsere Wälder zu sterben beginnen. Aber wir vergiften nicht nur unsere Wälder, sondern auch uns selbst: Bei Inversionslagen wird heute in Großstädten bereits Smogalarm gegeben. Verkehrslärm und Schmutz belasten die Anrainer verkehrsreicher Straßen. Außerdem wird menschliches Leben unmittelbar bedroht: Allein in der Bundesrepublik Deutschland sterben jährlich rund 10000 Menschen im Straßenverkehr, viele davon im Kindesalter. Schließlich zerstören die Abgase der Autos auch die Fassaden und Skulpturen unserer historischen Baudenkmäler. Als Folgelast über den ausufernden Straßenbau wird die Landschaft zerstört. Es zeichnen sich ferner langfristige klimatische Änderungen ab, deren Konsequenzen noch nicht zu ermessen sind. Unter anderem könnte die Kohlendioxidanreicherung in der Luft einen Glashauseffekt bewirken und damit eine globale Erwärmung herbeiführen. Das Abschmelzen des antarktischen Eises würde weite Gebiete Eurasiens unter Wasser setzen. Der afrikanische Wüstengürtel würde sich über den Mittelmeerraum ausbreiten.

Wir kennen die Probleme und könnten sie aus Einsicht in die Zusammenhänge vernünftig lösen. So wissen wir, daß eine Begrenzung der Geschwindigkeit die Zahl der Todesopfer entscheidend verringern und den Ausstoß giftiger Abgase reduzieren würde. Was hindert uns daran, uns dementsprechend zu verhalten? Dafür gibt es mehrere Gründe. Zunächst einmal hat das Auto über seine Funktion als Fortbewegungsorgan hinaus noch eine weitere Funktion erworben: Es dient der Selbstdarstellung und wurde so zum Imponierorgan, vergleichbar der Schmuckfeder eines Vogels. Der Besitz künstlicher Organe, wie Autos, Häuser und Boote, eignet sich zur Demonstration von Macht. So kommt es, daß wir in dem uns eigenen Streben nach Ansehen die künstlichen Organe im Rangstreit zur Selbstdarstellung verwenden. Die Statussymbolik drückt sich in den Bezeichnungen der Autofirmen für verschiedene Wagentypen deutlich aus; nach dem Preis und dem entsprechenden Rang gestaffelt heißt es da z. B. »Kadett«, »Kapitän«, »Diplomat«. Das Auto eignet sich als Imponierorgan besonders gut, weil Größe und Leistung (Schnelligkeit) sich mit dem Preis deutlich sichtbar verbinden und der Reichtum des Autokäufers durch weitere, zusätzliche Ausstattung (»Luxus«) deutlich zum Ausdruck kommt. Und wer über Geld verfügt, hat Macht, denn Geld ist nichts anderes als ein Berechtigungsausweis auf die Arbeitsleistung anderer Menschen.

Sobald ein Instrument nun die zusätzliche Funktion eines Imponierorgans bekommt, gelten für seine weitere Entwicklung Gesetze, die sich nicht mehr ausschließlich aus seinen Aufgaben als zusätzliches Fortbewegungsorgan ergeben. Wenn es bloß um die Weiterentwicklung eines Fortbewegungsorgans ginge, dann würden Sicherheit, Ökonomie und Schnelligkeit mit Bedacht gegeneinander ausgewogen. Luxuswagen, die mit Geschwindigkeiten über Straßen brausen, bei denen eine Düsenverkehrsmaschine bereits abhebt, wären undenkbar.

Die zusätzliche Funktion im Dienste der Selbstdarstellung erlaubt es also, gewaltige Blechkarossen mit oft geradezu überschwenglichem Dekor, in das bemerkenswerterweise Drohsymbolik eingewoben ist, über die Straßen zu jagen und das Leben von Mitmenschen in erstaunlichem Ausmaß zu gefährden. Das Groteske der Situation wird klar, wenn man vergleicht, wie wir sonst auf Gefahren für Leib und Leben zu reagieren pflegen. Die Tollwuthysterie ist ein gutes Beispiel. Obgleich zwischen 1962 und 1979 im Durchschnitt weniger als ein Tollwut-Todesfall pro

Jahr zu beklagen war, kamen die Medizinalbehörden und Jäger überein, mit großem Aufwand die Füchse auszurotten. Das Auto kann in der Bundesrepublik Deutschland an die 10000 Todesopfer und Zigtausende von Verletzten pro Jahr fordern, es kann die Wälder und Bauwerke zerstören, ohne daß man dagegen wirksam einschreitet. Die Funktion als Fortbewegungsorgan *und* als Imponierorgan bedingte die Weiterentwicklung nach verschiedenen Richtungen, wobei Funktionskonflikte offenkundig werden. Die aus verkehrstechnischer Vernunft zu fordernde Sicherheit kommt über dem Imponiererfordernis »Schnelligkeit« zu kurz.

Unser Streben nach Ansehen ist altes Primatenerbe, und man kann natürlich sagen, daß auch als Schauorgan zur Selbstdarstellung das künstliche Organ Auto eine wichtige, zusätzliche Funktion erfüllt. Ansehen zu haben ist für eine Person durchaus vorteilhaft. Doch neigen wir gerade auf diesem Sektor zur Übertreibung, denn es handelt sich, wie wir schon ausführten, um einen nicht begrenzten Antrieb. Auch das ist nicht unbedingt nur negativ zu sehen, da dieses Streben ja die Entwicklung anspornt. Es hat aber sicher seine Schattenseiten, und man muß damit rechnen, daß ein Optimum gegeben sein kann, dessen Überschreitung nicht mehr vorteilhaft ist. Es ist die Anfälligkeit für Übertreibung, die den Bereich der Selbstdarstellung so gefährlich macht. Sie führt dazu, daß Personen sich in Konkurrenz mit anderen verausgaben, und sie führt zum rücksichtslosen Umgang mit Ressourcen.

Daß wir das Auto – ein Kind unseres Geistes – nicht beherrschen, hat aber noch andere Gründe. Im Auto bewegen wir uns anonym. Wir kennen die anderen Verkehrsteilnehmer nicht und sind ihnen gegenüber leicht gegnerisch motiviert: Wir werden überholt, was uns zur Konkurrenz anheizt, oder aufgehalten, was uns ärgert. Die beschwichtigende Wirkung persönlicher Bekanntheit entfällt, oft werden die übrigen Verkehrsteilnehmer gar nicht als Mitmenschen wahrgenommen. Wer hat sich nicht schon heftig über einen anderen Autofahrer geärgert, der einen schnitt! Bemerkt man allerdings, daß dieser ein guter Freund ist, dann flaut die Verärgerung in der Regel ebenso rasch ab, wie sie entstanden ist. Wetteifermotivation und Anonymität führen im Straßenverkehr zu einem die Sicherheit gefährdenden Verhalten. Fährt einer schnell, dann zieht das viele andere mit, und jene, die sich an vorgeschriebene Geschwindigkeiten halten, werden oft, weil hinderlich, durch knappes Auffahren bedrängt.

b) Problematik der Organisationen

Zu den vielfältigen künstlichen Organen, die wir Menschen geschaffen haben, gehören auch Organisationen mit ihrem Behördenapparat wie Verwaltung, Post, Schulen, Straßenbau und dergleichen mehr. Da hinter ihnen Menschen mit ihren Bestrebungen stehen, entwickeln solche Organisationen ein Eigenleben und eine Dynamik, die nicht immer unbedenklich ist. Die Organisationen können sich darüber verselbständigen und vom Diener zum Herren werden. Ich möchte die Problematik an einem einfachen Beispiel darstellen:

Als man bei uns damit begann, Organisationen zur Entwässerung der Landschaft, u. a. durch Trockenlegung von Moorwiesen, einzurichten, schuf man sicher eine segensvolle Einrichtung. Es gab ja viele Feuchtwiesen, Sumpf- und Überschwemmungsgebiete. Die Organisation wuchs, es wurde ein Maschinenpark angeschafft, und Leute wurden eingestellt, die den Ehrgeiz hatten, ihre Aufgabe gut zu erfüllen. Sie strebten ein weiteres Wachstum ihrer Organisation an, denn Wachstum ist an sich und unabhängig von dem damit verbundenen Zuwachs an Ansehen ein archaischer Positivwert, wie schon Konrad Lorenz (1973) erkannte. Alles Gesunde wächst und vermehrt sich in der Natur – das galt schon für die Welt der altsteinzeitlichen Jäger und Sammler. Hinzu tritt das mit dem Wachstum einhergehende Ansehen einer Organisation als weiterer wichtiger Wachstumsansporn. Es kommt aber der Zeitpunkt, da die gestellten Aufgaben im wesentlichen erfüllt sind, weil die meisten Feuchtwiesen trockengelegt, die meisten Bachläufe reguliert sind und jedes weitere Wirken in dieser Richtung nun Schaden anrichtet, u. a. weil der Grundwasserspiegel zu stark abgesenkt wird. Dennoch beobachten wir in einem solchen Fall, daß die Organisation bestrebt bleibt, im Sinne ihrer ursprünglichen Aufgabe weiterzuwirken, auch wenn ihr Wirken schädlich ist. Aber Investitionen wurden getätigt, Maschinen angeschafft ... und hinter all dem stehen Menschen mit ihren Motivationen und dem Wunsch zu überleben. So werden sie schließlich selbst in der Kultursteppe Entwässerungsgräben ziehen. Vergleichbares gilt für andere Organisationen wie etwa Straßenbaubehörden oder Elektrizitätswerke. Erstere werden bemüht sein, immer neue Wege zu asphaltieren und neue Straßen anzulegen, letztere, alle nur möglichen Fließgewässer aufzustauen, auch wenn danach kein Bedarf mehr besteht.

Eine Verschärfung der Situation ergibt sich aus der Fixierung der jeweiligen Organisation auf eine bestimmte Aufgabe. Das führt zu einem ebenfalls in letzter Konsequenz schadenstiftenden Perfektionismus. Der Straßenbau ist dafür ein Musterbeispiel. Man begradigt und verbreitert Landstraßen und Ortsdurchfahrten mit dem Ziel, die Unfallziffern zu senken. Womit man nicht rechnete, ist die Psyche der Fahrer, die nunmehr schneller fahren. Die Unfälle werden nicht weniger, dafür aber schwerer. Nun legt man wieder Verengungen und andere Hindernisse an, um die Fahrer zumindest in Ortschaften abzubremsen. Ein anderes Beispiel sind Flurbereinigung und Gewässerregulierung. Bei der Flurbereinigung sind die Planer so auf die Aufgabe fixiert, ökonomisch – und das heißt in der Regel maschinell – bearbeitbare Agrarflächen zu schaffen, daß für die Erhaltung des Ökosystems wichtige Aufgaben übersehen werden, ganz zu schweigen von der ästhetischen Blindheit vieler Landschaftsgestalter. Meist kommt es erst dann zu Korrekturen, wenn Schaden entstanden ist. Stehen starke wirtschaftliche Interessen dahinter, wie etwa bei der touristischen Erschließung der Alpen, dann müssen schon ganze Berghänge abrutschen und die Täler vermuren, ehe man überhaupt nachzudenken beginnt.

Mit dem Aufzeigen dieser Problematik will ich keiner lamentösen Fortschrittsfeindlichkeit das Wort reden. Vielmehr ist es meine Absicht, darauf hinzuweisen, daß eine voraussehende Planung Wachstumsbegrenzung und Aufgabenwechsel vorsehen sollte, damit wir nicht erst aus Katastrophen lernen müssen. Ich erinnere in diesem Zusammenhang an einige schon besprochene allgemeinmenschliche Eigenschaften, die wir bei einer Erörterung dieser Problematik bedenken müssen: so die Neigung, bei der Nutzung allgemeiner Güter rücksichtslos den eigenen Vorteil wahrzunehmen (S. 43), oder die Scheu, Fehler rechtzeitig einzugestehen, weil wir fürchten, das Gesicht zu verlieren. Wir verdrängen ferner häufig ein Problem, um uns nicht mit der unangenehmen Wahrheit konfrontiert zu sehen, die uns ja zum Handeln zwänge. Dieses Nach-uns-die-Sintflut bestimmt insbesondere das Handeln unserer Politiker, die Kurzzeiterfolge aufweisen müssen, damit sie wiedergewählt werden. Langzeitprobleme werden deshalb gern ausgeblendet, vor allem dann, wenn ihre Wahrnehmung restriktive Maßnahmen erfordern würde, die das Wahlvolk verärgern könnten, z. B. weil sie das Wirtschaftswachstum vorübergehend einschränken würden. Unsere Politiker bedienen sich dazu des Mittels der verbalen Verschleierung, oder sie vermeiden es, das Problem auch nur mit einem Wort anzusprechen. Ich erinnere mich noch, wie der von mir sehr geschätzte Bruno Kreisky vor vielen Jahren statt »Inflation« das weniger an die Schrecken der späten zwanziger Jahre erinnernde Wort »Geldwertverdünnung« verwendete.

Als die Diskussion um das Waldsterben die Öffentlichkeit beunruhigte, stand im »SPIEGEL«* folgende Nachricht: »Den sich häufenden Schadensmeldungen tritt die Bonner Regierung jetzt energisch entgegen: Am Montag vergangener Woche ent-

* Nr. 37/1983, S. 15.

schied die Runde der beamteten Staatssekretäre, das Wort ›Waldsterben‹ ab sofort aus dem offiziellen Bonner Sprachgebrauch zu tilgen. Minister und Regierungsexperten hätten künftig, so dekretierten die Spitzenbeamten, von ›neuartigen Waldschäden‹ zu sprechen.«

Solche Sprachregelung hatte schon George Orwell in seinem Buch »1984« vorausgesehen, nur daß sie sich in demokratisch regierten Staaten ausbreitet, ist erschreckend. Die letzte Entwicklung im »Neu-Sprech« ist – laut »SPIEGEL« – das »Aids-Sprech«, eine Verschleierungssprache der Beamten der US-Gesundheitsbehörden, die mittlerweile auch in Europa übernommen wurde. »Die Sprachgebilde zeichneten sich weniger dadurch aus, daß sie die Wirklichkeit beschrieben, als dadurch, daß sie das politisch und psychologisch am leichtesten Durchsetzbare zum Ausdruck brachten. Aids-Sprech bemühte sich in erster Linie darum, niemanden vor den Kopf zu stoßen. Nach den Regeln dieses Jargons durften Aids-Opfer zum Beispiel nicht mehr als Opfer bezeichnet werden. Man sagte statt dessen ›People with Aids‹ oder PWAs (Menschen mit Aids) und tat so, als fordere diese entsetzliche Krankheit nicht wirklich ihre Opfer. Aus ›Promiskuität‹ wurde ›sexueller Aktivismus‹, weil homosexuelle Politiker erklärt hatten, das Wort ›Promiskuität‹ beinhalte ein Vorurteil... Das Vokabular von Aids-Sprech wirkte verschleiernd. Die Wörter dienten in den meisten Fällen der Rechtfertigung der Untätigkeit. Dahinter stand nie eine böse Absicht, im Gegenteil. Aids-Sprech war Ausdruck des Bemühens, jedermann zufriedenzustellen.« – Ich möchte hinzufügen, daß auch ein Gemisch von Dummheit und Mangel an Zivilcourage dabei Pate stand. Und in der Politik wird auch Dummheit zum Verbrechen. – Der »SPIEGEL« schließt seinen mutig-offenen Bericht über die Nachlässigkeit, mit der man einer der gefährlichsten Seuchen der Menschheitsgeschichte begegnet, mit den Worten: »Die bittere Wahrheit war, daß Aids sich nicht zufällig bis nach Amerika ausgebreitet hatte. Zahlreiche Institutionen hatten das zugelassen, denn sie alle hatten es versäumt, das Ihre zum Schutz der öffentlichen Gesundheit zu tun. Als 1980 die ersten homosexuellen Männer an eigenartigen und ungewöhnlichen Symptomen erkrankten, vergingen noch fast fünf Jahre, bevor alle diese Institutionen – die Ärzte, die Einrichtungen der öffentlichen Gesundheitsfürsorge, die bundesstaatlichen und privaten wissenschaftlichen Forschungsinstitute, die Massenmedien und die Führer der organisierten Homosexuellen – ihre Kräfte in der Weise mobilisierten, wie sie es zu Beginn der Bedrohung hätten tun sollen. Die Geschichte dieser ersten fünf Jahre nach Auftreten der Aids-Epidemie in Amerika ist ein Drama des nationalen Versagens, das zu einem Massensterben geführt hat.«*

Ergänzend hierzu sei festgestellt, daß auch in Europa die ersten Jahre praktisch ungenützt verstrichen, obgleich verantwortliche Presseorgane wie z. B. der »SPIEGEL« rechtzeitig gewarnt haben. Das alles sind Faktoren, die die Dynamik menschengeschaffener Organisationen mitbestimmen und die bewirken, daß oft erst nach Katastrophen gelernt und korrigiert wird.

Besonders gefährlich wird die Eigendynamik von menschengeschaffenen Organisationen, wenn die Nachfrage keine unmittelbare Rückwirkung auf das Angebot hat, wie bei Militär, Schule und Verwaltung, wenn also selbstregulierende Kräfte des Marktes entfallen. Wachstum und Perfektion des Unterrichtswesens haben z. B. in der Bundesrepublik Deutschland zu einer zunehmenden Verschulung auch der Universität geführt. Das durchschnittliche Promotionsalter ist mittlerweile auf über 31 Jahre gestiegen (Heckhausen 1987). Sicher ließe sich der Trend, die Ausbildungsdauer bis in die Seniorenzeit zu verlängern, abstoppen – man brauchte nur die Gymnasialzeit um ein oder zwei Jahre zu verkürzen. Aber schon höre ich den entsetzten Aufschrei der Schulbehörde: Wie könne man, wo doch der

* Randy Shilts: Was haben wir uns nur angetan? Aids – die Entstehungsgeschichte einer Katastrophe, in: »DER SPIEGEL« 12/1988, S. 154–167.

Wissensstoff so zugenommen habe! – In Wirklichkeit geht es um Lehrerstellen und um Macht. Letzteres sicher nicht in bewußtem, bös intendiertem Machtstreben, sondern in weitgehend unbewußter Befolgung uns angeborener Neigungen.

c) Freiheit und Verwaltung: Perspektiven für die weitere Entwicklung

Für die Verwaltung gilt ähnliches, nur daß hier für korrigierende Rückmeldungen im allgemeinen noch weniger Raum ist. Es werden jedes Jahr mehr Gesetze und Verordnungen erlassen als aufgehoben. Das Leben wird zunehmend reguliert und der einzelne zunehmend in ein Systemganzes integriert, und zwar nicht als Ergebnis einer bösen Verschwörung, sondern mit erschreckender Automatik, hinter der das Bedürfnis nach Perfektion und Vorsorge steht. Diejenigen, die die Verordnungen schaffen, legen sich dabei auch selbst in Fesseln. Der Handlungsspielraum aller wird so zunehmend eingeengt. Wir verlieren an individueller Freiheit.

In dem utopischen Roman »1984« von George Orwell und in Aldous Huxleys »Brave New World« werden Modelle für solche Entwicklungen vorgestellt. Orwell porträtiert ein totalitäres Regime unter der Tyrannis der Führergestalt des »Großen Bruders«, der über Angst Gefolgschaft induziert. (Näheres zur Angstbindung bei Eibl-Eibesfeldt 1984.) Huxley entwirft eine Gesellschaft, in der die Menschen unter Nutzung ihrer Lustmechanismen in Abhängigkeit gebracht werden. Dieser Entwurf zeichnet sich heute in erschreckender Weise als Wirklichkeit ab. Über soziale Fürsorge werden bereits große Teile der Menschheit infantilisiert und entmündigt. Immer mehr Menschen verlieren ihre Selbständigkeit und Individualität. Das entspricht einem allgemeinen biologischen Trend: Über Integration und Subordination der Teile entwickeln sich höhere Organisationen, Organismen ebenso wie Insektenstaaten. Gebilde dieser Art erweisen sich als nahezu perfekt angepaßt. Demnach, so könnte jemand argumentieren, würde eine entsprechende Entwicklung beim Menschen nur Ergebnis eines natürlichen selektionsbedingten Trends der Anpassung menschlichen Gruppenlebens an die Anforderungen des Überlebens sein. Wenn dies zur perfekteren Anpassung führe, könne man wohl nichts dagegen einwenden. Was zähle, sei letztlich Angepaßtheit, gemessen am Überleben in Nachkommen – und Insektenstaaten überleben ja sehr gut. Weshalb also sollte es einem Hochprimaten nicht gestattet sein, ähnlich perfekte Organisationsstufen zu erreichen?

Der Biologe denkt jedoch in größeren Zeitdimensionen. Er weiß, daß Arten oft über Hunderttausende von Jahren, ja sogar Jahrmillionen gedeihen, um schließlich im Artenwandel neue Evolutionsstufen zu erreichen oder auszusterben. Gewinnt eine Art im Laufe des Artenwandels an Differenzierungen, dann sprechen wir von Höherentwicklung. Verliert sie Differenzierungen, dann sprechen wir von Involution. Sie geht oft mit einseitiger Spezialisierung einher und beschneidet damit die weitere evolutive Potenz. Entwicklungen, die den Lebensstrom weitertragen, gehen in der Regel von universalistisch veranlagten Arten aus. Viele Arten starben durch Spezialisierung aus. Sie waren perfekt an eine bestimmte ökologische Nische angepaßt, vermochten aber wegen der extremen Spezialisierung nicht, weiteren Umweltänderungen in ihren Anpassungen zu folgen, und gingen daher zugrunde. Neue Entwicklungen gingen immer von Arten aus, die weniger spezialisiert waren. Aus einer fünffingrigen Extremität kann sich wohl ein Huf, niemals aber aus einem Huf eine fünffingrige Extremität entwickeln. Perfekte Anpassungen führen oft in Sackgassen, und sie sind häufig von Involutionen – der Einschmelzung von Differenzierungen – begleitet, wie im Extremfall die Entwicklung einiger Parasiten aus der Klasse der Krebstiere lehrt. Perfekte Anpassung kann demnach nicht das Maß für langfristige Überlebenstüchtigkeit sein. Es geht für uns Menschen darum, uns weitere kulturelle und biologische Entwicklungsmöglichkeiten offenzuhalten. Die Chancen dafür sind einmalig. Wir sind im körperlichen wie im geistigen Bereich extreme Generalisten oder, wie Konrad Lorenz es ausdrückte, »Spezialisten auf das Unspezialisiertsein«. Wenn man gelegentlich hört, wir seien »Mängelwesen«, die sich auf den Krücken der Kultur durchs Leben schleppten, dann ist das eine falsche Sicht. Wir sind keine biologisch ungenügend ausgestatteten Wesen, vielmehr machen uns eine Vielzahl besonderer Anpassungen zu einem »Volltreffer der Evolution« (Markl 1986).

Wie unübertroffen unsere generalistische Anlage im körperlichen Bereich ist, erörterte Konrad Lorenz (1943 a) am Beispiel eines fingierten sportlichen Wettkampfes. Er machte sich erbötig, mit einem durchschnittlichen jungen Mann, etwa aus einem Büro, einen sportlichen Wettstreit gegen beliebige Vertreter aus dem Tierreich zu gewinnen, wenn es darum ginge, 100 m zu sprinten, anschließend mit Kopfsprung in ein Gewässer zu springen, drei Gegenstände aus 4 m Tiefe heraufzutauchen, im normalen Brustschwimmen das 50 m entfernte Ufer anzusteuern, ein Seil zu ergreifen, daran einige Meter hochzuklettern und anschließend 10 km zu wandern. Wer immer auch der Gegenspieler des jungen Mannes sei, er würde verlieren. Eine Gazelle kann sicher schneller laufen, ein Delphin schneller schwimmen und ein Affe besser klettern, aber sie alle sind Spezialisten, die bei den anderen Aufgaben versagen. Nur der Mensch kann sowohl gut laufen als auch gut schwimmen und klettern.

Dazu kommt eine vorzügliche Ausstattung mit Sinnesorganen. Das Auflösungsvermögen und die Empfindlichkeit unserer Augen sind vortrefflich. Wir sehen ferner Farben und können binokular so gut Tiefen abschätzen, daß wir uns schnell in unserer Umgebung fortbewegen können – Autofahren wäre ohne diese Fähigkeit unmöglich. Unser Gehör ist so gut, daß wir aus den minimalen Zeitunterschieden des Eingangs eines Klickgeräusches in unsere beiden Ohren sogleich dessen Ursprung lokalisieren können. Wir nehmen ein breites Frequenzspektrum wahr und nicht nur einen engen Ausschnitt, wie etwa die Fledermäuse. Wäre unser Gehör nicht so ausgezeichnet, wir könnten nie die Sprechlaute analysieren. Unser Geruchssinn ist so fein, daß Parfümspezialisten mehrere tausend Geruchstönungen unterscheiden können. Mit unserem Tastsinn können wir Stoffqualität und Papiersorten unterscheiden. Blinde können tastend lesen. Von Mängeln also keine Spur!

Hinzu kommen noch die menschliche Hand und das erstaunliche Gehirn, das uns zum Werkzeugschaffen, zur Kultur, zum Sprechen und zur Reflexion über uns und die Welt befähigt. Selbst unsere Nacktheit – in der manche einen Mangel sehen – ist im Grunde ein Vorteil. Sie wurde in den Warmgebieten der Erde entwickelt, als unsere Ahnen noch als Jäger und Sammler lebten, und schützte vor Überhitzung. Die Buschleute der Kalahari können eine Antilope bis zu deren Erschöpfung über viele Stunden verfolgen. Und wird es dem Menschen zu kalt, dann zieht er sich die Felle anderer Tiere über. So ausgestattet, besiedelte er selbst arktische Regionen. Dank seiner Universalität finden wir den Menschen in Urwäldern, Eiswüsten und Hochgebirgen. Er dringt auf den Meeresboden vor und ist gerade dabei, sich unser Planetensystem zu erobern. Der Mensch ist für uns Biologen gewiß das erstaunlichste Ergebnis der Evolution, und seine Sonderstellung wird gerade gegen den Hintergrund des Erbes, das uns noch mit den anderen Geschöpfen verbindet, richtig sichtbar.

Dank unserer Veranlagung zum Generalisten haben wir gute Aussichten, in der weiteren Evolution zu bestehen – Aussichten, die wir uns allerdings auch verbauen können. In der systemimmanenten Dynamik der von uns selbst geschaffenen Organisationen sehe ich in dieser Hinsicht Gefahren. Es gilt, bewußt die Individualität und Weltoffenheit des einzelnen zu erhalten, und die Weichen, so scheint es, werden bald gestellt. Als Faktoren, die unsere in individueller Freiheit begründete Universalität bedrohen, sind in erster Linie die vom Menschen geschaffenen Institutionen zu nennen. Gelänge es, über bestimmte Sozialtechniken einer perfekten Verwaltung zunächst kulturell den in den Staat integrierten Menschen heranzuziehen, dann würde wohl auch seine biologische Entwicklung nachziehen – und mit dem Verlust der individuellen Freiheit und der konstitutiven Universalität liefe der Mensch dabei Gefahr, seine Potenz zu weiterer Evolution einzuengen, wie das bei Spezialisierung oft der Fall ist.

Wir sind auf diesem Wege leider bereits ein gutes Stück vorangekommen. George Orwell und Aldous Huxley haben die Möglichkeiten aufgezeigt, und zu beiden Entwicklungen gibt es Ansätze. Die Entwicklung dürfte eher nach dem Modell von Huxleys »Brave New World« verlaufen. Die Entmündigung des Bürgers im Sozialstaat schreitet munter voran, und sie wird von den Betroffenen akzeptiert, da Menschen leicht auf die Kindesstufe regredieren und sich gern bemuttern lassen. Das sozialstaatliche System kommt unseren hedonistischen Anlagen entgegen (während gegen die gewaltsame Unterdrückung in Orwells Modell der Mensch gottlob zur Rebellion neigt).

Wir vermögen durchaus einige Gefahren zu erkennen, die unser Überleben bedrohen. Hilft uns das? Können wir unsere Geschicke aus Einsicht steuern? Friedrich von Hayek meint, wir müßten alles den selbstregulierenden Kräften überlassen, die auch die bisherige kulturelle Evolution bestimmten. Kultur könne man nicht planen. Dem ist grundsätzlich zuzustimmen. Wir können uns aber, wie gesagt, Ziele setzen, und ein solches Ziel ist das Überleben eines universalistischen Menschentyps, der sich die Möglichkeiten zur Weiter- und Höherentwicklung offenhält. Intelligenz, Individualität, schöpferische Begabung und humanitär-soziales Engagement könnten die Merkmale eines solchen offenen Menschentypus sein. Die Pflege der genannten Eigenschaften kann daher als vernünftig gelten.

14 Krone der Schöpfung? Aussteiger aus der Natur? Das riskierte Wesen – mit Zukunft

»Ich glaube, daß viel erklärt ist, wenn wir annehmen, daß sich heute eine falsche Religion etabliert hat; nämlich die Religion, daß unsere Welt, zumindest unsere soziale Welt, eine Hölle ist.«

Karl Popper (1986): *Die Erkenntnistheorie und das Problem des Friedens, S. 197*

»Das Übelste, was man sich denken kann, ist eine Menschheit, die ihre Nachfahren im Stich läßt.«

Hannes Keller (1986): *Denken über die Zukunft, S. 17*

Wir Menschen bezeichnen uns wohl gern als Krone der Schöpfung. Das Wissen um unser stammesgeschichtliches Gewordensein lehrt uns die Dinge aber anders zu sehen. Es eröffnet uns Perspektiven weiteren Werdens und damit einer Zukunft, die wir durch Zielsetzung mitbestimmen können. Unsere Gattung ist damit in gewissem Sinne mündig geworden. Es liegt in unserer Hand, unserem Überleben durch Zielsetzung einen zukunftsweisenden Sinn zu verleihen. Die Risiken sind groß. In unserer Weltoffenheit sind wir für Irrtümer besonders anfällig und daher in spezifischer Weise »riskierte Wesen«, wie Arnold Gehlen einmal treffend bemerkte. Aber auch die Chancen, unser Geschick in vernünftige und menschliche Bahnen zu lenken und so der sich anbahnenden weltweiten Verelendung und Unruhe gegenzusteuern, sind günstig.

Wir können allerdings die Chancen zu unserem Überleben und die Möglichkeiten zu weiterer Evolution auch vertun. Unser Überleben wird konkret durch unseren Umgang mit der Natur und durch unsere Haltung den Mitmenschen gegenüber gefährdet. Wir leben gegenwärtig in Unfrieden und müssen Frieden schließen: Frieden mit der Natur, wie Friedensreich Hundertwasser (1983) fordert, und Frieden mit unseren Mitmenschen, wie ich hinzufügen möchte. Beide Forderungen sind untrennbar miteinander verknüpft, denn ohne Frieden mit der Natur gibt es auch keinen Frieden unter uns Menschen.

Für den Frieden mit der Natur sind wir insofern vorbereitet, als wir die Fähigkeit besitzen, ihre Schönheiten mit allen Sinnen zu erfassen. Wir lieben die Natur, wir erfreuen uns am Grün der Pflanzen, an der Farbenpracht der Blumen, an den ausladenden Ästen von Eichen und an der Sonne, die in ihren Blättern spielt, am Rauschen eines Baches und an den moosbewachsenen Steinen unter alten Fichten. Wir genießen den Blick auf das weite Land, das sich leicht gewellt im Dunst der Ferne verliert, den Blick über Wiesen, Hecken, Feldwege und ferne Baumgruppen. Wir haben ein offenes Auge für die Schönheiten der Natur, und es sind wohl alte Lebensraumprägungen, denen wir die Formung unserer ästhetischen Wahrnehmung verdanken. Sie schützen die Natur und damit uns selbst – aber leider nur bis zu einem gewissen Grade.

Denn der Mensch findet die Natur zwar schön, ist aber seit Urzeiten zugleich exploitativ – Ausbeuter der Natur – und muß es erst lernen, sich zu beherrschen und der Natur gegenüber Rücksicht zu üben. Schon der altsteinzeitliche Jäger und Sammler kannte keine Schonung der Natur. Er jagte und sammelte, rodete und brannte, wenn es ihm vorteilhaft erschien. Der Schaden, den er dabei anrichtete, hielt sich in Grenzen, denn es gab nur wenige Menschen, also auch keinen Grund zur Zurückhaltung, keinen Selektionsdruck, der neue Verhaltenssteuerungen zu diesem Zweck bewirkt hätte. Erst mit dem Ackerbau erfuhr der Mensch, daß seine Eingriffe Erosion und Verwüstung und damit die Zerstörung der eigenen Lebensgrundlage bewirken können, und er paßte sich an. Die Reisfelder des tropischen Asien und die bäuerlichen Landschaften Mitteleuropas sind Beispiele für erfolgreiche Landschaftspflege. In Mitteleuropa kann man über Felder und Wiesen wandern, die seit mehr als tausend Jahren bewirtschaftet werden und genauso fruchtbar sind wie am Tag ihrer ersten Bestellung. Es besteht allerdings Gefahr, daß eine neue, allzu kommerziell orientierte Bodenbestellung auch in diesen traditionellen Bauernlandschaften nunmehr Zerstörungen herbeiführt. Aber das Beispiel der alten Kulturlandschaften zeigt, daß der Mensch lernen kann, von der Natur und doch in Harmonie mit ihr zu leben, und das sollte uns mit Zuversicht erfüllen. Allerdings bleibt uns keine Zeit mehr für langes Experimentieren. Dazu wächst die Erdbevölkerung zu schnell, und dazu ufert die technisch-industrielle Entwicklung zu sehr aus. Allein unser nicht mehr in den natürlichen Kreislauf der Lebensgemeinschaft einbezogener, oft äußerst giftiger Müll droht weite Teile der Umwelt für immer zu verseuchen. Zugleich wachsen mehr und mehr Menschen in einem städtischen Milieu heran, wo das natürliche Empfinden für Schönheit und Harmonie leicht verkümmern kann. Die Menschen sind zwar bildungsfähig, sie können aber auch verbildet werden – wer naturfern in einer Welt voller Asphalt, Beton und Abgase heranwächst, stumpft schließlich ab und wird aus Entbehrung aggressiv.

Der Mensch muß weiterhin emotionell naturverbunden bleiben: aus eigenem Interesse, denn er lebt aus ihr, und ihre Zerstörung trifft *ihn*. Der ästhetischen Erziehung zur Wahrnehmung von Harmonie und Schönheit kommt dabei besondere Bedeutung zu. Es ist bestimmt kein Zufall, daß gerade die Künstler des Schönen wie Arik Brauer und Friedensreich Hundertwasser sich mit besonderem Engagement für den Schutz unserer Umwelt einsetzen. Sie sind sich mit Biologen wie Konrad Lorenz einig, die darauf hinweisen, daß der Verlust des Gefühls für die Harmonie biologisch ausgewogener Lebensräume Wertblindheit fördert und damit der Unmenschlichkeit den Weg bereitet.

Der Friedensschluß mit der Natur verlangt auch eine freundlichere Einstellung zum Tier, die über die rein ästhetische Bewertung hinausgeht. Eine solche freundlich-mitfühlende Einstellung erwächst aus dem Wissen um die Einmaligkeit alles Lebens. So weit unsere Sonden bisher auch das Weltall durchforschten, Leben fanden sie nicht. Sicher, irgendwo in weiter Ferne mag es da und dort auch noch anderes Leben geben, aber Leben scheint doch sehr selten zu sein. So ist eben das Moospolster auf einem Stein mit all seiner kleinen Krabbelwelt ein anbetenswürdiges Wunder.

Zudem sind wir unseren Mitgeschöpfen in mehrfacher Weise verpflichtet, denn sie bilden über unzählige vernetzte Kausalketten unsere Lebensgrundlage. Wir teilen ferner mit allen irdischen Lebewesen Erbgut gemeinsamer Abstammung. Und schließlich haben wir heute Macht über die Lebewelt um uns und damit auch Verantwortung. Wir brauchen die Sympathie für unsere Mitgeschöpfe zum Glück nicht ausschließlich rational zu begründen. Höhere Wirbeltiere sind uns bereits so ähnlich, daß sie über unsere angeborenen Auslösemechanismen betreuende Verhaltenstendenzen aktivieren. Wenn eine Hausmaus mit großen Augen als zitterndes Etwas in einer Lebendfalle sitzt, dann können wir kaum umhin, Sympathie mit diesem Tierchen zu empfinden, dessen winzige Hände Finger haben wie wir, die auch von den homologen Muskeln bewegt und von homologen Nerven innerviert werden. Ich möchte nicht über Gebühr sentimental erscheinen – aber es fällt mir schwer, eine Maus zu töten, auch wenn es einmal notwendig ist. (Aus diesem Grunde entstand übrigens eine meiner frühesten ethologischen Säugerarbeiten. Im ersten Winter, den ich als Student in meiner kleinen Baracke auf der Biologischen Station Wilhelminenberg im Wienerwald verbrachte, erlebte ich eine Mäuseinvasion. Ich bekämpfte sie zunächst, wurde aber zuletzt gehemmt, denn wenn ich mich still verhielt, konnte ich die possierlichen Geschöpfe herumturnen sehen. So machte ich aus der Not eine Tugend, ließ meine ungebetenen Zimmergäste am Leben und lernte viel*.) Ich bin kein radikaler Tierschützer und daher auch kein Vegetarier, aber ich halte jedes Leben mit Ausnahme der Krankheitserreger für kostbar und trete daher für mehr Respekt vor anderem Leben ein. Ich bin deshalb sowohl für einen vernünftigen Tierschutz als auch für den Artenschutz. Und ich meine, daß eine Erziehung zum Respekt vor dem Leben ganz allgemein zur weiteren Humanisierung unserer zwischenmenschlichen Beziehungen beiträgt.

Der Friedensschluß mit der Natur wird allerdings erst dann besiegelt sein, wenn wir Menschen mit uns selbst zum Frieden gelangen. Was dem entgegensteht, haben wir bereits erörtert. Ein zentrales Problem ist die Angst des Menschen vor der Dominanz des anderen, die zugleich eine Angst um die eigene Existenzbasis ist und die dazu führt, daß wir quasi präventiv nach Dominanz über andere streben. Nun sind Rangordnungen zwischen Gruppenmitgliedern *adaptiv* und erträglich, wenn sie sich auf fachlicher Kompetenz begründen und auf die Zustimmung der Gemeinschaft durch Legitimation und Wahl, mit der Möglichkeit der Abwahl. Jede aufgezwungene Dominanz ruft Widerstand hervor. Das gilt in besonderem Maße dann, wenn ein Volk ein anderes beherrscht – hierin liegt auch heute noch ein Haupthindernis auf dem Weg zum Frieden (S. 220).

Um Frieden mit uns selbst schließen zu können, müssen wir auch uns selbst besser kennenlernen. Bis heute ist jedoch die erfahrungswissenschaftliche Untersuchung menschlichen Verhaltens ein Stiefkind der Forschung geblieben. Gemessen an den Geldmitteln, die jährlich für Forschungen auf dem Gebiet der Chemie, Physik, Medizin, Molekularbiologie und der Hoch-

* Die Arbeit erschien unter dem Titel »Beiträge zur Biologie der Haus- und der Ährenmaus, nebst einigen Beobachtungen an anderen Nagern« in der Zeitschrift Tierpsychologie 7 (1950), S. 558–587.

technologie ausgegeben werden, sind die Ausgaben für die biologische Verhaltensforschung am Menschen minimal. Dabei stellt sie, wie die Nobelpreise an Konrad Lorenz und Niko Tinbergen ausweisen, einen wichtigen Beitrag zur medizinischen Forschung dar. Ursache der Vernachlässigung der Humanethologie dürfte zunächst eine gewisse Berührungsscheu davor sein, unser Verhalten ursächlich zu verstehen. Wir wissen zwar, daß unser Verhalten ursächlich bestimmt ist, aber wir verdrängen dieses Wissen gern, im fälschlichen Glauben, kausale Bestimmung sei mit unserer Vorstellung vom freien Willen unvereinbar (S. 155). Wir übersehen dabei, daß das reibungslose Funktionieren unseres Organismus Freiheiten auf höheren Ebenen eröffnet und daß wir außerdem in der Lage sind, uns emotionell von den Antrieben abzukoppeln und so ein entspanntes Feld zu schaffen, das eine Voraussetzung für die Freiheit der Wahl ist. Das Wissen um unsere Programmierungen fördert die Fähigkeit rationaler Selbstkontrolle und hilft, insbesondere die Fallgruben unerkannter Wahrnehmungs- und Denkzwänge sowie ausufernder Emotionen zu vermeiden.

Eine Reihe von sozialen Anlagen, die im Laufe der Stammesgeschichte entwickelt worden sind, erschweren, wie wir zeigten, die vernünftige Lösung einiger Gegenwartsprobleme. Ihre Bewußtmachung ist eine Voraussetzung für jene Selbstkontrolle, deren wir bedürfen, um den Herausforderungen der Neuzeit zu begegnen und ein generationenübergreifendes Ethos zu entwikkeln, das ein Überleben künftiger Generationen freier, universalistisch veranlagter Menschen und damit die Potenz zu weiterer Entwicklung sichert.

Unsere Ethik ist im wesentlichen eine Erfahrungsethik. Verhaltensregeln, die sich im Laufe der Stammes- und Kulturgeschichte bewährten, wurden behalten. Für ein solches Lernen über Auslese und Ausmerze fehlt uns heute die Zeit. Wir müssen nunmehr zusätzlich neue Normen aus Einsicht gewinnen und die Erfahrungsethik durch eine rationale Ethik ergänzen und in einigen Fällen wohl auch ersetzen. Angeborenes und kulturelles

Brauchtum ist in diesem Sinne kritisch auf seine Angepaßtheit zu hinterfragen.

Zur Zeit sind wir noch ungenügend souverän über uns selbst. Unsere Objektivität ist in des Wortes ursprünglichster Bedeutung sachbezogen. Unsere mitmenschlichen Beziehungen sind dagegen vor allem emotionell. Sie sollen es sicher auch im wesentlichen bleiben, denn vom gefühlsbaren Intelligenzler kommt uns gewiß nicht das erwünschte Glück – nicht umsonst wurde irgendwann der Begriff der »Intelligenzbestie« geboren. Aber wir sollten, wenn nötig, auch selbstreflektierend und forschend Abstand zu uns selbst gewinnen können, um uns besser zu verstehen. Das ist im wesentlichen eine aus Einsicht geborene Forderung, obgleich wir uns bereits als Kinder forschend mit unserer sozialen Umwelt befassen (S. 210). Diese Art der sozialen Exploration bleibt jedoch auf einer sehr elementaren Ebene stehen. Bei der Umweltexploration gehen wir viel weiter: Sie ist emotionell anders besetzt, Neugier und Entdekkerfreude begleiten das sachliche Erkunden, das offenbar eine höhere kortikale Leistung darstellt, die sich vermutlich Hand in Hand mit der Entwicklung zum Werkzeughersteller so enorm differenziert hat. Im sozialen Bereich sind wir unserem stammesgeschichtlichen Erbe enger verhaftet und reagieren schneller mit den archaischen Affekten der Angst, der Liebe und des Hasses. Da wir dabei zur emotionellen Eskalation neigen, ist Selbstkontrolle durch Wissen über uns selbst ein unbedingtes Erfordernis. Wir dürfen nicht weiterhin verdrängen, daß unser Denken, Fühlen und Wahrnehmen Leistungen eines im Laufe der Stammesgeschichte entwickelten Erkenntnisapparates sind, dem bestimmte Leistungsbeschränkungen anhaften. Unerkannt können sie zu Fallgruben werden.

Herder hat den Menschen als einen Freigelassenen der Natur bezeichnet. Das darf man nicht dahingehend interpretieren, als habe sich der Mensch über seine Kultur aus der Natur gelöst – eine gefährliche Verkennung der Situation. Wir können uns Ziele setzen, unsere Umwelt gestalten oder sie auch durch

Eingriffe zerstören. Spätestens dann werden wir uns der Abhängigkeit und Einbettung in die Natur schmerzlich bewußt werden. Alles, was wir tun, wird unerbittlich an der Elle der Eignung gemessen.

Wir wissen nicht, wozu dieses Leben eigentlich gut ist. Wir wissen nur, daß wir mit allen anderen Geschöpfen Mitträger dieses rätselhaften energetischen Prozesses sind, den wir den Lebensstrom nennen, ohne zu ahnen, wohin er eines Tages über uns hinwegführt. Aber als bewußte Beobachter und Teilnehmer dieses rätselhaften Geschehens sind wir dem Leben durch Bejahung der eigenen Existenz ebenso wie durch fürsorgliche Anteilnahme am Schicksal der übrigen Lebewelt verpflichtet. Beides muß die Grundlage eines zukunftsbezogenen Überlebensethos sein, eines Ethos, in dem sich Rücksichtnahme mit einem überlebensbezogenen Eigeninteresse verbindet.

Ausblick

Wir leben in einer Welt, die wir uns selbst geschaffen haben, aber für die wir nicht geschaffen sind. Wir können uns allerdings den für die Bewältigung der anstehenden Probleme nötigen kulturellen Überbau schaffen, vorausgesetzt, wir wissen um die Schwachstellen unserer Konstruktion. Unsere Hoffnungen begründen sich aber nicht allein auf unsere Fähigkeit zur Einsicht. Erst in Verbindung mit unseren freundlich-bindenden Anlagen eröffnen sich uns die Perspektiven einer humanen Zukunft. Erst die Tatsache, daß wir die archaischen Schichten der Dominanz-Unterwerfungs-Sozialität durch die phylogenetisch neu erworbene parentale Freundlichkeit unter Kontrolle bringen können, ermöglicht uns, Menschlichkeit zu erleben. Ohne diese emotional empfundene Fähigkeit zur Nächstenliebe, zu Sympathie und Mitleid hätten wir kaum Hoffnung auf das, was wir als menschliche Zukunft ersehnen. Würde unser Sozialverhalten nur auf den alten agonalen Anlagen basieren, die Aussichten wären nach unserem Wertmaßstab eher fürchterlich. Die Vorstellung, es könnten sich irgendwo in dieser weiten Welt Wesen mit einer Reptilmentalität zu hoher Intelligenz entwickeln, wäre eher schrecklich. Es wäre eine Welt der Gewalt, bar jeden Mitgefühls. Die Gefahr, daß wir Menschen auch diesen Weg beschreiten könnten, ist durchaus gegeben. Die negative Seite unserer Fähigkeit zur Selbstbeherrschung ist, daß wir auch die freundlichen Seiten in uns, und insbesondere unser Mitgefühl anderen Personen gegenüber, unterdrücken können. Die Entscheidung zur Macht kann eine solche Entscheidung gegen die Liebe sein. Richard Wagner hat diese Aussage im »Ring des Nibelungen« in eine künstlerische Form gekleidet. Alberichs Fluch läßt die Welt der Götter in Flammen aufgehen.

Das Streben nach Macht ist einer unserer stärksten Antriebe. Solange er sich in Grenzen hält und zur Leistung anspornt, ist er adaptiv. Aber da er durch keinerlei vorgegebene Programme begrenzt ist, neigt er zur Eskalation. Hunger und Durst können wir stillen – unser Machttrieb ist unersättlich. Dazu kommt, daß wir im anonymen Großverband zu Rücksichtslosigkeit neigen. Im Kleinverband bremst uns persönliche Verbundenheit. Das alles macht unser Machtstreben so gefährlich. Es bedarf der einsichtigen Steuerung ebenso wie der Ergänzung und Kontrolle durch unsere freundlich-bindenden Verhaltensdispositionen, die in gewisser Weise die natürlichen Gegenspieler zu unseren agonalen Dispositionen sind und die nur mit ihnen ein funktionelles Ganzes ergeben. Solange agonale und affiliative Antriebe einander ausgleichen, erfüllen beide höchst wichtige Aufgaben. So spornt das Rangstreben zu Leistungen an, von denen nicht nur der einzelne, sondern auch die Gemeinschaft profitieren kann. Es sind stets die Übertreibungen, die gefährlich werden. Daß wir im täglichen Umgang bemüht sind, unser Ansehen zu wahren und zu mehren, ist zunächst nichts Schlechtes, aber wenn ein Mensch von der Angst, das Gesicht zu verlieren, so besessen ist, daß er keinerlei Schwächen zuzugeben vermag und Irrtümer daher so spät eingesteht, daß der Gemeinschaft Schaden erwächst, dann wird es bedenklich. Auch die erstaunlichen Übertreibungen der Prestigeökonomie sind unvernünftig. Solange der Rang eines Ministeriums nach der Höhe des Etats bemessen wird, bewirkt dies, daß sich jedes Ressort etatmäßig aufzublähen bemüht, auch wenn Einschränkung geboten wäre. Das führt zur Staatsverschuldung und, da jedes Ministerium immer mehr Befugnisse an sich zu reißen sucht, zu schleichender Entmündigung des Bürgers.

In unserer technisch zivilisierten Massengesellschaft kann ein begabter Demagoge ein Machtpotential an sich raffen, das ausreichen würde, Millionen zu unterjochen, ja sogar unseren

Planeten zu verwüsten. Und je mächtiger einer ist, desto mehr sind die Massen bereit, ihm zu folgen. Die kindliche, schutzbedürftige Seite unseres Wesens verehrt die Macht des Siegers, der Schutz verspricht, um so mehr, als die anonyme Gesellschaft eine ängstliche Grundstimmung induziert.

Geradezu katastrophal ist die Verknüpfung von Machtstreben mit der altbewährten Maximierungsstrategie des Lebendigen. Der Lebensstrom geht über Individuen und Arten hinweg. Populationen mögen zusammenbrechen, ganze Ökosysteme aus dem Gleichgewicht geraten – das bedeutet Bewegung und peitscht die Evolution voran. Unsere Chance ist es, einen anderen, neuen Weg zu gehen. Liebe und Einsicht könnten sich verbinden und über neue Zielsetzungen dazu beitragen, das Leid in dieser Welt zu mindern. Die willentliche Entscheidung dazu würde eine weitere Sternstunde in der Verhaltensevolution bedeuten.

Der gute Wille allein reicht allerdings dazu nicht aus. Wir müssen unsere biologischen Begrenztheiten erkennen, um sie, wenn nötig, zu überwinden. Wir müssen uns immer wieder in Erinnerung rufen, daß unsere Wahrnehmung verallgemeinert, vereinfacht, kategorisiert und daß wir daher zum Dogmatismus neigen. Wir ordnen und denken gerne in polaren Gegensatzpaaren und stellen so Ideologien einander in unversöhnlicher Weise gegenüber – einen Internationalismus einem Nationalismus, einen Kollektivismus einem Individualismus – und so fort in der langen Reihe der »-ismen«. Auch klammern wir uns aus Angst gerne an unsere Hypothesen, die wir als Ordnungsgerüste in die Welt stellten. All das verschließt uns gegen die Argumente anderer.

Wir müssen uns immer wieder bewußtmachen, daß wir einem archaischen Kausaldenken verhaftet sind, in dem unmittelbare Ursache und unmittelbare Wirkung zählen. Wir können zwar intellektuell erkennen, daß die Zerstörung unserer Umwelt letztlich auch uns in den Untergang führt, aber es berührt uns nicht unmittelbar. Daher gestatten wir es, Giftmüll zu deponieren, anstatt ihn zu verarbeiten. Die meisten sind beruhigt, wenn einige Meter Ton das Lager für ein paar Jahrhunderte isolieren. Was danach kommt, schert keinen. Welch ein unverantwortlicher Irrsinn, immer mehr solcher Zeitbomben unseren Enkeln zur Aufarbeitung zu überlassen, nur um sich jetzt nicht ein wenig einschränken zu müssen! Wer als Verantwortlicher heute noch eine Giftmülldeponie zuläßt, sollte eigentlich vor ein internationales Gericht gestellt werden – das sollte für alle Verbrechen gegen die Umwelt gelten. Es ist ja kaum faßbar, daß wir um die sich abzeichnenden Umweltkatastrophen wissen, aber Investitionen in alternative, saubere Energietechniken scheuen. Dabei sind vielversprechende Ansätze für die Entwicklung einer Wasserstofftechnik in Kombination mit der Solartechnik gegeben. Wir haben angeblich kein Geld dafür. Aber als der Benzinpreis fiel, wagte es keine Regierung, ihn vernünftig zu besteuern, um die Entwicklung umweltfreundlicher Alternativen zu finanzieren. Ich fürchte, die Politiker unterschätzen jene, die sie regieren. Ich bin überzeugt, daß die Mehrzahl der Menschen durchaus vernünftigen Argumenten zugänglich ist. Aber man traut dem Wahlvolk offenbar keine Einsicht in die Notwendigkeit solcher auch unpopulärer Entscheidungen zu und meidet daher auch solche notwendigen Maßnahmen in der Hoffnung, sich schon noch bis zum nächsten Wahltermin »durchwursteln« zu können.

Wir müssen erkennen, daß wir als Kleingruppenwesen von der gegenwärtigen Struktur der Massengesellschaft überfordert sind. Die Folgen sind eine zunehmende Flucht in einen extremen Individualismus, der wenig Rücksicht auf andere kennt. Individualismus entspricht zwar einer Seite in uns, die durchaus positiv zu bewerten ist; es ist auch hier erst die Übertreibung, die Probleme schafft. Der Familie und Sippe gegenüber handeln wir aus Neigung loyal. Da wir – wie viele andere Organismen – Ähnlichkeiten als Zeichen von Verwandtschaft interpretieren, können wir uns über Sprache und äußerliche, auch künstlich herbeigeführte Ähnlichkeiten auch mit einem größeren Verband identifizieren. Aber einer solchen engagierten Identifikation sind im allgemeinen Grenzen gesetzt. Diese Grenze scheint für viele erreicht. Sie ziehen sich auf sich selbst zurück und vergessen darüber, was sie den Generationen vor ihnen verdanken und daß daraus wohl auch eine Verpflichtung für die Nachfahren erwächst. Aber der Begriff *Pflicht* wurde ja so mißbraucht, daß er heute wie viele andere zum Negativbegriff wurde. Wollen wir überleben, dann gilt es, ein neues Verantwortungsgefühl für die Gemeinschaft und für die kommenden Generationen zu wekken. Unsere Problematik heißt aber nicht nur Überleben, sondern die Erhaltung der Begabung zu weiterer humanitärer Evolution. Das setzt voraus: Freiheit von Not und Unterdrückung, eine offene Geisteshaltung, Akzeptanz eines geistigen und ethnischen Pluralismus, Selbsterkenntnis und zukunftsverantwortliches Handeln. So gerüstet, könnten wir die Schwelle zum dritten Jahrtausend zuversichtlich überschreiten.

Zeichnung: H. Kacher

Literaturverzeichnis

Abraham a Santa Clara (1725): Huy und Pfuy der Welt. Würzburg

Apte, M. L. (1985): Humor and Laughter – An Anthropological Approach. Ithaca/London (Cornell University Press)

Asch, S. E. (1952): Group Forces in the Modification and Distortion of Judgments. Social Psychology, New York (Prentice Hall)

Aschoff, J. und Wever, R. (1981): The Circadian System of Man. In: Aschoff, J. (Hrsg.): Handbook of Behavioral Neurobiology, 4. London/New York (Plenum Publ. Corp.), S. 311–331

Ball, W. und Tronick, F. (1971): Infant Responses to Impending Collision. Optical and Real. Science, 171, S. 818–820

Bischof, N. (1981): Aristoteles, Galilei, Kurt Lewin – und die Folgen. In: Michaelis, W. (Hrsg.): Bericht über den 32. Kongreß der Deutschen Gesellschaft für Psychologie in Zürich 1980, Bd. 1. Göttingen/Toronto/Zürich (C. J. Hogrefe), S. 17–39

Bleibtreu-Ehrenberg, G. (1987): Szenen einer Ausstellung. Gedanken zur Kölner ethnographischen Ausstellung »Die Braut« und den dieser Exposition gewidmeten beiden Materialbänden. Anthropos 82, S. 637–645

Bornstein, M. H. (1979): The Pace of Life: Revisited. Internat. J. of Psychology, 14, S. 83–90

Bornstein, M. H. und Bornstein, H. G. (1976): The Pace of Life. Nature, 259, S. 557–558

Bower, T. G. (1971): The Object in the World of the Infant. Scientific American, 225 (4), S. 30–38

Canetti, E. (1980): Masse und Macht. Frankfurt/M. (Fischer)

Chagnon, N. A. (1976): Yanomamö, The True People. National Geographic Magazine, 150, S. 211–222

Cialdini, R. B. (1984): Influence, How and Why People Agree to Things. New York (William Morrow)

Cranach, M. von (1987): Makroskopische Ansichten. Essays über die Entwicklung der Welt, über den Menschen und die Gesellschaft. Forschungsberichte aus dem Psychologischen Institut der Universität Bern 1987/2

Daucher, H. (1967): Künstlerisches und rationalisiertes Sehen. Gesetze des Wahrnehmens und Gestaltens. Schriften der Pädagogischen Hochschule Bayerns. München (Ehrenwirth Verlag)

– (1979): Phylogenetic aspects of aesthetics. INSIA-Congress, Adelaide (im Druck)

Dawkins, R. (1987): The blind watchmaker, New York/London (W. W. Norton)

Denker, R. (1966): Aufklärung über Aggression. Kant, Darwin, Freud, Lorenz. Stuttgart (Kohlhammer)

DeWaal, F. B. M. (1978): Exploitative and Familiarity Dependent Support Strategies in Chimpanzees. Behaviour, 17, S. 268–312

– (1982): Chimpanzee Politics. Power and Sex among Apes. London (Jonathan Cape); deutsch 1983: Unsere haarigen Vettern: Neueste Erfahrungen mit Schimpansen. München (Harnack)
DUERR, H. P. (1988): Der Mythos vom Zivilisationsprozeß. Band I: Nacktheit und Scham. Frankfurt/M. (Suhrkamp)
EIBL-EIBESFELDT, I. (1967, 1982, ⁷1987): Grundriß der vergleichenden Verhaltensforschung – Ethologie. München (Piper)
– (1970, ¹³1987): Liebe und Hass. Zur Naturgeschichte elementarer Verhaltensweisen. München (Piper)
– (1972): Die !Ko-Buschmanngesellschaft. München (Piper)
– (1975, ²1986): Krieg und Frieden aus der Sicht der Verhaltensforschung. München (Piper)
– (1976): Menschenforschung auf neuen Wegen. Wien (Molden); Neuauflage 1984 München (Goldmann)
– (1982): Warfare, Man's Indoctrinability and Group Selection. Z. Tierpsychol., 60, S. 177–198
– (1984, ²1986): Die Biologie des menschlichen Verhaltens – Grundriß der Humanethologie. München (Piper)
– (1988, im Druck): Dominance, Submission, and Love – Sexual Pathologies from an Ethological Perspective. Vortrag, gehalten auf Jemez SPRINGS Symposion, 26. 6.–3. 7. 87, Albuquerque, New Mexico
EIBL-EIBESFELDT, I. und SÜTTERLIN, CH. (1985): Das Bartweisen als apotropäischer Gestus. Homo, 36 (4), S. 241–250
EIGEN, M. und WINKLER, R. (1985): Das Spiel. Naturgesetze steuern den Zufall. München (Piper)
ELGAR, M. A. und CATTERALL, C. P. (1981): Flocking and Predator Surveillance in House Sparrows. Anim. Behav. 29, S. 868–872
ERBEN, H. K. (1987): Populationsdynamik und Artentod. Unser Dilemma. In: Lindauer, M. und Schöpf, A.: Die Erde unser Lebensraum. Zweites Symposium der Universität Würzburg. Stuttgart (E. Klett), S. 90–119
ERTEL, S. (1981): Wahrnehmung und Gesellschaft. Prägnanztendenzen in Wahrnehmung und Bewußtsein. Semiotik, 3, S. 107–141
FROMM, E. (1974): Lieber fliehen als kämpfen. Bild der Wissenschaft, 10, S. 52–58
GOFFMAN, E. (1971): Relations in Public. London (Allan Lane, Penguin Press)
GOLDSCHMIDT, R. B. (1940): The Material Basis of Evolution. New Haven (Yale University Press)
GOTTSCHALK, L. A., ULIANA, R. und GILBERT, R. (1987): Presidential Candidates and Cognitive Impairment Measured from Analysis of Verbal Behavior Occurring in Presidential Debates. Presented and Abstracted at the 9th World Congress of the Int. College of Psychosomatic Medicine, Sydney, Australien
GRUTER, M. (1979): Origins of Legal Behavior. J. of Soc. Biol. Structures, 2, S. 43–51
– (1982): Biologically Based Behavioral Research and the Facts of Law. J. of Soc. Biol. Structures, 5, S. 315–323

Hass, H. (1968): Wir Menschen. Wien (Molden)
– (1970): Das Energon. Wien (Molden)
– (1979): Wie der Fisch zum Menschen wurde. München (Bertelsmann)
– (1981): Vorteil des Menschen: Er kann sein »Energon« verändern. In: Das neue Erfolgs- und Karrierehandbuch für Selbständige und Führungskräfte. Geretsried (Verlag Beste Unternehmensführung), S. 157–198
– (1988): Der Hai im Management. Instinkte steuern und kontrollieren. München (Wirtschaftsverlag Langemüller-Herbig)
Hassenstein, B. (1979): Willensfreiheit und Verantwortlichkeit. In: Hassenstein, B. u. a. (Hrsg.): Freiburger Vorlesungen zur Biologie des Menschen. Heidelberg (Quelle & Meyer), S. 202–221
– (1984): Freiheit und freier Wille. Stichwort in: Lexicon der Biologie. Freiburg/Basel/Wien (Herder)
Hausfater, G. und Blaffer Hrdy, S. (Hrsg., 1984): Infanticide. Comparative and Evolutionary Perspectives. New York (Aldine Publ. Comp.)
Hayek, F. A. von (1979): Die drei Quellen der menschlichen Werte. Walter-Eucken-Institut, Vorträge und Aufsätze, 70, Tübingen (J. C. B. Mohr)
– (1983): Die überschätzte Vernunft. In: Riedl, R. und Kreuzer, F. (Hrsg.): Evolution und Menschenbild. Hamburg (Hoffmann & Campe), S. 164–192
Heckhausen, H. (1987): Die Überalterung der Hochschulabsolventen. Der Arbeitgeber 39, S. 336–340
Hoebel, B. G. (1983): Neurogene und chemische Grundlagen des Glücksgefühls. In: Gruter, M. und Rehbinder, M. (Hrsg.): Der Beitrag der Biologie zu Fragen von Recht und Ethik. Schriftenreihe zur Rechtssoziologie und Rechtstatsachenforschung, 54, S. 87–109
Höhn, Ch. und Schulz, R. (1987): Bericht zur demographischen Lage in der Bundesrepublik Deutschland. Z. f. Bevölkerungswissenschaft, 13 (2), S. 137–213
Hold-Cavell, B. (1974): Rangordnungsverhalten bei Vorschulkindern. Homo, 25, S. 252–267
– (1977): Rank and Behaviour: An Ethological Study of Pre-School Children. Homo, 28, S. 158–188
Holst, E. von (1935): Über den Prozeß der zentralen Koordination. Pflügers Archiv, 236, S. 149–158
Hundertwasser, F. (1983): Schöne Wege – Gedanken über Kunst und Leben. München (Deutscher Taschenbuch Verlag)
Huxley, A. (³1987): Schöne neue Welt – Dreißig Jahre danach. Ein Roman der Zukunft – Wiedersehen mit der Schönen neuen Welt. München (Piper)
Jeffrey, D. (1986): Pioneers in their own Land. National Geographic Magazine, 169, S. 262–282
Jonas, H. (1979): Das Prinzip Verantwortung. Frankfurt/M. (Insel)
– (1986): Menschenbild und Zukunftsdenken. In: Keller, H. (Hrsg.): Denken über die Zukunft. Zürich (Ringier), S. 101–117
Keller, H. (Hrsg., 1986): Denken über die Zukunft. Zürich (Ringier)
Koestler, A. (1968): The Ghost in the Machine. New York (MacMillan)

KONNER, M. J. (1984): Die unvollkommene Gattung. Basel/Stuttgart (Birkhäuser)
LIEBOWITZ, M. R. (1983): The Chemistry of Love. Boston/Toronto (Little, Brown and Co.)
LORENZ, K. (1935): Der Kumpan in der Umwelt des Vogels. J. Ornith., 83, S. 137–413
– (1943a): Psychologie und Stammesgeschichte. In: Heberer, G. (Hrsg.): Die Evolution der Organismen. Jena (Gustav Fischer), S. 105–127
– (1943b): Die angeborenen Formen möglicher Erfahrung. Z. f. Tierpsychologie, 5, S. 235–409
– (1961): Phylogenetische Anpassung und adaptive Modifikation des Verhaltens. Z. f. Tierpsychologie, 18, S. 139–187
– (1963): Die Hoffnung auf Einsicht in das Wirken der Natur, in: Die Hoffnungen unserer Zeit. Das Heidelberger Studio, 27. Sendefolge, Leitung Johannes Schlemmer. München (Piper)
– (1973, [18]1985): Die acht Todsünden der zivilisierten Menschheit. München (Piper)
– (1973, [5]1988): Die Rückseite des Spiegels. Versuch einer Naturgeschichte menschlichen Erkennens. München (Piper)
– (1984): Das sogenannte Böse. Zur Naturgeschichte der Aggression. München (Piper). (Erstveröffentlichung 1963, Wien)
LUMSDEN, M. (1970): The Instinct of Aggression: Science of Ideology? Futurum, Z. f. Zukunftsforschung, 3, S. 408–419
MACLEAN, P. D. (1987): On the Evolution of the three Mentalities of the Brain. In: Neumann, G. (Hrsg.): Origins of Human Aggression. New York (Human Sciences Press)
MARKL, H. (1980): Ökologische Grenzen und Evolutionsstrategie-Forschung. Festvortrag, gehalten am 19. Juni 1980 in der Rheinischen Friedrich-Wilhelms-Universität zu Bonn anläßlich der Jahresversammlung der DFG. Mitteilungen der DFG 3/80
– (1986): Evolution, Genetik und menschliches Verhalten. Zur Frage wissenschaftlicher Verantwortung. München (Piper)
MARR, D. (1982): Vision. New York (W. H. Freeman)
MAYR, E. (1970): Evolution und Verhalten. Verh. der Dtsch. Zool. Gesellschaft, 64, S. 322–336. Stuttgart (Fischer)
MAZUR, A. und LAMB, TH. A. (1980): Testosteron, Status, and Mood in Human Males. Hormones and Behavior 14, S. 236–246
MELTZOFF, A. N. und MOORE, M. K. (1977): Imitation of Facial Expression and Manual Gestures by Human Neonates. Science, 198, S. 75–78
– (1983): The Origins of Imitation in Infancy: Paradigm, Phenomena, and Theories. In: Lipsitt, L. P. und Rovee-Collier, C. K. (Hrsg.): Advances in Infancy Research, Bd. 2, Norwood, NJ (Ablex Publication Corp), S. 265–301
METZGER, W. (1936, [2]1954): Gesetze des Sehens. Frankfurt/M. (Suhrkamp)
MITSCHERLICH, A. und MITSCHERLICH, M. (1967, [18]1986): Die Unfähigkeit zu trauern. Grundlagen kollektiven Verhaltens. München (Piper)

Mohr, H. (1979): Wissenschaft und Ethik. In: Hassenstein, B., Mohr, H., Osche, G., Sander, K. und Wülker, W. (Hrsg.): Freiburger Vorlesungen zur Biologie des Menschen. Heidelberg (Quelle und Meyer), S. 184–201

Montagu, A. (1967): The Anatomy of Swearing. New York/London (Collier)

Morris, D. (1968): The Naked Ape. New York (McGraw-Hill)

Musil, R. (1970): Der Mann ohne Eigenschaften. Reinbek (Rowohlt)

Neuffer, M. (1982): Die Erde wächst nicht mit. Neue Politik in einer übervölkerten Welt. München (C. H. Beck)

Nguyen-Clausen, A. (1987): Ausdruck und Beeinflußbarkeit der kindlichen Bildnerei. In: Hohenzollern, Prinz J. G. von und Liedtke, M. (Hrsg.): Vom Kritzeln zur Kunst. Bad Heilbrunn (Julius Klinkhardt), S. 171–185

Noelle-Neumann, E. (1980): Die Schweigespirale. Öffentliche Meinung – unsere soziale Haut. München (Piper)

Noelle-Neumann, E. und Köcher, R. (1987): Die verletzte Nation. Stuttgart (DVA)

Orwell, G. (1984, Neuübersetzung): 1984. Frankfurt/Berlin (Ullstein, Ozeanische Bibliothek 1984); englischer Originaltitel (1949): Nineteeneightyfour. (The Estate of Eric Blair)

Panksepp, J. (1968): The Neurochemistry of Behavior. Ann. Rev. Psychol., 37, S. 77–107

Panksepp, J., Siviy, St. M. und Normansell, L. A. (1985): Brain Opioids and Social Emotions. In: Reite, M. und Field, T. (Hrsg.): The Psychobiology of Attachment and Separation. New York/London (Academic Press), S. 3–49

Pöppel, E. (1984): Grenzen des Bewußtseins: Über Wirklichkeit und Welterfahrung. Stuttgart (DVA)

Popper, K. R. (1973): Objektive Erkenntnis. Ein evolutionärer Entwurf. Hamburg (Hoffmann und Campe)

– (1986): Die Erkenntnistheorie und das Problem des Friedens (einschließlich der Diskussion). In: Keller, H. (Hrsg.): Denken über die Zukunft. Zürich (Ringier), S. 191–217

Postman, N. (1985): Wir amüsieren uns zu Tode. Frankfurt/M. (S. Fischer)

Psychologie Heute (1988): Der Zivilisationsprozeß: Ein Mythos? Ein Gespräch mit dem Ethnologen Hans Peter Duerr über Scham, Nacktheit und die Zivilisationstheorie von Norbert Elias. (Im Gespräch Peter Duerr und Heiko Ernst.) Nr. 15, S. 30ff. (hier S. 36)

Radnitzky, G. (1987): Erkenntnistheoretische Probleme im Lichte von Evolutionstheorie und Ökonomie: Die Entwicklung von Erkenntnisapparaten und epistemischen Ressourcen. In: Riedl, R. und Wuketits, F. M. (Herausgeber): Die Evolutionäre Erkenntnistheorie. Berlin/Hamburg (Paul Parey), S. 115 bis 132

Rattner, J. (1970): Aggression und menschliche Natur. Individual- und Sozialpsychologie der Feindseligkeit und Destruktivität des Menschen. Olten und Freiburg i. Br. (Walter)

Riedl, R. (1980): Die Biologie der Erkenntnis. Hamburg (Paul Parey)

– (1987): Grenzen der Adaptierung. In: Riedl, R. und Wuketits, F. M. (Hrsg.): Die evolutionäre Erkenntnistheorie. Hamburg (Paul Parey), S. 93–104

ROKEACH, M. (1960): The Open and the Closed Mind. New York (Basic Books)

RUSHTON, J. PH. (1985): Differential K Theory: The Sociobiology of Individual and Group Differences. Personality and Individual Differences, 6, S. 441–452

RUSHTON, J. PH. und BOGAERT, A. F. (1987): Race Differences in Sexual Behavior: Testing an Evolutionary Hypothesis. Journal of Research in Personality, 21, S. 529–551

SAUZAY, B. (1986): Die rätselhaften Deutschen. Stuttgart (Verlag »Bonn aktuell«)

SCHEER, H. (1987): Die gespeicherte Sonne. Wasserstoff als Lösung des Energie- und Umweltproblems. München (Piper)

SCHIEFENHÖVEL, G. und SCHIEFENHÖVEL, W. (1978): Eipo, Irian Jaya (West-Neuguinea) – Vorgänge bei der Geburt eines Mädchens und Änderung der Infantizid-Absicht. Homo, 29, S. 121–138

SCHIEFENHÖVEL, W., GRAMMER, K. und EIBL-EIBESFELDT, I. (1988, im Druck): Stadtethologie – Methoden und erste Ergebnisse verhaltensbiologischer Untersuchungen in einigen Wiener Wohnanlagen. Schriftenreihe des Instituts für Stadtplanung, Wien

SCHNEIDER, W. (1986): Wörter machen Leute. Magie und Macht der Sprache. München (Piper)

SCHOPENHAUER, A. (1839): Preisschrift über die Freiheit des Willens. In: Schopenhauers Werke, herausgegeben von M. Frischeisen-Köhler. Berlin (Weichert)

SCHULZE, H. (1975): Das Prinzip Handeln in der Psychotherapie. Stuttgart (Ferdinand Enke Verlag)

– (1977): Nesthocker Mensch. Neurosen als Folge verfehlter Nestablösung. Stuttgart (Ferdinand Enke Verlag)

SCHUMACHER, E. F. (1973): Small is Beautiful. Reinbek (Rowohlt)

SCHWARTZ, D. und MAYAUX, M. J. (1982): Results of Artificial Insemination in 2193 Nulliparous Women with Azoospermic Husbands. The New England Journal of Medicine 306, S. 404–406

SCHWARZ, K. (1981): Für die Bestandserhaltung der Bevölkerung erforderliche Kinderzahl der Eltern. In: Schubnell, H. (Hrsg.): Alte und neue Themen der Bevölkerungswissenschaft. Schriftenreihe des Bundesinstituts für Bevölkerungsforschung, Bd. 10, Boppard a. Rh. (Boldt Verlag), S. 65–71

SPERRY, R. W. (1971): How a Brain Gets Wired for Adaptive Function. In: Tobach, E., Aronson, L. R. und Shaw, E. (Hrsg.): The Biopsychology of Development. London (Academic Press), S. 27–44

SPIRO, M. E. (1954): Is the Family Universal? American Anthropologist, 56, S. 839–846

– (1979): Gender and Culture: Kibbutz Women Revisited. Durham, North Carolina (Duke University Press)

STUBBE, H. (1985): Formen der Trauer. Berlin (Dietrich Reimer)

TINBERGEN, N. (1951): The Study of Instinct. London (Oxford University Press); deutsch (1966): Instinktlehre. Berlin (Parey)

Tsiakalos, G. (1982): Die Ablehnung von Fremden und Außenseitern. Unterricht Biologie 6, (Heft 72/73), S. 49–53

Van Den Berghe, P. L. (1981): The Ethnic Phenomenon. New York/Oxford (Elsevier North Holland Inc.)

Vogel, Ch. und Loch, H. (1984): Reproductive Parameters. Adult-Male Replacements, and Infanticide among Free-Ranging Langurs *(Presbytis entellus)* at Jodhpur (Rajasthan), India. In: Hausfater, G. und Blaffer Hrdy, S. (eds.): Infanticide. Comp. and Evol. Perspectives. New York (Aldine), S. 237–255

Wallhäusser, E. und Scheich, H. (1987): Auditory Imprinting Leads to Differential 2-deoxy-glucose Uptake and Dendritic Spine Loss in the Chick Rostral Forebrain. Developmental Brain Res., 31, S. 29–44

Watson, J. B. ([2]1930): Behaviorism. New York (Norton)

Wickler, W. (1969): Sind wir Sünder? Naturgesetze der Ehe. München (Piper)

– (1981, [6]1985): Die Biologie der Zehn Gebote. Warum die Natur für uns kein Vorbild ist. München (Piper)

Wickler, W. und Seibt, U. (1977): Das Prinzip Eigennutz. Ursachen und Konsequenzen sozialen Verhaltens, Hamburg (Hoffmann und Campe)

Wild, W. (1984): Spitzenleistungen in den Wissenschaften. Beiträge vom XIII. Erlanger Werkstattgespräch 1984 (Analysen und Berichte aus Gesellschaft und Wissenschaft 4/85), Deutsche Gesellschaft für zeitgeschichtliche Fragen

Wirtz, P. und Wawra, M. (1986): Vigilance and Group Size in Homo sapiens. Ethology (Z. Tierpsychol.), 71, S. 283–286

Zimmer, D. E. (1986): Tiefenschwindel. Reinbek (Rowohlt)

Personen- und Sachregister

Kursive Ziffern im Sachregister kennzeichnen Abbildungen

SERIE PIPER

Irenäus Eibl-Eibesfeldt

Krieg und Frieden aus der Sicht der Verhaltensforschung

329 Seiten mit Abbildungen. SP 329

»Ein immenses Material, das uns zum Nachdenken nicht anregt, sondern zwingt.«
Frankfurter Allgemeine Zeitung

Liebe und Haß

Zur Naturgeschichte elementarer Verhaltensweisen. 293 Seiten. SP 113

»Ein lebendiges und instruktives Buch, strotzend von Material, das vielfach auf eigenen Forschungsreisen gewonnen wurde, überzeugend in seinen Analysen und Schlußfolgerungen.«
Frankfurter Allgemeine Zeitung

Der Mensch – das riskierte Wesen

Zur Naturgeschichte menschlicher Unvernunft. 272 Seiten mit 29 Abbildungen. SP 585

Haben wir noch eine Zukunft? Was hindert die Menschen daran, nach Einsicht vernünftig zu handeln? Solche Fragen stellen sich auch dem Biologen Irenäus Eibl-Eibesfeldt, der seit Jahrzehnten menschliches Verhalten erforscht. In seinem Buch zur Naturgeschichte menschlicher Unvernunft setzt er sich temperamentvoll mit solchen Fragen auseinander und gibt allgemeinverständliche Antworten aus der Sicht des Biologen und Humanethologen.

Wider die Mißtrauensgesellschaft

Streitschrift für eine bessere Zukunft. 255 Seiten. SP 2173

Ein Naturwissenschaftler, der den Mut hat, sich einzumischen, hat ein provozierendes Buch geschrieben.

»Jedenfalls ein intelligentes, ehrliches, mutiges und äußerst interessantes Buch, zudem sehr gut lesbar, das Zustimmung und Widerspruch hervorrufen wird.«
ekz-Informationsdienst

»So redlich wie mit Eibl-Eibesfeldt ist zur Zeit kaum mit jemandem zu diskutieren. Denn er will nicht Standpunkte polarisieren, sondern ›den Rahmen des Möglichen empirisch und rational‹ ausloten.«
Salzburger Nachrichten

Galápagos

Die Arche Noah im Pazifik. 507 Seiten mit 43 farbigen und 229 schwarzweißen Abbildungen sowie 52 Karten im Inselführer. SP 1232

Konrad Lorenz

Der Abbau des Menschlichen

294 Seiten. SP 2029

Die acht Todsünden der zivilisierten Menschheit

112 Seiten. SP 50

In seiner Streitschrift setzt sich Konrad Lorenz mit Vorgängen der Dehumanisierung auseinander, die die Menschheit als Ganzes bedrohen: die Überbevölkerung, die Verwüstung des Lebensraums, der Wettlauf des Menschen mit sich selbst, der Wärmetod des Gefühls, der genetische Verfall, das Abreißen der Tradition, die Indoktrinierbarkeit und die Kernwaffen.

Denkwege

Ein Lesebuch. Herausgegeben von Beatrice Richter. 250 Seiten. SP 1660

Dieses Lesebuch bietet mit wichtigen Texten aus dem Gesamtwerk eine Einführung in Forschen und Denken des Verhaltensforschers und Nobelpreisträgers Konrad Lorenz.

Hier bin ich – wo bist du?

Ethologie der Graugans. 320 Seiten mit 140 teils farbigen Abbildungen. SP 1358

Über tierisches und menschliches Verhalten

Aus dem Werdegang der Verhaltenslehre. Gesammelte Abhandlungen Band I. 412 Seiten. SP 360

Über tierisches und menschliches Verhalten

Aus dem Werdegang der Verhaltenslehre. Gesammelte Abhandlungen Band II. 398 Seiten. SP 361

»Dieses Werk geht jeden an, der über das Wesen von Tier und Mensch, Körper und Seele nachdenken will. Empfohlen sei es all denen, die bereit sind, einige Arbeit zur tieferen Erkenntnis psychischer Zusammenhänge aufzuwenden.«

»Die Zeit«

Das Wirkungsgefüge der Natur und das Schicksal des Menschen

Gesammelte Arbeiten. Herausgegeben und eingeleitet von Irenäus Eibl-Eibesfeldt. 368 Seiten mit 23 Abbildungen. SP 309

Karl R. Popper / Konrad Lorenz

Die Zukunft ist offen

Das Altenberger Gespräch. Mit den Texten des Wiener Popper-Symposiums. Herausgegeben von Franz Kreuzer. 143 Seiten. SP 340

Erving Goffman

Wir alle spielen Theater

Die Selbstdarstellung im Alltag. Aus dem Amerikanischen von Peter Weber-Schäfer. Vorwort von Ralf Dahrendorf. 256 Seiten. SP 312

An verblüffenden Beispielen zeigt der Soziologe Goffman in diesem Klassiker das »Theater des Alltags«, die Selbstdarstellung, wie wir alle im sozialen Kontakt, oft nicht einmal bewußt, sie betreiben, vor Vorgesetzten oder Kunden, Untergebenen oder Patienten, in der Familie, vor Kollegen, vor Freunden.
Erving Goffman gibt in diesem Buch eine profunde Analyse der vielfältigen Praktiken, Listen und Tricks, mit denen sich der einzelne vor anderen Menschen möglichst vorteilhaft darzustellen sucht. Goffmann wählt dazu die Perspektive des Theaters. Wie ein Schauspieler durch seine Handlungen und Worte, durch Kleidung und Gestik, angewiesen von einer unsichtbaren Regie, einen bestimmten Eindruck vermittelt, so inszenieren einzelne und Gruppen im Alltag »Vorstellungen«, um Geschäftspartner oder Arbeitskollegen von den eigenen echten oder vorgetäuschten Fähigkeiten zu überzeugen. Daß dies nichts mit Lüge und Verstellung, also im landläufigen Sinne mit Moral zu tun hat, daß diese Selbstdarstellung ein notwendiges Element des menschlichen Lebens ist.

Die soziale Welt ist eine Bühne, eine komplizierte Bühne sogar, mit Publikum, Darstellern und Außenseitern, mit Zuschauerraum und Kulissen, und mit manchen Eigentümlichkeiten, die das Schauspiel dann doch nicht kennt ... Goffman geht es ... um den Nachweis, daß die Selbstdarstellung des einzelnen nach vorgegebenen Regeln und unter vorgegebenen Kontrollen ein notwendiges Element des menschlichen Lebens ist. Der Sozialwissenschaftler, der dieses Element in seine Begriffe hineinstilisiert – Rolle, Sanktion, Sozialisation usw. –, nimmt nur auf, was die Wirklichkeit ihm bietet ... Soziologie macht das Selbstverständliche zum Gegenstand der Reflexion.

Ralf Dahrendorf

SERIE PIPER

Felix von Cube

Besiege deinen Nächsten wie dich selbst

Aggression im Alltag.
168 Seiten. SP 1745

»Der Mensch ist keine Graugans«, mit diesem Argument wird die Übertragung verhaltensbiologischer Erkenntnisse auf menschliche Verhaltensweisen von vielen Sozial- und Geisteswissenschaftlern infragegestellt. Der Erziehungswissenschaftler Felix von Cube weist dagegen im vorliegenden Buch nach, daß Aggression ein spontaner Trieb ist, der der natürlichen Veranlagung des Menschen entspricht. Alle traditionellen Moralen konnten die Ausübung von Gewalt nicht verhindern. Wir müssen mit der Aggression leben, es fragt sich nur, wie. Das ist für Felix von Cube der Ausgangspunkt seiner Anleitung zum Umgang mit der dem Menschen innewohnenden Aggression. Sie zu leugnen, argumentiert von Cube, führe zwangsläufig zu innerer und äußerer Gewalt. Aus der Erkenntnis, daß nicht die Gewaltausübung an sich, sondern das Gefühl des Siegens den Aggressionstrieb befriedigt, entwickelt Felix von Cube anschaulich Möglichkeiten der Kultivierung der Aggression.

Fordern statt verwöhnen

Die Erkenntnisse der Verhaltensbiologie in der Erziehung.
Aktualisierte Neuausgabe.
323 Seiten. SP 2895

»Für Pädagogen und Führungskräfte von allerhöchster Bedeutung.«
Die höhere Schule

Lust an der Leistung

Die Naturgesetze der Führung.
167 Seiten. SP 2524

Nur wer Spaß an seiner Arbeit hat, kann auf Dauer Gutes leisten. Die Verhaltensbiologie deckt die Bedingungen dafür auf, wie Lust an Leistung entsteht: Triebdynamik und soziale Einbindung müssen stimmen.

Paul Watzlawick

Die erfundene Wirklichkeit

Wie wissen wir, was wir zu wissen glauben? Beiträge zum Konstruktivismus. Herausgegeben von Paul Watzlawick. 326 Seiten mit 31 Abbildungen. SP 373

Münchhausens Zopf oder Psychotherapie und »Wirklichkeit«

Gesammelte Aufsätze und Vorträge. 260 Seiten mit 6 Abbildungen. SP 1237

Vom Unsinn des Sinns oder vom Sinn des Unsinns

Mit einem Vorwort von Hubert Christian Ehalt. 83 Seiten. SP 1824

»Wenn sich der brillante Philosoph und Psychoanalytiker Paul Watzlawick Gedanken über den Sinn und seine Täuschungen macht, ist Konzentration gefragt. Trotz aller Verwirrung und sprachmächtigen Wortspielereien behandelt er nämlich die zentrale Frage der menschlichen Existenz. Unbedingt ernstzunehmen.«

Forbes

Anleitung zum Unglücklichsein

132 Seiten. SP 2100

»Ein Lesevergnügen mit paradoxem Effekt. Das Nichtbefolgen der ›Anleitung zum Unglücklichsein‹ ist die Voraussetzung dafür, glücklich sein zu können.«

Brigitte

Vom Schlechten des Guten

oder Hekates Lösung. 124 Seiten. SP 1304

Paul Watzlawick / Franz Kreuzer

Die Unsicherheit unserer Wirklichkeit

Ein Gespräch über den Konstruktivismus. Mit einem Beitrag von Paul Watzlawick. 76 Seiten. SP 742

Paul Watzlawick / John H. Weakland (Hrsg.)

Interaktion

Menschliche Probleme und Familientherapie. Forschungen des Mental Research Institute 1965–1974. 526 Seiten mit 4 Abbildungen. SP 1222

Einführung in den Konstruktivismus

Mit Beiträgen von Heinz von Foerster, Ernst von Glasersfeld, Peter M. Hejl, Siegfried J. Schmidt und Paul Watzlawick. 187 Seiten mit 15 Abbildungen. SP 1165

Norbert Bischof

Das Rätsel Ödipus

Die biologischen Wurzeln des Urkonfliktes von Intimität und Autonomie. 624 Seiten. SP 989

»Eine fundamentale Untersuchung.«
Der Spiegel

»In der enzyklopädischen Weite des Horizontes und in der Schlüssigkeit der Argumentation ein bedeutendes literarisches Dokument deutscher Natur- und Geisteswissenschaft.«
Psychologie heute

»In jeder Hinsicht außergewöhnlich. Mit begnadetem didaktischem Geschick geschrieben, ein wahrhaftes Lesevergnügen.«
Die Naturwissenschaften

»Ein Beweis, daß man auch auf deutsch unterhaltsam über seriöse Erkenntnisse berichten kann.«
Neue Zürcher Zeitung

«Ein ungewöhnlich reichhaltiges Werk, in das viele Jahre des Forschens und Nachdenkens eingegangen sind.«
Spektrum der Wissenschaft

Das Kraftfeld der Mythen

Signale aus der Zeit, in der wir die Welt erschaffen haben. 816 Seiten mit zahlreichen Abbildungen. SP 2655

»Ein gewaltiges Werk, aber ich vermute, ein Werk, das selbst ein Mythos werden wird und am Ende allen Lesens und Nachdenkens dem Rätsel Mensch eine neue Qualität geben kann.«
Ernst Peter Fischer, Die Weltwoche

»Gescheiter als alle die Laffen«

Ein Psychogramm von Konrad Lorenz. 176 Seiten. SP 1530

«Ich habe diese Biographie gegen den Strich gebürstet, weil ich nicht mehr lesen konnte, was die ›Doktoren, Magister, Schreiber und Pfaffen‹ in den letzten Jahren alles an Halbwahrheiten, Mißverständnissen, ahnungslosem Geschwätz, böswilligen Verdrehungen und devoter Weißwäscherei über Konrad Lorenz verbreitet haben.«
Norbert Bischof

Heiner Keupp (Hrsg.)

Der Mensch als soziales Wesen

Sozialpsychologisches Denken im 20. Jahrhundert. Ein Lesebuch. 378 Seiten. SP 1975

Wie sehr Menschen soziale Wesen sind, wird ihnen erst bewußt, wenn sich ihr vertrauter gesellschaftlicher Rahmen verändert. Sie fühlen sich dann zunehmend »unbehaust« und suchen nach ihren Fundamenten, nach Heimat, Gemeinschaft, Identität. Gegenwärtig leben wir in einer solchen Situation. Die Auseinandersetzung mit der Frage, was eigentlich den Menschen zum »sozialen Wesen« macht, bekommt in der Krise aktuellen Sinn. Ist der Mensch von seiner Triebausstattung her dazu verurteilt, des Menschen Wolf zu sein? Kann er überhaupt die ihm spezifische Chance zu Freiheit und Selbstbestimmung wahrnehmen? Zu diesen Grundfragen der Sozialpsychologie versammelt dieses Lesebuch zentrale Texte des 20. Jahrhunderts.

Michael Murphy

Golf und Psyche

Der kleine weiße Ball und die Intuition des Spiels. Aus dem Amerikanischen von Michael Windgassen. 247 Seiten. SP 2761

Golf ist keineswegs nur die Fertigkeit, einen kleinen weißen Ball in einem Loch zu plazieren – Golf ist auch die Möglichkeit, ins Nirwana einzugehen. Wie Golf zur Seelenübung und Kraftquelle werden, auch zur mystischen Erfahrung und zur Ekstase führen kann, das erzählt dieses kurzweilige, anekdotenreiche Buch des Psychologen Michael Murphy, das bei amerikanischen Golfern schon vor Jahren zum Kultbuch avanciert ist, zu einer Art »Zen oder Die Kunst, einen Golfball zu schlagen«. John Updike urteilte im »New Yorker« darüber: »Golf ist die mystischste aller Sportarten, die am wenigsten erdgebundene, es ist die Sportart, die die Mauern zwischen uns und dem Übernatürlichen am durchlässigsten macht. Murphys Buch steckt voller Witz und Weisheit.«